海绵城市建设研究丛书

"十四五"国家重点出版规划项目

夏军　张翔　总主编

海绵城市规划

康丹　吕锦刚　周俊　等　著

长江出版社
CHANGJIANG PRESS

图书在版编目（CIP）数据

海绵城市规划 / 康丹等著 . -- 武汉 ：长江出版社，
2023.12

（海绵城市建设研究丛书）

ISBN 978-7-5492-9291-2

Ⅰ . ①海… Ⅱ . ①康… Ⅲ . ①城市规划 - 研究 Ⅳ .
① TU984

中国国家版本馆 CIP 数据核字 (2024) 第 019547 号

海绵城市规划

HAIMIANCHENGSHIGUIHUA

康丹等　著

选题策划：赵冕　胡紫妍

责任编辑：闫彬　高婕妤

装帧设计：汪雪

出版发行：长江出版社

地　　址：武汉市江岸区解放大道 1863 号

邮　　编：430010

网　　址：https://www.cjpress.cn

电　　话：027-82926557（总编室）

　　　　　027-82926806（市场营销部）

经　　销：各地新华书店

印　　刷：武汉精一佳印刷有限公司

规　　格：787mm×1092mm

开　　本：16

印　　张：17.75

字　　数：380 千字

版　　次：2023 年 12 月第 1 版

印　　次：2024 年 9 月第 1 次

书　　号：ISBN 978-7-5492-9291-2

定　　价：168.00 元

总序

　　自改革开放以来,随着我国社会经济的高速发展,城市化水平也在不断提高。截至 2020 年,我国的城市化水平已经达到 63.89%,城市数量达到 687 个。预计到 2035 年,我国城市化率将达到 75%～80%,达到发达国家的城市化水平。我国城镇化建设发展迅猛,导致城市综合治理速度滞后于城市建设速度,一方面城市基础设施新建速度滞后于城市开发建设速度;另一方面,已建设施逐步老化,更新进度缓慢,不能满足时代发展和城市品质同步提升的需求,导致城市"病"凸显,而城市"病"的核心问题之一就是城市水问题。

　　近年来,无论是国家层面,还是地方政府层面,都高度重视我国的城市水问题。2013 年 12 月 12 日,习近平总书记在中央城镇化工作会议上强调:"提升城市排水系统时要优先考虑把有限的雨水留下来,优先考虑更多利用自然力量排水,建设自然存积、自然渗透、自然净化的海绵城市。"2015 年 10 月,国务院办公厅印发《关于推进海绵城市建设的指导意见》,具体部署和推进了海绵城市建设试点工作。从当前和未来(2020—2030 年)我国海绵城市建设规划目标来看,建设要求高,任务艰巨。从学科发展的角度来看,海绵城市建设涉及水文学、环境学、生态学、土木工程、市政工程、经济学等多门学科,迫切需要多学科交叉研究。从研究内容来看,海绵城市建设在城市水文与生态环境基础科学、规划、设计、施工、模拟、评价和运行维护等方面,迫切需要加强应用基础研究和实践总结。

《海绵城市建设研究丛书》面向国家城市绿色发展的重大需求，针对海绵城市建设的关键科学问题，围绕海绵城市建设中遇到的实践需求，从"政、产、学、研、用"协同的角度，为海绵城市建设提供了一套理论与实践相结合的书籍。本丛书包含三个主要部分：一是海绵城市建设的水文学和生态水文学基础理论；二是海绵城市建设规划、评估、优化和模拟方法；三是海绵城市建设在设施、施工、运维管理的工程实践。

本丛书全面地覆盖了海绵城市建设的各环节，为海绵城市建设提供了系统化的理论基础和实践指南。

《海绵城市建设研究丛书》编委会
2022 年 8 月于江城(武汉)

序

  根据国家统计局数据,近 30 年我国城镇化率 1996 年的 30.48％快速增长到 2023 年的 66.16％。伴随着城市快速发展,包括城市水问题在内的一系列城市病凸显,部分城市甚至同时存在水缺、水脏、水涝等水问题,严重制约了城市可持续发展,急需寻求解决办法。

  为了解决我国在城镇化发展进程中碰到的城市水问题,2013 年 12 月,习近平总书记在中央城镇化工作会议上明确提出:"提升城市排水系统时要优先考虑把有限的雨水留下来,优先考虑更多利用自然力量排水,建设自然积存、自然渗透、自然净化的海绵城市。"2015 年,《国务院办公厅关于推进海绵城市建设的指导意见》(国办发〔2015〕75 号)提出到 2030 年,城市建成区 80％以上的面积达到海绵城市建设目标要求。

  我国在推行海绵城市初期,部分城市将海绵城市当作工程项目来推进,建设成本高且实施难度大;后来逐步转变认识,通过完善海绵城市顶层规划与设计,将海绵城市理念融入城市规划建设管理的每个环节,同步规划设计与施工,促进海绵城市建设在全国广泛推广。

  以康丹为代表的本书编写团队从 2005 年至今一直从事海绵城市建设的技术咨询工作,并全过程参与了武汉申报全国首批海绵城市建设试点城市的规划建设、验收等工作。阅读此书,可以帮助读者了解近十年我国海绵城市建设历程,对海绵城市的内涵和海绵城市规划编制实施形成系统认知。

中国科学院院士
武汉大学教授
2024 年 4 月

　　提出海绵城市是为了解决我国在城镇化发展进程中遇到的城市水问题。2013年12月,习近平总书记在中央城镇化工作会议上明确提出:"城市规划建设的每个细节都要考虑对自然的影响,更不要打破自然系统。……提升城市排水系统时要优先考虑把雨水留下来,优先考虑更多利用自然力量排水,建设具有自然存积、自然渗透、自然净化的海绵城市。"之后,国家部委发布一系列海绵城市相关政策,在全国范围内推进海绵城市建设。

　　《国务院办公厅关于推进海绵城市建设的指导意见》(国办发〔2015〕75号)提出到2030年,城市建成区80％以上的面积达到海绵城市建设工作目标要求。但是海绵城市建设并没有现成的经验可以借鉴。为了鼓励有条件的城市先行先试,住房城乡建设部、财政部、水利部三部委于2014年12月联合启动第一批海绵城市全国试点申报工作,从2015—2023年,先后有30个试点城市、60个示范城市入选,部分省级试点也在同步开展建设。

　　通过十年海绵城市建设实践,海绵城市的理念在全国范围内得到了广泛推广,业界已经普遍接受海绵城市是一种新型的城市发展方式。编制高质量的海绵城市规划,在城市建设过程中同步落实海绵城市要求,是海绵城市最高效的实施模式。

　　本书编写组是国内最早一批从事海绵城市技术咨询工作的团队,拥有丰富的海绵城市规划、设计、标准编制经验。本书主要总结了武汉项目的实践经验,同时收集了其他城市做法,可为全国海绵城市规划建设工作提供参考。

　　本书主要内容分为11章,包括海绵城市由来及建设历程、海绵城市理论、海绵城市与其他城市建设理论关系、海绵城市技术、海绵城市规划体系、海绵城市规划编制指引、相关规划中海绵城市专项内容编制、智慧海绵城市规划内容、海绵城市规划编制技术方法、海绵城市规划成果示例、海绵城市规划实施。

各章编写人员：第1章至第3章，李姣；第4章，康宽、康丹；第5章，康丹、康宽；第6章，宋必伟；第7章，成钢、姜勇、康丹；第8章，江山；第9章，张文博；第10章，毛毅、肖雪莹、杨超；第11章，刘政。主要审核人员：周俊、吕锦刚、石亚军、饶世雄、范乐、吕拥军、张利华、裴启涛等。

本书涉及给排水工程、环境工程、城市规划等多个学科，涉及面广，虽经多次修改与完善，但不足之处仍在所难免，还望读者同仁给予批评指正。

编写组
2024年4月

目录 | CONTENTS

第5章　海绵城市规划体系 ·································· (75)

第6章　海绵城市规划编制指引 ···························· (91)

第 1 章　海绵城市由来及建设历程

1.1　城市与水

水是生存之本、生产之要、生态之基、安全之重、文明之源。从古至今,人类社会傍水而居,生生不息。城市的诞生、兴起与发展更是离不开水,水是城市社会经济发展所必需的自然资源和基本条件,航运、水产及水景观、水文化等造就了城市的特质。

1.1.1　水是生存之本

水是生存之本,人类的生存和发展一刻也离不开水。古今中外,人类择水而居,城临水而建。古代选址建城多将水源作为考虑的必要条件,注重"观其流泉",我国著名古都西安(古称长安)河川纵横、沃野千里,有"被山带河""八水绕长安"之说。洛阳位于黄河中游,自古有"河山拱戴,形胜甲于天下"之称。"左环沧海,右拥太行,北枕居庸,南襟河济"描述了古幽州(今北京、天津等地)的地理环境。悠悠京杭运河水也丈量着开放的扬州在国际化进程中的灿烂轨迹。国内上海、广州、深圳等一线城市也因其独特沿海位置而繁荣,国外伦敦、纽约、巴黎等城市也因泰晤士河、哈德逊河、塞纳河等而兴盛。至今,世界上仍有许多城市傍水而居,许多社会经济活动通过水运进行,泼水节等人文活动也与水息息相关。

1.1.2　水是生产之要

水资源是发展国民经济重要的物质基础,对于保障人类生存和社会发展必不可少,也是实现经济社会可持续发展的重要保证。水资源承载能力反映了城市水资源与社会经济系统、生态环境系统之间是否协调,其对城镇发展、人口规模、土地利用、产业布局、社会经济发展规模等具有刚性约束作用。地球上可供利用的水资源有限,而城市居民生活、工业生产、消防和市政管理、农业生产等都依赖水资源。随着全球城市化、工业化进程加快,半数以上的人口居住在城市中,加大了对水资源的需求,使得水资源成为限制城市可持续发展的瓶颈。虽然地球表面大约有 71% 的面积被水覆盖,但是真正可供利用的水资源却非常有限。而且我国水资源时空分布不均,人口基数大,人均水资源占有量更是低于世界平均水平。因此,在我国水是重要的战略资源。为破除水资源的瓶颈制约、保障经济社会的持续健康发展、保障国家粮食安全,我国实行了最严格的水资源管理制度,致力于推动水资源的全面节约、合理开发、高效利用、综合治理、优化配置、有效保护和科学管理。

1.1.3 水是生态之基

水是生态之基,无论是自然环境中物质的侵蚀、溶解、搬运,还是经济社会中营养物质或污染物的传输,都需要将水作为运输搬运过程中的主要介质,以此来维系生态环境系统的基本运行。水是生态环境中不可或缺的关键要素,城市水生态系统是城市生态系统的重要组成部分,水生态文明建设是生态文明建设的重要内容。水生态系统不仅为人类社会提供了生产生活基础,还可以维持自然生态结构、生态过程以及区域生态环境,如提供产品、维持生命、洪水调蓄、河道疏通、土壤持留、水资源蓄积、水质净化等。生态系统中能量与物质的交换通过自然水循环和社会水循环等水文循环过程发生,其中社会水循环过程包括人类社会从自然界取水,供生产、生活等使用,再将废水排放至自然水体。水体具有一定的自净能力,但当排放的污染物超过其环境容量时,水体将被污染,水生态系统将遭到破坏。早期,人类社会未意识到水生态系统的重要性,向自然水体过度排放未经处理的污废水,导致人类生存环境恶化,许多发达国家经历了这一阶段。

1.1.4 水是安全之重

安全问题是社会关注的重点,而水安全则是其中重要的组成部分,联合国水机制报告称,2001—2018 年,全球 74% 的自然灾害都与水有关。人类社会生存环境和经济发展过程中发生的洪涝灾害、水量短缺、水质污染等与水有关的危害问题,导致人类生命财产损失、生存环境遭到破坏、经济发展受到影响等。作为人类社会生活、经济生产活动等高度聚集的地区,近年来城市存在着不同程度的水安全隐患。随着城镇化进程加快,城市下垫面硬化程度逐渐提高,原有的自然水文循环系统被改变,城市微环境发生变化,极端降雨事件发生频率越来越高,带来的经济损失也越来越无法估量。

1.1.5 水是文明之源

国外学者卡尔·魏特夫认为中国文明起源于治水。我国史学家钱穆指出,中华文化始于一个个复杂的河流系统。从历史角度而言,水是文化之源,造就了各民族的历史。人类社会形成后,水与文化便须臾不可分离,城市与水的关系伴随人类社会发展的始终。水文化具有"母体文化"的性质,人类社会众多行业文化都以水文化为存在基础,并受水文化影响。

1.2 城市水问题

从历史角度来看,城市居民只占世界人口的一小部分,但随着城镇化进程的加快,目前世界上有一半以上的人口居住在城市中,城市成为大型的人口聚集地。虽然城市的发展是社会进步的体现,但是也对可持续发展、全球气候变暖等问题产生了深远影响,同时还造成了城市热岛效应、环境污染,给其他资源分配也带来了压力。在我国,城市发展较晚但非常迅速,在经济快速增长的同时,也造成了一系列城市问题,其中城市水问题是非常突出的一项。此外,我国城市水问题的发生和治理也是随着城镇化进程而逐步演变的,在城镇化程度日益提高的同时,水资源短缺、水环境污染、水灾害频发、水生态破坏等问题日益严重,逐渐成为限制城市发展的主要因素。

1.2.1 水资源短缺

地球表面大约有 71％的面积被水覆盖,然而可供人类利用的淡水资源却很少,陆地上的淡水资源总量仅为地球上水体总量的 2.53％,而且大部分是位于南、北两极的固体冰川。此外,地下淡水资源储量中绝大部分是深层地下水,无法开采利用。目前,比较容易被人类利用的淡水资源主要包括河流、湖泊及浅层地下水,仅占全球水总量的 0.3％。世界气象组织发布的首份《全球水资源状况报告》指出:"目前,有 36 亿人每年至少有一个月面临供水不足,预计到 2050 年,这一数字还将增至 50 多亿人。"

《中国水资源公报 2021》数据显示,2021 年 31 个省级行政区水资源总量为 29638.2 亿 m³(表 1-1),相较于多年平均水资源总量偏多 7.3％。然而,由于我国人口基数较大,人均水资源占有量仅 2100m³,仅为世界平均水平的 28％,全国年平均缺水量超过 500 亿 m³,每年有 2/3 的城市遭受不同程度的缺水问题,我国被联合国列为世界贫水和最缺水的国家之一。

表 1-1　2021 年 31 个省级行政区水资源量(资料来源:《中国水资源公报 2021》)

省级行政区	降水量/mm	地表水资源量/亿 m³	地下水资源量/亿 m³	地下水与地表水资源不重复量/亿 m³	水资源总量/亿 m³
北京	924	31.6	47.5	29.7	61.3
天津	984.1	30.5	11	9.3	39.8
河北	790.3	227.6	220.2	149	376.6
山西	733	155.9	113.7	52	207.9
内蒙古	343.7	788.8	238.6	154.1	942.9
辽宁	933	460	150.8	51.7	511.7
吉林	710.4	380	166.2	79.2	459.2
黑龙江	647.7	1020.5	346.7	175.8	1196.3
上海	1474.5	45.6	11.2	8.3	53.9
江苏	1190.3	442.5	135.3	58.3	500.8
浙江	1992.5	1323.3	261.8	21.4	1344.7
安徽	1291.6	798	211.7	85.3	883.3

省级行政区	降水量/mm	地表水资源量/亿 m³	地下水资源量/亿 m³	地下水与地表水资源不重复量/亿 m³	水资源总量/亿 m³
福建	1477.1	757.3	238.7	1.4	758.7
江西	1587.4	1400.6	332	19.2	1419.8
山东	979.9	381.8	237.7	143.5	525.3
河南	1127.7	556.9	257	132.3	689.2
湖北	1269	1170.4	326.2	18.4	1188.8
湖南	1490.1	1783.6	437.4	7.1	1790.7
广东	1420.9	1211.3	301.3	9.8	1221.1
广西	1383.1	1540.5	349.2	0.7	1541.2
海南	1881.4	334.9	92.9	6.7	341.6
重庆	1404.3	750.8	129.4	0	750.8
四川	1004.7	2923.4	625.9	1.2	2924.6
贵州	1227.3	1091.4	263.7	0	1091.4
云南	1123.9	1615.8	562.9	0	1615.8
西藏	578.7	4408.9	993.5	0	4408.9
陕西	954.6	810.9	200	41.5	852.4
甘肃	288.5	268.2	120	10.9	279.1
青海	356.2	824.4	362.5	17.8	842.2
宁夏	273.5	7.5	16.4	1.9	9.4
新疆	161.7	767.8	434.2	41.2	809.0
总计		28310.5	8195.7	1327.7	29638.2

注："地下水资源量"包括当地降水和地表水及外调水入渗对地下水的补给量。由于百分位数四舍五入，"总计"与求和值有少量出入，下同。

(1)水资源时空分布不均

我国位于亚欧大陆东部、太平洋西岸，西南部距印度洋较近，冬季多为由内陆吹向海洋的寒冷、干燥偏北风，夏季多为从海洋吹向内陆的温暖、湿润偏南风。在季风气候的影响下，我国年降水量时空分布非常不均。由于受东南部海洋夏季风的影响大小不同，年降水量空间分布呈现由东南沿海向西北内陆递减的规律。同时，南方雨季长，集中在5—10月；北方雨季短，集中在7—8月，我国800mm等降水量线大致在淮河—秦岭—青藏高原东南边缘一线；400mm等降水量线大致在大兴安岭—张家口—兰州—拉萨—喜马拉雅山东南端一线

（《中华人民共和国年鉴 2021》）。《中国水资源公报 2020》显示,南方 4 区[①]年平均降水量为 1297.0mm,北方 6 区[②]年平均降水量仅为 373.1mm;2020 年全国地表水资源量为 30407.0 亿 m³,折合年径流深 321.1mm,其中北方 6 区地表水资源量为 5594.0 亿 m³,南方 4 区的地表水资源量为 24813.0 亿 m³。国家气象信息中心的气象数据显示,与其他月份相比,6—8 月降水量显著增加,全国大部分地区的降水量超过 100mm,而 11 月至次年 1 月降水量显著减少。我国 1981—2010 年 1—12 月降水量分布见图 1-1。

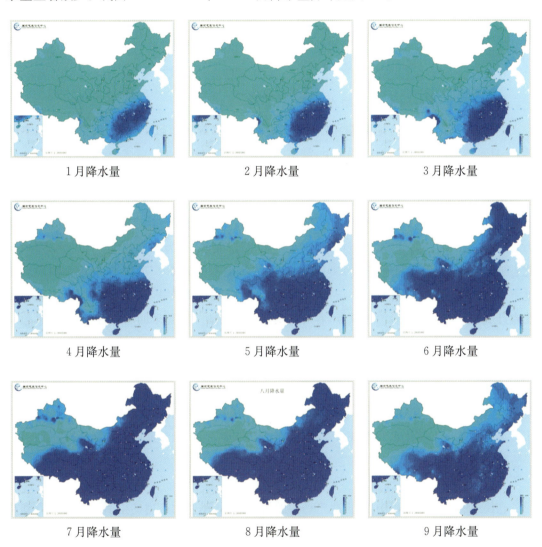

1 月降水量	2 月降水量	3 月降水量
4 月降水量	5 月降水量	6 月降水量
7 月降水量	8 月降水量	9 月降水量

①南方 4 区:水利部根据一定的原则和标准将我国水资源一级区重要江河湖泊水功能区划分为 10 个,其中南方 4 区分别为长江区(含太湖流域)、东南诸河区、珠江区、西南诸河区。

②北方 6 区:分别为松花江区、辽河区、海河区、黄河区、淮河区、西北诸河区。

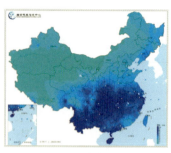 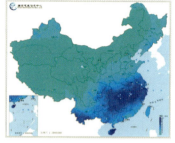 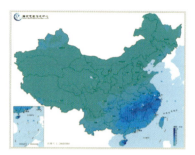

| 10月降水量 | 11月降水量 | 12月降水量 |

图1-1 我国1981—2010年1—12月降水量分布

（资料来源：国家气象信息中心 data. cma. cn/data/weatherBk）

（2）资源型缺水和水质型缺水并存

因为水资源分布具有地域差异性，所以局部区域水源分布较少，易引起资源型缺水问题，一旦这些地区用水浪费、效率低下，缺水问题就会愈加突出。针对这一问题，我国在实施南水北调工程的同时，高度重视节水，提出"节水优先"方针，为推进城市节水和水资源综合管理提供了重要指引。随着城镇化水平的提高，人们生产、生活对水的需求增加，人类社会对地表水的开发及地下水的开采力度加大，进而导致河流断流、湖泊萎缩、湿地退化、纳污能力丧失，以及地面沉降、海水内侵、地下水水质恶化等问题。作为典型的资源型缺水省份，河北省近30年来累计超采地下水1500亿 m³，超采区面积达到6.7万 km²，成为全国最大的地下水漏斗区，引发了地面沉降、湿地萎缩等一系列地质环境灾害。2014年，国家决定在河北省开展地下水超采综合治理试点，着力解决华北地区地下水超采问题，为推进地下水超采治理积累经验。水质型缺水是区域内水资源的物理形态或水质恶化导致水资源无法利用引起的。从广义上来讲，由于水循环的存在，水资源具有一定的可再生性，但并非是"取之不尽，用之不竭"的。随着城镇化进程的加快，污水处置不当，过量排入自然水体，水体水质恶化，无法达到生产生活用水原水水质标准，导致缺水问题进一步加剧。据早年统计，主要缺水城市中约有一半属于水质型缺水，主要分布在长江中下游、淮河流域和珠江流域。

1.2.2 水环境污染

在快速的城镇化过程中，工业生产产生的污废水、居民生活产生的生活污水等未得到及时有效处理甚至未经任何处理，直接排入水域，导致水环境遭受严重污染。18世纪现代工业革命以来，发达国家相继步入工业化时代，建立了大批资源密集型和污染密集型的产业，产生大量的废气、废水、废渣等，生态系统遭到严重破坏。发达国家在工业化、城镇化进程中，多经历了"先污染，后治理"的发展过程，环境"库兹涅茨曲线"也表达了这种思想。工业革命后，英国伦敦的泰晤士河从"母亲河"沦为一条排污明沟，污染严重，导致霍乱频发，影响着伦敦百万居民的健康和生命，而后更是"恶臭"大爆发。经过百余年的艰苦治理，英国付出了巨大代价，泰晤士河终于又焕发了生机。欧洲的莱茵河曾被称为"欧洲下水道"；日本发生的水俣病、痛痛病等，震惊全球。以发达国家为鉴，发展中国家在工业发展过程中希望避免"先污染、后治理"的问题，但效果并不明显，中国也不例外。

在我国城镇化进程中，"一些地方重经济增长，轻环境保护，粗放型的经济增长方式没有发生根本转变，产业结构和布局不合理，技术装备落后，资源消耗高、浪费大；现行环境监管体制、监管能力、考核体系不适应新形势对环境保护工作的要求；有法不依、执法不严的现象普遍存在；缺乏有效的激励政策，污染治理市场化程度低等"，导致我国水环境污染一度从河流蔓延至近海，从地表蔓延至地下，从一般污染物扩展到有毒有害污染物，形成了点源污染与面源污染共存、生活污染与工业污染叠加、新老污染与二次污染相互复合的复杂态势。

《中国环境状况公报2006》显示，全国地表水总体水质属中度污染，在国家环境监测网（简称"国控网"）实际监测的745个地表水监测断面中，水质为Ⅳ～Ⅴ类、劣Ⅴ类的断面占比分别为32%、28%；国控网七大水系①的408个监测断面中，水质为Ⅳ～Ⅴ类、劣Ⅴ类的断面占比分别为28%、26%。"十一五"时期，我国提出"坚持预防为主、综合治理，强化从源头防治污染和保护生态，坚决改变先污染后治理、边治理边污染的状况"重要指导方针。《中国环境状况公报2010》显示，我国地表水污染较重，湖泊（水库）富营养化问题突出，近岸海域水质总体为轻度污染，我国地表水国控监测断面中，水质为Ⅳ～Ⅴ类的断面占23.7%，劣Ⅴ类水质断面占16.4%；国控重点湖泊（水库）中，60%以上水质为Ⅴ类或劣Ⅴ类，一半以上的湖泊呈富营养状态；地下水水质监测点中，水质为较差、极差的点位达到57%；全国重点城市主要集中式饮用水水源地取水中不达标水量达到23.5%；全国废水排放总量为617.3亿吨。"十二五"期间，国家把生态文明建设和环境保护摆上更加重要的战略位置，实施《重点流域水污染防治规划》，采取水污染防治行动计划等一系列治水措施，取得了积极进展，但水环境状况仍有待提高。《中国环境状况公报2015》显示，全国地表水国控断面（点位）水质为Ⅳ～Ⅴ类的断面占26.7%，劣Ⅴ类水质断面占8.8%，地下水水质监测点中较差级的监测点比例为42.5%，极差级的监测点比例为18.8%。2006年、2015年地表水断面水质类别比例见图1-2、图1-3。

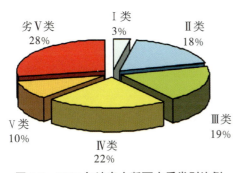

图1-2 2006年地表水断面水质类别比例

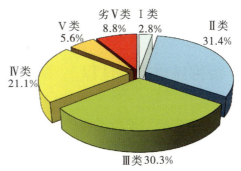

图1-3 2015年地表水断面水质类别比例

①七大水系：长江水系、黄河水系、珠江水系、淮河水系、海河水系、辽河水系和松花江水系。

1.2.3　水生态破坏

水生态系统是由水生生物与水环境共同构成的既矛盾又统一的动态平衡系统。人类社会与水生态系统之间相互制约、相互依存，人类社会从水生态系统中获益的同时对水生态系统的变迁起着决定性作用；水生态系统的变化也影响和制约着人类经济社会发展。水生态系统安全包括水生生物多样性、水生态系统结构完整、特有和珍稀物种生存良好等内容。

然而，在经济发展和城市化的进程中，我国的水生态系统遭到严重破坏。流域水源涵养区、河湖水域及其缓冲带等重要生态空间过度开发，大量河湖缺乏应有的水生植被和生态缓冲带管控措施，导致湖泊湿地萎缩、自然岸线减少、生态系统破碎化、水生态健康受损严重、生物多样性丧失、湖泊蓝藻水华居高不下等一系列生态问题。虽然近年来我国水生态环境治理取得了显著成效，但全国水生态破坏以及河湖断流干涸现象仍然比较普遍，各流域水生生物多样性降低趋势尚未得到有效遏制，长江上游受威胁鱼类种类较多，黄河流域水生生物资源量减少，重点湖泊水华问题虽经多年治理却仍居高不下。

1.2.4　水灾害频发

水灾害包含的内容十分广泛，城市发展过程中频繁的洪涝灾害威胁着经济社会的发展和人类的生命安全。受季风气候影响，我国是一个洪涝灾害频发的国家，从古至今，防御洪涝都是关注重点。然而，在我国过去几十年的城市化进程中，城市内涝成为一种新的城市病。据统计，2006年以来，我国平均每年都有超过100座城市受淹，2008—2010年，全国发生过内涝的城市超过60%，发生过3次以上内涝的城市有137座。2011—2014年，我国超过360个城市遭遇内涝，单次内涝淹水时间超过12h、淹水深度超过0.5m的城市占1/6，一些城市发生的严重内涝甚至造成了人员伤亡。可以说，每到雨季，舆论都会对"在城市看海"这一痼疾话题进行反复讨论。与此同时，我国也有1100座城市面临严重缺水问题。水成了一个极端的城市二元问题。

高度城镇化导致城市水文循环和雨水产汇流过程发生改变，部分城市排水能力及防洪标准偏低，一旦遇到极端天气，就容易发生城市内涝。

1.3　海绵城市提出过程

1.3.1　城市内涝治理新思路的探索

1.3.1.1　城市内涝的危害

继交通拥堵、环境污染等城市问题之后，"逢雨必涝、城市看海"的问题逐渐成为我国大型城市经常出现的城市病。每逢雨季，"重面子还是重里子"也逐渐成为热议话题。2007年7月18日，济南市遭遇200年一遇的暴雨侵袭，观测到的最大小时降雨量达151mm，造成51

处路口/路段出现严重积水,路面的最深积水达到 1.15 m,而立交桥下的最深积水达到 2.5m,个别地段的最大水流速度达到 3~4m/s,导致 100 万人、3.8 万机动车辆滞留,造成 34 人死亡、176 人受伤、12.5 亿元直接经济损失。2008 年 6 月 13—14 日,超 100 年一遇的特大暴雨侵袭深圳市大部分地区,超过很多区域的防洪排涝标准,500 多处点位出现不同程度的内涝或渍水现象,100 多处路段积水严重,全市近百万人口受到影响。2010 年 5 月 7 日,广州市五山气象站观测到最大小时降雨量达 99.1mm,3h 连续降雨量 199.5mm,强降雨使得中心城区 118 处地段出现内涝水浸,44 处出现严重积水,导致交通局部紊乱,200 多辆快速公交车抛锚,35 个居住小区停车场被淹,1409 台车辆被浸泡损坏,造成 6 人死亡,直接经济损失超过 5 亿元(图 1-4)。

图 1-4 广州 2010 年 5 月 7 日暴雨

此外,每逢雨季,我国许多城市和地区还频繁遭受不同强度降雨导致的内涝灾害的侵袭,造成了重大人员伤亡和财产损失。2010 年 7 月 29 日,住房城乡建设部城建司发布《关于开展城市排水系统排涝能力专题调研的通知》(建城水函〔2010〕112 号),要求对全国设市城市排水系统排涝能力进行全面调研。调研结果表明,2008—2010 年,全国范围内 351 个城市中,62% 的城市曾遭受过内涝灾害,137 个城市发生 3 次以上内涝。

1.3.1.2 城市内涝产生原因

城市内涝频繁发生,不仅会影响社会生产秩序,导致交通瘫痪,还危及人民生命安全。随着我国经济飞速发展、工业化进程不断加快,内涝灾害带来的直接经济损失愈加不可估量。暴雨导致的损失固然令人痛惜,但是探究其背后的深层原因、提出切实可行的解决措施并贯彻实施,从而降低城市内涝发生的频率、提高灾害有效应对能力更为重要。诸多专家学者以暴雨导致的内涝灾害事实为依据,从不同角度分析了城市内涝灾害形成的原因,这些原因涉及以下几个方面:

首先,全球气候变化及城市局部气候的变化导致降雨强度及雨量增多,是诱发城市内涝的直接原因。一方面,全球气候变暖导致城市地表水蒸发,蒸腾量增加,水循环加速,增加了城市地区极端暴雨发生的频率、强度和持续时间;另一方面,随着城镇化水平不断提高,建筑物对气流的阻碍和抬升、下垫面阻滞效应、空气污染导致的凝结核效应等,导致城区小气候发生变化,城市"热岛效应""雨岛效应"愈发明显,使得城区更易出现特大暴雨,降雨量和降雨强度明显大于郊区,从而导致中心城区内涝频发。

其次,随着城市发展,具有调蓄雨水、涵养渗流功能的沟塘及具有泄洪能力的河道等自然水系被严重破坏,城区水系面积锐减,导致城区雨水调蓄功能急剧下降。例如,武汉市洪山区图书城片区是经南湖水系填湖造地形成的,天然水系被破坏,雄楚大道经过此地的路段逢暴雨容易淹水。在城镇化开发和建设过程中,人类社会过度改造自然,河滩、湖泊、行蓄洪区等被大规模围垦、填埋,城市自然水域和湿地等具有调蓄功能的面积急剧减少,城市应对雨洪或内涝的能力下降。部分地区还存在对河道进行裁弯取直、驳岸硬化渠化(图1-5)、建造单一景观带等人工改造行为,导致河道生态岸线被破坏,自然水文过程被截断。

图1-5 河道驳岸硬化

此外,随着城市发展,地面硬化率越来越高,城市下垫面发生改变,地表径流系数增大,水文循环被破坏。据统计,2007年末,芜湖市核心建成区面积为25km²,地面硬化率超过90%,核心区以外80km²面积的地面硬化率也高达70%。原始自然地面透水性良好,雨水经过渗透、截留等过程之后,形成地表汇流,流入受纳水体。在传统城镇化开发和建设进程中,人类社会过度干预自然,改造自然,将原始植被覆盖的地面改造成不透水的城市硬质路面、屋面等,土壤和植物对雨水的蒸腾作用减少,雨水入渗和补给地下水的通道被截断,地表径流增加,原始的水文循环被破坏(图1-6)。研究表明,城市硬化下垫面面积增加,6—8月平均降水量、极端及中等降雨强度在城区显著增加,城区强降雨频次增幅显著。上述原因均使城市内洪峰流量增大、洪峰时间缩短,加剧了城市遭受洪涝灾害的威胁。

相对于城市建设进程,排水系统建设滞后,建设标准偏低,运营管理水平落后,雨污水管道混错接、堵塞、漏损严重,地下管网及防洪排涝设施配套不完善等也导致城市内涝频发。

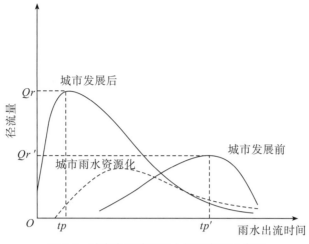

图 1-6　城市发展前后雨水径流变化示意图

1.3.1.3　城市内涝治理新思路的探索

针对城市内涝形成原因,国内专家学者参考国外相关经验,结合我国实际情况,探讨并提出了相应的解决措施。杨文哲等提出通过"控制雨水源头,增强雨水收集利用,减少城市明流;优化排蓄组合;提高路面下渗量"等措施实现雨水资源化,缓解城市内涝;张志国等也提出"应对暴雨内涝灾害要采取综合治理措施,将利用和顺应自然、预防和抢险、工程和非工程手段等有机结合,有效减少和降低城市内涝危害";周玉文提出通过"工程措施和非工程措施"构建城市排涝系统,解决城市内涝问题。

部分地区也在应对城市内涝严重、水污染严重等问题上尝试了新的解决思路。早在2010 年前,深圳市针对城市水问题,"积极探索低冲击开发雨水综合利用之路,推进光明低冲击开发雨水综合利用示范区和其他区域示范项目的建设工作,相关政府部门编制了《深圳市雨洪利用系统布局规划》《深圳市光明新区雨洪利用详细规划》等文件,倡导雨水综合利用,推广以低冲击开发为特色的雨水综合利用,实现雨水资源化开发利用与防控防涝灾害、削减城市污染源的有机结合,在充分保障安全的前提下,恢复水生态,使水与城市协调发展"。北京奥林匹克公园中心区在建设中充分纳入雨水控制与利用,通过透水铺装、生态护岸、屋顶绿化、雨水渗滤等技术措施,实现了雨水的自然净化、收集、利用,体现了新的设计理念,展示了城市雨水排放的新技术。

综合分析,新的城市内涝治理解决思路注重源头雨水的控制,提高雨水收集及资源化利用程度,采用工程措施和非工程措施相结合的方式,降低城市开发对原有自然水文状态的影响,同时缓解初期雨水径流污染,改善城市水问题。新思路提出的内涝治理系统突破了城市排水建设传统模式,拒绝城市排水与城市开发割裂,促进城市排水工程和城市建设理念的转变,为我国海绵城市的提出奠定了基础。

1.3.2 海绵城市政策及发展

1.3.2.1 海绵城市先导——低影响开发(LID)

低影响开发(Low Impact Development,LID)是区别于传统利用雨水管道、调蓄池等灰色设施的新型雨洪管理技术体系,强调利用小型、分散化的绿色设施,突出对雨水径流的源头控制,从源头减少城市开发建设对自然水文过程的不利影响。它是海绵城市建设的核心指导思想,不仅适用于新城建设,也适用于旧城更新及综合解决污染、内涝等复杂问题。

(1)室外排水设计规范

《住房城乡建设部城市建设司 2011 年工作要点》指出,城乡建设司将会同标准定额司组织修订《室外排水设计规范》(GB 50014—2006),对全国城市排涝能力进行评估。《室外排水设计规范》(2011 年版)首次将"内涝"定义为"强降雨或连续性降雨超过城镇排水能力,导致城镇地面产生积水灾害的现象",并规定"应按照低影响开发理念进行雨水综合管理,强调城镇开发应减少对环境的冲击,其核心是基于源头控制和延缓冲击负荷的理念,构建与自然相适应的城镇排水系统,合理利用景观空间和采取相应措施对暴雨径流进行控制,减少城镇面源污染",提出"应采取雨水渗透、调蓄等措施,从源头降低雨水径流产生量,延缓出流时间",并针对不同的用途对雨水调蓄池予以具体规定,提出建设渗透性铺面、下凹式绿地、植草沟、渗透池等雨水渗透设施。

(2)城市排水防涝设施建设

在城市经济水平不断提升、城市排水防涝能力却未提高的情况下,强降雨等极端天气导致的暴雨内涝灾害对社会的管理、城市的运行及群众的生活造成的影响愈发严重,给社会造成的经济损失愈发不可估量。例如,2011 年 6 月 18 日,武汉遭遇 1988 年以来最强暴雨,城区降雨量达 193.6mm,超 82 处路段出现不同程度的渍水,全城交通几乎瘫痪(图 1-7)。2012 年 7 月 21 日,特大暴雨再次侵袭北京及周边地区,北京全市平均降雨量达 190.3mm,其中房山区河北镇出现特大暴雨,降雨量达 460mm。据北京市人民政府灾情通报会的数据显示,此次暴雨造成 1 万多间房屋倒塌,160 万人受灾,经济损失 116.4 亿元。同年,不同强度的暴雨也侵袭了天津、河北、江西、辽宁、湖北等多个省市,多地出现了不同程度的城市内涝及"看海"的尴尬场景。

为提高城市的防灾减灾能力及安全保障水平,加强城市排水防涝设施建设,2013 年 4 月 1 日发布的《国务院办公厅关于做好城市排水防涝设施建设工作的通知》(国办发〔2013〕23 号),提出要在 2014 年底前编制完成城市排水防涝设施建设规划,力争用 10 年左右的时间建成较为完善的城市排水防涝工程体系。规划编制方面,要求科学布局排水管网,确定排水管网雨污分流、管道和泵站等排水设施、雨水滞渗调蓄设施、雨洪行泄设施、河湖水系清淤与治理等改造与建设任务;设施建设方面,要求树立生态文明理念,积极推行低影响开发建设模式,控制开发强度,有效控制地表径流,与城市开发、道路建设、园林绿化统筹协调,因地制宜建设雨水削峰调蓄设施,增加下凹式绿地、植草沟、人工湿地、可渗透路面、砂石地面和自然地面,以及透水性停车场和广场。提出新建城区硬化地面中可渗透地面面积比例不宜低于 40%,提倡对现有硬化路面进行透水性改造,提高对雨水的吸纳和蓄滞能力。

图 1-7　武汉市 2011 年 6 月 18 日暴雨

为落实《国务院办公厅关于做好城市排水防涝设施建设工作的通知》(国办发〔2013〕23号)文件要求,各省(区、市)根据各地实际情况制定并出台了相关政策文件,针对推行低影响开发建设模式,因地制宜提出了更加具体且可量化的要求及措施。

河南省人民政府办公厅《关于贯彻落实国办发〔2013〕23 号文件精神 做好城市排水防涝设施建设管理工作的实施意见》(豫政办〔2013〕60 号)提出:"实施低影响开发建设模式,提高城市排涝调蓄能力,严格建设用地规划管理,加强对城市雨水的收集利用,尽量降低地表径流系数,最大限度减少对城市水生态环境的破坏。各地要因地制宜配套建设雨水滞渗、收集利用等削峰调蓄设施。积极推广屋顶绿化,对现有绿地实行下凹式绿地建设改造,新建绿地采用下凹式设计,并充分收储和利用雨水。积极推广渗透性强的材料作为人行道、停车场的表面材料。探索和推广雨水收集利用系统,规划用地面积 4 万 m^2 以上的新建小区应配建雨水利用设施,屋顶面积在 1000m^2 以上的单体建筑物要推行屋顶绿化等雨水利用措施。省辖市要探索将城市公共绿地、室外大型城市停车场等场所作为超标准降雨时的临时调蓄池。"

江苏省人民政府办公厅《贯彻落实〈国务院办公厅关于做好城市排水防涝设施建设工作的通知〉的通知》(苏政办发〔2013〕88 号)提出"坚持影响最低的开发建设理念,最大限度减少对原有水生态环境的破坏",开发项目占用水域应确保城市水面率不降低,鼓励将综合径流系数作为规划用地出让条件。同时,提出城市建设要注重雨水收集利用,每公顷建设用地宜建设不小于 100 m^3 的雨水调蓄池,路幅超过 70 m 的道路两侧逐步配套建设雨水蓄水设施。

广东省人民政府办公厅《关于做好城市排水防涝设施建设工作的意见》(粤府办〔2014〕

15 号)要求推行低影响开发建设模式,提出:"结合城市自然特点,综合考虑景观美化和蓄水、排水防涝等功能,增加城市湖泊、河网等水面面积,到 2020 年,珠三角及沿海地区城市的水域面积率不低于 10%,山区城市不低于 6%。新建城区综合径流系数的确定以最大限度减少对城市原有水生态环境的破坏为原则,一般控制不超过 0.5。项目建设前期阶段同步开展排水影响评价,积极推进可透水地面应用、雨水蓄滞系统设置、中水回用等技术利用。2015 年底前,各地级以上市要建成 1 个以上低影响开发建设综合示范项目。"

广西壮族自治区人民政府办公厅《关于加快推进城市排水防涝设施建设工作的指导意见》(桂政办发〔2014〕56 号)提出:"推行下凹式绿地建设改造,新建绿地原则上全部实行下凹式设计,对有条件的既有绿地进行下凹式改造,到 2017 年,下凹式绿地占城市绿地总面积比例不低于 20%;城市新建道路的人行便道采用可下渗结构,既有道路的人行便道随道路改造进行透水性改造,到 2017 年,透水性便道长度不低于城市道路总长的 20%;在新建小区(占地面积在 2 万 m² 以上)推行雨水利用设施,进行一部分渗渠试点;在大型单体建筑物(建筑面积在 2 万 m² 以上)推行屋顶绿化等雨水利用措施。"

(3)城市排水(雨水)防涝综合规划

为落实《国务院办公厅关于做好城市排水防涝设施建设工作的通知》(国办发〔2013〕23 号)文件要求,住房城乡建设部编制了《城市排水(雨水)防涝综合规划编制大纲》(以下简称《大纲》),要求各城市结合当地实际、参照《大纲》要求抓紧编制城市排水(雨水)防涝综合规划。

《大纲》对城市雨水径流控制与资源化利用提出要求:在城市排水防涝现状方面,要求各地区对城市雨水调蓄设施和蓄滞空间分布及容量情况予以说明;在城市排水能力与内涝风险评估方面,要求结合当地实际情况,按照水体、草地、树林、裸土、道路、广场、屋顶和小区内铺装等类型对城市地表类型进行解析。规划原则中,要求系统考虑从源头到末端的全过程雨水控制和管理,突出理念和技术的先进性,因地制宜,采取"蓄、滞、渗、净、用、排"结合的方式,实现生态排水。规划标准中,增加雨水径流控制标准,具体根据低影响开发的要求,结合城市地形地貌、气象水文、社会经济发展情况,合理确定城市雨水径流量控制、源头削减的标准以及城市初期雨水污染治理的标准;城市开发建设过程中应最大程度减少对城市原有水系统和水环境的影响,新建地区综合径流系数的确定应以不对水生态造成严重影响为原则,一般宜按照不超过 0.5 进行控制;旧城改造后的综合径流系数不能超过改造前,不能增加既有排水防涝设施的额外负担;新建地区的硬化地面中,透水性地面的比例不应小于 40%。雨水径流控制方面,要求对控制性详细规划提出径流控制要求,作为城市土地开发利用的约束条件,明确单位土地开发面积的雨水蓄滞量、透水面积比例和绿地率等;要求根据城市低影响开发的要求,合理布局下凹式绿地、植草沟、人工湿地、可渗透地面、透水性停车场和广场,利用绿地、广场等公共空间蓄滞雨水;应明确新建城区的控制可渗透地面面积不低于 40% 的控制措施,明确现有硬化路面的改造路段与方案。此外,《大纲》要求各地区明确落实低影响开发各工程措施的规划建设体量及投资。

（4）城市基础设施建设

为改善人居环境，增强城市综合承载能力，提高城市运行效率，稳步推进新型城镇化，确保 2020 年全面建成小康社会，印发了《国务院关于加强城市基础设施建设的意见》（国发〔2013〕36 号），提出积极推行低影响开发建设模式，将建筑、小区雨水收集利用、可渗透面积、蓝线划定与保护等要求作为城市规划许可和项目建设的前置条件，因地制宜配套建设雨水滞渗、收集利用等削峰调蓄设施。

（5）城镇排水与污水处理条例

2013 年 10 月 2 日，《城镇排水与污水处理条例》（国务院令第 641 号）第十三条规定："县级以上地方人民政府应当按照城镇排涝要求，结合城镇用地性质和条件，加强雨水管网、泵站以及雨水调蓄、超标雨水径流排放等设施建设和改造。新建、改建、扩建市政基础设施工程应当配套建设雨水收集利用设施，增加绿地、砂石地面、可渗透路面和自然地面对雨水的滞渗能力，利用建筑物、停车场、广场、道路等建设雨水收集利用设施，削减雨水径流，提高城镇内涝防治能力。新区建设与旧城区改建，应当按照城镇排水与污水处理规划确定的雨水径流控制要求建设相关设施。"

1.3.2.2　海绵城市的提出及试点

（1）海绵城市正式提出

在我国城市水问题日趋严重、排水系统亟待变革的背景下，具有中国特色的海绵城市应运而生。在 2013 年 12 月 12—13 日召开的中央城镇化工作会议上，习近平总书记强调："提升城市排水系统时要优先考虑把有限的雨水留下来，优先考虑更多利用自然力量排水，建设自然积存、自然渗透、自然净化的海绵城市。"图 1-8 为海绵城市示意图。

图 1-8　海绵城市示意图

（2）海绵城市建设试点

为促进海绵城市建设，中央通过竞争性评审先后选取两批共计 30 个城市作为海绵城市建设试点，先行探索海绵城市建设的经验。2014 年 10 月 22 日，《住房城乡建设部关于印发〈海绵城市建设技术指南——低影响开发雨水系统构建（试行）〉的通知》（建城函〔2014〕275号）提出，将组织开展海绵城市建设试点示范工作。同年 12 月 31 日，财政部印发《关于开展中央财政支持海绵城市建设试点工作的通知》（财建〔2014〕838 号），明确中央财政将对海绵城市建设试点给予专项资金补助，采取竞争性评审方式选择试点城市。

2015 年 1 月 20 日，财政部、住房城乡建设部、水利部联合印发《关于组织申报 2015 年海绵城市建设试点城市的通知》（财办建〔2015〕4 号），对操作流程、目标要求提出具体的建议。自此，海绵城市建设试点城市申报工作正式启动。同年 4 月，根据竞争性评审得分，迁安、白城、镇江、嘉兴、池州、厦门、萍乡、济南、鹤壁、武汉、常德、南宁、重庆、遂宁、贵安新区和西咸新区成为第一批海绵城市建设试点。

2016 年 2 月 25 日，财政部、住房城乡建设部、水利部联合发布《关于开展 2016 年中央财政支持海绵城市建设试点工作的通知》（财办建〔2016〕25 号），并印发《2016 年海绵城市建设试点城市申报指南》，全国第二批海绵城市建设试点城市申报工作正式开启。同年 4 月 22 日，三部委在中国城市规划设计研究院组织召开 2016 年海绵城市试点竞争性评审会议，经答辩评审，福州、珠海、宁波、玉溪、大连、深圳、上海、庆阳、西宁、三亚、青岛、固原、天津、北京等 14 个城市入选。2015 年 4 月 26—28 日，全国海绵城市试点城市建设启动部署会在湖南省常德市召开（图 1-9），会议要求各试点城市按照《海绵城市建设技术指南》及相关行业技术要求，在海绵城市建设试点实施方案的基础上，抓紧编制海绵城市建设试点三年实施计划，为全国海绵城市建设提供可复制、可推广、可量化考核的制度和经验。

图 1-9　全国海绵城市试点城市建设启动部署会

1.3.2.3　海绵城市建设技术相关政策

（1）海绵城市建设技术指南

海绵城市的概念虽然已经提出,但是怎样在治水过程中践行海绵城市理念仍需进一步探索。为贯彻落实习近平总书记讲话及中央城镇化工作会议精神,《住房城乡建设部城市建设司2014年工作要点》要求"大力推行低影响开发建设模式,加快研究建设海绵型城市的政策措施"。2014年10月22日,住房城乡建设部组织编制并印发了《海绵城市建设技术指南——低影响开发雨水系统构建(试行)》(以下简称《指南》),明确了海绵城市建设的理念、目标、技术路线及具体技术措施,指导各地海绵城市建设。

《指南》指出,海绵城市建设应遵循"规划引领、生态优先、安全为重、因地制宜、统筹建设"的基本原则,采用保护城市原有生态系统、恢复和修复生态、低影响开发等建设途径,统筹低影响开发雨水系统、城市雨水管渠系统及超标雨水径流排放系统,以"径流总量控制、径流峰值控制、径流污染控制"等为规划控制目标(图1-10)。

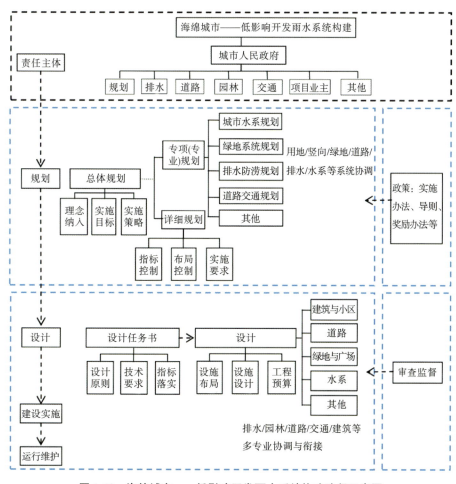

图1-10　海绵城市——低影响开发雨水系统构建途径示意图

（资料来源:《海绵城市建设技术指南——低影响开发雨水系统构建(试行)》）

《指南》强调,各地区在建设过程中应根据当地降雨特征、水文地质条件、径流污染状况、内涝风险控制要求及雨水资源化利用需求等,结合当地水环境突出问题、经济合理性等因素,合理选择控制目标;在城市总体规划和城市水系、绿地、道路交通等专项规划以及城市排水防涝综合规划、控制性详细规划、修建性详细规划等规划中落实低影响开发,在建筑小区、城市道路、城市绿地与广场、城市水系等的设计中明确体现。同时,要求相关管理部门在城市规划、施工图设计审查、建设项目施工、监理、竣工验收备案等管理环节加强对低影响开发雨水系统建设情况的审查。

《指南》从概念与构造、适用性、优缺点等多方面对透水铺装、绿色屋顶、下沉式绿地、生物滞留设施、渗透塘、渗井、湿塘、雨水湿地、蓄水池、雨水罐、调节塘、调节池、植草沟、植被缓冲带、人工土壤渗滤等低影响开发单体设施予以说明,并对其功能进行比较及组合优化,对相关工程建设提出要求,明确了低影响开发设施维护管理的基本要求及注意事项。

(2)海绵城市建设技术保障

目前,我国海绵城市建设正处于起步阶段,为加强海绵城市建设技术指导,充分发挥专家在海绵城市建设过程中的重要作用,不断提高我国海绵城市建设管理水平,2015 年 9 月 11 日,住房城乡建设部发布《关于成立海绵城市建设技术指导专家委员会的通知》(建科〔2015〕133 号),宣布成立住房城乡建设部海绵城市建设技术指导专家委员会,该委员会包括城市给排水、城市规划、园林景观、环境工程、水文气象、道路建设以及投融资等产业发展领域的 37 名行业专家,注重学科分工,涉及领域广泛,为海绵城市建设提供标准、规划、工程技术、投融资、建设运营模式等方面的专业指导,带动城市建设发展方式转型,创新城市建设运营机制,建立新的业态发展模式,为早日实现海绵城市建设目标提供技术保障。

(3)海绵城市建设指导意见

为加快推进海绵城市建设,修复城市水生态、涵养水资源,增强城市防涝能力,扩大公共产品有效投资,提高新型城镇化质量,促进人与自然和谐发展,2015 年 10 月 11 日,发布《国务院办公厅关于推进海绵城市建设的指导意见》(国办发〔2015〕75 号)(以下简称《意见》),要求通过海绵城市建设,最大限度地减少城市开发建设对生态环境的影响,将 70% 的降雨就地消纳和利用;明确了到 2020 年城市建成区 20% 以上的面积达到海绵城市建设要求、到 2030 年城市建成区 80% 以上的面积达到海绵城市建设要求的工作目标。《意见》从加强规划引领、统筹有序建设、完善支持政策、抓好组织落实等 4 个方面,提出了 10 项具体措施,明确了海绵城市建设的路线,对指导海绵城市建设具有重要意义。《意见》指出,从 2015 年起,城市新区要全面落实海绵城市建设要求,老城区要结合棚户区和城乡危房改造、老旧小区有机更新等,以解决城市内涝、雨水收集利用、黑臭水体治理为突破口,推进区域整体治理,逐步实现小雨不积水、大雨不内涝、水体不黑臭、热岛有缓解;推进公园绿地建设和自然生态修复,推广海绵型公园和绿地,消纳自身雨水,并为蓄滞周边区域雨水提供空间,加强对城市坑塘、河湖、湿地等水体的保护与生态修复。

（4）海绵城市建设国家建筑标准设计体系

为进一步推进海绵城市建设工作，2016 年 1 月 22 日住房城乡建设部印发了《海绵城市建设国家建筑标准设计体系》，对新改扩建的海绵型建筑与小区、道路与广场、公园绿地以及城市水系中与保护生态环境相关的技术和基础设施的建设、施工验收及运行管理的规定主要包括以"渗、滞、蓄、净、用、排"为指导的规划设计、源头径流控制系统、城市雨水管渠系统及超标雨水径流排放系统三大板块。该体系对于提高我国海绵城市建设设计水平及工作效率、保证施工质量，推动海绵城市建设的持续、健康发展发挥了积极作用。

（5）海绵城市专项规划编制暂行规定

为指导各地做好海绵城市专项规划的编制工作，2016 年 3 月 11 日，住房城乡建设部印发了《海绵城市专项规划编制暂行规定》，要求各地于 2016 年 10 月底前完成设市城市海绵城市专项规划草案编制工作。

《海绵城市专项规划编制暂行规定》要求海绵城市建设规划的编制要坚持保护优先、生态为本、自然循环、因地制宜、统筹推进的原则，最大限度地减小城市开发建设对自然和生态环境的影响，研究提出需要保护的自然生态空间格局，明确目标并进行分解，确定海绵城市近期建设的重点。海绵城市建设不仅包含低影响开发等措施，其涵义还有了进一步的扩展。规定指出海绵城市专项规划应分析城市水资源、水环境、水生态、水安全等方面存在的问题，以雨水年径流总量控制率为主要建设目标并对其进行分解，明确近、远期建设任务，老城区重点解决城市内涝、雨水收集利用、黑臭水体治理等问题，新城区则强调优先保护自然生态本底，提出海绵城市的自然生态空间格局及海绵城市建设分区指引。该规定要求不同城市因地制宜，落实海绵城市建设管控要求，针对内涝积水、水体黑臭、河湖水系生态功能受损等问题，按照源头减排、过程控制、系统治理的原则，制定积水点治理、截污纳管、合流制污水溢流污染控制和河湖水系生态修复等措施，并提出与城市道路、排水防涝、绿地、水系统等相关规划相衔接的建议。

（6）海绵城市建设系列标准

为系统化全域推进海绵城市建设，全面支撑海绵城市在项目规划、设计、施工、验收、运维等环节及监测、监管等方面的标准需求，住房城乡建设部组织编制了《海绵城市建设专项规划与设计标准》《海绵城市建设工程施工验收与运行维护标准》《海绵城市建设监测标准》等 3 项国家标准，并于 2020 年 11 月 30 日完成了征求意见稿，公开广泛征求社会意见。2021 年 7 月 5—7 日，3 项国家标准顺利通过审查。

海绵城市建设系列标准对明确海绵城市建设技术要求，提高海绵城市规划设计和运行管理的科学性，因地制宜运用海绵城市建设理念，综合解决水资源、水环境、水安全方面的实际问题，具有重要意义。

1.3.2.4 海绵城市建设考核评价相关政策

(1)海绵城市建设绩效评价与考核

随着第一批试点海绵城市建设序幕拉开,为推进城市生态文明建设,促进城市规划建设理念转变,科学评价海绵城市建设成效,依据《海绵城市建设技术指南》,住房城乡建设部办公厅发布了《关于印发〈海绵城市建设绩效评价与考核办法(试行)〉的通知》(建办城函〔2015〕635号),提出6个类别18项具体指标,通过水生态、水环境、水资源、水安全、显示度评价海绵城市建设的实效。同时,将制度建设及执行情况作为评价指标,从政策层面为海绵城市建设理念的落地及海绵城市建设的顺利进行提供了保障。年径流总量控制率、生态岸线恢复、地下水位、水环境质量、城市面源污染控制、污水再生利用、雨水资源利用率、城市暴雨内涝灾害防治等定量约束性指标的提出,体现了在海绵城市建设过程中积极践行"节水优先、空间均衡、系统治理、两手发力"的治水新思路。

(2)海绵城市建设评价标准

为提升海绵城市建设的系统性,2018年12月26日,住房城乡建设部办公厅印发了《海绵城市建设评价标准》(GB/T 51345—2018),对推进海绵城市建设、改善城市生态环境质量、提升城市防灾减灾能力、扩大优质生态产品供给、增强群众获得感和幸福感、规范海绵城市建设效果的评价具有重要意义。

《海绵城市建设评价标准》(GB/T 51345—2018)从年径流总量控制率及径流体积控制、源头减排项目实施有效性、路面积水控制与内涝防治、城市水体环境质量、自然生态格局管控与水体生态岸线保护、地下水埋深变化趋势、城市热岛效应缓解等7个方面,对海绵城市建设的评价内容、要求及方法做出详细规定,对后续海绵城市建设评估工作具有重要的指导意义。

(3)海绵城市建设评估

自2020年始,为落实《国务院办公厅关于推进海绵城市建设的指导意见》(国办发〔2015〕75号)要求,系统化全域推进海绵城市建设,以评促建,住房城乡建设部办公厅开始组织开展年度海绵城市建设评估工作。其中,2020年,住房城乡建设部要求各省(区、市)以排水分区为单元,对照《海绵城市建设评价标准》(GB/T 51345—2018),从自然生态格局管控、水资源利用、水环境治理、水安全保障等方面对海绵城市建设成效进行自评;2021年,住房城乡建设部要求各省(区、市)从水生态保护、水安全保障、水资源涵养、水环境改善等方面对海绵城市建设成效进行自评。

1.3.2.5 海绵城市建设财政支持政策

(1)专项资金支持试点海绵城市建设

2014年12月31日,财政部印发的《关于开展中央财政支持海绵城市建设试点工作的通知》(财建〔2014〕838号)明确中央财政对海绵城市建设试点给予专项资金补助,一定三年,直辖市每年 6 亿元,省会城市每年 5 亿元,其他城市每年 4 亿元。对采用 PPP 模式达到一定比例的,将按上述补助基数奖励 10%。对于第二批海绵城市建设试点城市,依旧给予专项资金补助,一定 3 年。

（2）金融机构支持海绵城市建设

建设海绵城市是一项重大的民生工程,是推进生态文明建设和新型城镇化发展的重要举措,按照国办发〔2015〕75 号文件的要求,2030 年城市建成区 80% 以上的面积应达到海绵城市建设要求,海绵城市建设任务艰巨,资金需求量大,迫切需要综合运用财政和金融政策,引导银行业金融机构加大对海绵城市建设的支持。

2015 年 12 月 10 日,住房城乡建设部、国家开发银行联合印发《关于推进开发性金融支持海绵城市建设的通知》（建城〔2015〕208 号）,要求国家开发银行作为开发性金融机构,把海绵城市建设作为信贷支持的重点领域,更好地服务国家经济社会发展战略,各级住房城乡建设部门把国家开发银行作为重点合作银行,加强合作,增强海绵城市建设项目资金保障,用好用足信贷资金,为海绵城市建设助力。

为进一步加大政策性金融机构对海绵城市建设的支持力度,2015 年 12 月 30 日,住房城乡建设部、中国农业发展银行联合印发《关于推进政策性金融支持海绵城市建设的通知》（建城〔2015〕240 号）,要求各级住房城乡建设部门高度重视推进政策性金融支持海绵城市建设工作,把中国农业发展银行作为重点合作银行,加强合作,最大限度地发挥政策性金融的支持作用,切实提高信贷资金对海绵城市建设的支撑保障能力。中国农业发展银行各分行要把海绵城市建设作为信贷支持的重点领域,积极统筹调配信贷规模,优先对海绵城市建设项目给予贷款支持,贷款期限最长可达 30 年,贷款利率可适当优惠。

（3）专项资金支持示范海绵城市建设

2021 年,财政部、住房城乡建设部、水利部印发《关于开展系统化全域推进海绵城市建设示范工作的通知》（财办建〔2021〕35 号）,提出"十四五"期间确定部分城市开展典型示范,系统化全域推进海绵城市建设,中央财政按区域对示范城市给予定额补助。地级及以上城市:东部地区每个城市补助总额 9 亿元,中部地区每个城市补助总额 10 亿元,西部地区每个城市补助总额 11 亿元;县级市:东部地区每个城市补助总额 7 亿元,中部地区每个城市补助总额 8 亿元,西部地区每个城市补助总额 9 亿元。根据工作推进情况分 3 年拨付到位。

1.3.2.6　城市建设中的海绵城市

（1）治水新思路

2014 年 3 月 14 日,习近平总书记在中央财经领导小组第五次会议上提出保障水安全,治水必须要有新内涵、新要求、新任务,坚持"节水优先、空间均衡、系统治理、两手发力"的思路,实现治水思路的转变;城市规划和建设要坚决纠正"重地上、轻地下""重高楼、轻绿色"的

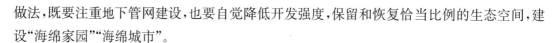

做法,既要注重地下管网建设,也要自觉降低开发强度,保留和恢复恰当比例的生态空间,建设"海绵家园""海绵城市"。

（2）海绵城市建设助力城市宜居

中共中央、国务院《关于进一步加强城市规划建设管理工作的若干意见》（2016年2月6日）在"营造城市宜居环境"中指出,要充分利用自然山体、河湖湿地、耕地、林地、草地等生态空间,建设海绵城市,提升水源涵养能力,缓解雨洪内涝压力,促进水资源循环利用;鼓励单位、社区和居民家庭安装雨水收集装置;大幅度减少城市硬覆盖地面,推广透水建材铺装,大力建设雨水花园、储水池塘、湿地公园、下沉式绿地等雨水滞留设施,让雨水自然积存、自然渗透、自然净化,不断提高城市雨水就地蓄积、渗透比例。通过海绵城市建设、自然生态恢复、污水大气及垃圾治理,使得城市更加宜居。

《国务院关于深入推进新型城镇化建设的若干意见》（国发〔2016〕8号）在"全面提升城市功能"中指出,要在城市新区、各类园区、成片开发区全面推进海绵城市建设;在老城区结合棚户区、危房改造和老旧小区有机更新,妥善解决城市防洪安全、雨水收集利用、黑臭水体治理等问题;加强海绵型建筑与小区、海绵型道路与广场、海绵型公园与绿地、绿色蓄排与净化利用设施等建设;加强自然水系保护与生态修复,切实保护良好水体和饮用水水源。

（3）海绵城市建设助力黑臭水体治理

2018年9月30日,住房城乡建设部、生态环境部印发《城市黑臭水体治理攻坚战实施方案》（建城〔2018〕104号）,推进城市黑臭水体治理工作,巩固治理成果,加快改善城市水环境质量。在"生态修复"板块,方案指出要对城市建成区雨水排放口受水范围内的建筑小区、道路、广场等运用海绵城市理念,综合采取"渗、滞、蓄、净、用、排"方式进行改造建设,从源头上解决雨污管道混接问题,减少径流污染。

1.3.3 国内海绵城市建设历程

海绵城市明确了城市雨洪管理和雨水利用的内涵,体现了我国雨洪管理的发展和进步。建设海绵城市是实现可持续发展的必然举措,也是我国落实生态文明的重要举措。与国外城市雨水及水系统管理理念和技术方法体系相比,我国海绵城市理念的提出相对较晚,但是发展进程快。2015年至今,我国海绵城市建设经历了从试点到示范的过程,海绵城市内涵从最初的低影响开发逐渐发展成为多领域的交叉融合,从以雨水年径流总量控制率为主要控制指标,逐步发展为以水生态保护、水安全保障、水资源涵养、水环境改善、水文化复兴为目标。海绵城市研究涉及多个领域,具体见图1-11。

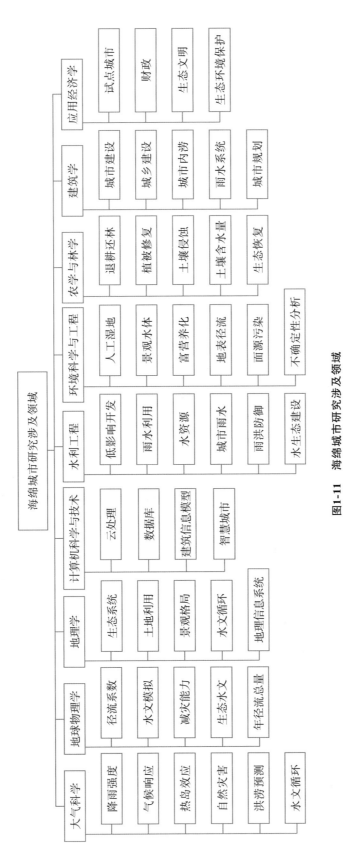

图1-11 海绵城市研究涉及领域

1.3.3.1 海绵城市建设试点阶段

2015年4月,迁安、白城、镇江、嘉兴、池州、厦门、萍乡、济南、鹤壁、武汉、常德、南宁、重庆、遂宁、贵安新区和西咸新区入选第一批海绵城市建设试点;2016年4月22日,福州、珠海、宁波、玉溪、大连、深圳、上海、庆阳、西宁、三亚、青岛、固原、天津、北京入选第二批海绵城市建设试点。我国海绵城市建设试点的选择具有很强的地域代表性,涵盖了华东、华北、华南、华中、东北、西南、西北地区,且兼顾了不同规模的城市,包括直辖市、计划单列市、省会城市、地级市、县级市等。

迁安海绵城市试点区共计21.5km²,其中老城区7km²,新城区14.5km²,总投资24.56亿元,实施城市低影响开发、内涝防治、水质改善、供水保障与能力建设5类工程共189项,对建筑小区、城中村、公建区、道路广场等138项进行改造。经过3年集中建设,迁安城市年径流总量控制率达到了76.6%,对130余个建筑小区、城中村、公建区、道路广场进行了海绵化改造,对约50km排水管网进行雨污分流,基本消除内涝积水点41处,有效解决了试点区的内涝积水问题,城市水环境明显改善(图1-12)。

图1-12 迁安海绵城市建设成果

白城海绵城市建设试点区共计38km²,总投资68亿元,创新探索实施"海绵城市+老城改造"的模式,建设16大类469项工程,涵盖白城生态新区和老城区,占建成区面积近90%,改造172个老旧小区、48条道路、6个公园广场,新增绿化面积150万m²,亮化街道10条。白城海绵城市试点建设于2019年4月全面通过国家验收,荣获全国海绵城市"样板城市"称号(图1-13)。

(a)白城老旧小区海绵化改造   (b)白城海绵城市设施——城市花园

图1-13 白城海绵城市建设成果

镇江海绵城市试点区共计 29.28km²，试点建设期间，共实施海绵城市建设项目 273 个，总投资 88 亿元，其中，试点区内项目 158 个，总投资 40.6 亿元。经过海绵城市建设，镇江市试点区内 8 个积水区得以消除，2 条黑臭水体消除黑臭。镇江市以生态优先、特色发展作为城市定位，通过海绵城市建设，打造出人与自然和谐共存的现代城市新空间（图 1-14）。

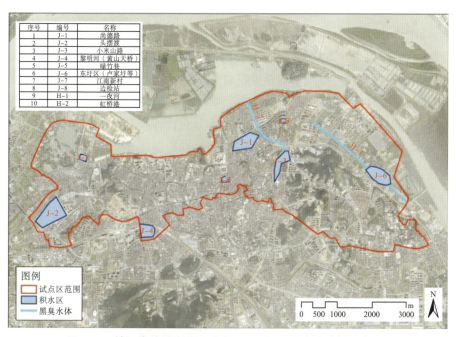

图 1-14　镇江海绵城市建设试点区（积水区、黑臭水体整治点位）

萍乡市海绵城市试点区共计 32.98km²，共实施 166 个项目，完成投资 64.63 亿元，全面完成了试点确定的年径流总量控制 75%、30 年一遇防涝标准、雨水资源化利用率 12% 等海绵城市建设指标。萍乡市围绕建设具有江南特色海绵城市目标，坚持全域管控、系统构建、分区治理的理念。新城区以目标为导向，老城区以问题为导向，重点解决城区内涝积水和水环境治理等问题，实现了"小雨不积水、大雨不内涝、水体不黑臭、热岛有缓解"的总体目标（图 1-15）。

图 1-15　萍乡市海绵城市建设（世纪广场）

南宁市海绵城市试点区共计 54.6km²，共实施完成 322 项海绵工程，完成投资 107.52 亿元。试点区建设全部达到海绵城市建设目标要求，24 个排水管理单元年径流总量控制率为 75.18％，5 段黑臭水体消除黑臭，试点区内 18 个内涝积水点全部消除，呈现出"河畅、水清、岸绿、景美"的美景，人居环境和城市面貌不断提升，人民群众的幸福感和获得感不断增强。南宁市注重顶层把控，对海绵城市规划建设进行全过程指引，试点期间出台 79 项相关规划政策；注重全过程管控，将海绵城市建设项目的技术审查内容与其现行的工程项目规划建设管理制度结合，覆盖城市规划设计、项目用地供地、项目前期立项、两证一书审核、施工图审查到后期的建设、验收、移交和运营维护的全过程、常态化管理，结合既有小区海绵改造项目特殊性，优化既有小区方案审查、竣工验收等两个流程。南宁市因地制宜，积极探索建设新模式，推进海绵城市建设，源头项目采用 EPC 项目总承包模式，实现统一设计、统一施工、统一交付的目标；流域整治采用 PPP 模式，提出全流域治理、海绵城市、标本兼治、按效付费等创新理念。在设计、建设阶段从生态技术措施着手，增加了流域污水处理工程、河道水生态修复工程、海绵城市工程、信息化监控工程等新内容，系统解决了原项目分段治理模式不能彻底解决的水质改善和生态河道的补水及中水回用问题、初期雨水的拦截处理及利用问题、河道的长效管理问题。2019 年 3 月，南宁市海绵城市试点建设顺利通过国家验收，并取得全国第 3 名的成绩，形成可复制可推广的"南宁经验"(图 1-16)。

图 1-16　南宁市那考河湿地公园

池州市海绵城市建设试点区共计 18.5km²，共实施完成 117 项海绵城市建设项目，完成投资 52.38 亿元。经过试点建设，池州市试点区年径流总量控制率达到 72％，年固体悬浮物总量(SS)去除率达 40％，全面消除城区 26 个较大易涝点，城区内涝防治达到 30 年一遇标准，雨水资源回用率达 4％，全面消除全市 10 条黑臭水体(图 1-17)。

图 1-17　池州市海绵城市建设

遂宁市海绵城市建设试点区共计 25.8km²，坚持因地制宜、民生优先、整体打包、分类推进，共完工建筑小区、市政道路、公园湿地、生态修复、排水设施等 7 类建设项目 329 个，完成投资 56.1 亿元，试点区内 45 个易涝点内涝隐患全部消除，众多老旧小区实现"小雨不积水、大雨不内涝"。遂宁市海绵城市试点建设注重规划引领，在规划编制、设计审查、建设监管、检测验收、增量管控 5 个方面实现全域管控，成为全国首批试点优秀城市(图 1-18)。

图 1-18　遂宁市海绵城市建设

经过几年建设，第一批海绵城市建设试点顺利收官，16 个城市全部合格，其中萍乡、南宁、池州、遂宁、白城、镇江 6 个城市被评为优秀。

1.3.3.2　系统化全域推进示范阶段

海绵城市建设试点在技术创新、运作模式、管控制度等方面进行了有益探索，为推进海绵城市建设创造了有利条件。

(1)第一批海绵城市建设示范

为贯彻习近平总书记关于海绵城市建设的重要指示批示精神，落实《中华人民共和国国民经济和社会发展第十四个五年规划和二〇三五年远景目标》关于因地制宜建设海绵城市的要求，2021 年 4 月 25 日，财政部、住房城乡建设部、水利部印发《关于开展系统化全域推进海绵城市建设示范工作的通知》(财办建〔2021〕35 号)。"十四五"期间，确定部分基础条件好、积极性高、特色突出的城市开展典型示范,系统化全域推进海绵城市建设,力争通过3年集中建设,示范城市防洪排涝能力及地下空间建设水平明显提升,河湖空间严格管控,生态环境显著改善,海绵城市理念得到全面、有效落实,为建设宜居、绿色、韧性、智慧、人文城市创造条件,推动全国海绵城市建设迈上新台阶。

通过竞争性选拔,唐山、长治、四平、无锡、宿迁、杭州、马鞍山、龙岩、南平、鹰潭、潍坊、信阳、孝感、岳阳、广州、汕头、泸州、铜川、天水、乌鲁木齐等20个城市被确定为首批系统化全域推进海绵城市建设示范城市。示范城市系统化全域推进海绵城市建设,新区以目标为导向,统筹规划、强化管理,通过规划建设管控制度建设,将海绵城市理念落实到城市规划建设管理全过程;老区以问题为导向,统筹推进排水防涝设施建设、城市水环境改善、城市生态修复功能完善、城市绿地建设、城镇老旧小区改造、完整居住社区建设、地下管网(管廊)建设等工作,采用"渗、滞、蓄、净、用、排"等措施,补齐设施短板,"建一片,成一片"。

2022年3月25日,财政部、住房城乡建设部、水利部对2021年第一批海绵城市建设示范补助资金进行绩效评价,其中长治、无锡、岳阳、广州、泸州等5个城市被评为A档,唐山、四平、宿迁、杭州、马鞍山、龙岩、南平、鹰潭、潍坊、信阳、孝感、汕头、铜川、天水、乌鲁木齐等15个城市被评为B档。

长治市出台《长治市系统化全域推进海绵城市示范城市建设2021—2023年行动计划》,实施"一纲六目"海绵城市建设项目,围绕系统化全域推进海绵示范城市建设总纲,重点实施生态修复、防洪排涝、水环境治理、水资源利用、城市更新、工业基地建设6类工程项目,同步强化能力建设。

无锡市出台《无锡市系统化全域推进海绵示范城市建设行动计划》(锡政办发〔2022〕45号),提出全面建成"内外兼修、独具特色、示范引领"的海绵城市,打造蠡湖未来城、太湖湾科创带、宛山湖生态科技城、洗砚湖生态科技城、梁溪科技城、锡东新城商务区、中瑞低碳生态城、新吴区美丽宜居示范区8片区海绵城市建设先行窗口,将其建设成为具有连片性和典型性的海绵城市示范区域。围绕区域水环境和城市内涝治理,海绵城市建设正成为提升小区环境和精细化治理水平、增强居住舒适性和提高抗涝能力的有效手段。

岳阳市编制了《岳阳市系统化全域推进海绵城市建设实施方案》,确定了"8+3+6+N"的海绵城市建设总体布局,全力推进东风湖、吉家湖片区海绵示范项目建设,打造洞庭湖流域水环境保护示范。

广州市印发《广州市系统化全域推进海绵城市建设示范工作方案》,明确开展加强流域区域生态环境治理、城市水系统建设、项目全流程管控、信息化能力建设等4个方面11项主要工作任务,计划到2023年底、2025年底、2030年底,广州市城市分别累计有不少于40%、45%以上、80%以上建成区面积达到海绵城市建设要求。

泸州市运用"+海绵"理念,建设了一批海绵型道路广场、社区游园、绿地公园等海绵示范项目,新(改)建了一批海绵小区,将泸州建设成"蓝绿交织、山水共融"的高品质生活宜居地样板。到2023年底,泸州40%以上建成区将达到海绵城市建设要求,走出一条长江上游山地城市海绵城市建设特色路径。

（2）第二批海绵城市建设示范

2022 年 4 月 15 日,财政部、住房城乡建设部、水利部三部门联合印发《关于开展"十四五"第二批系统化全域推进海绵城市建设示范工作的通知》(财办建〔2022〕28 号),通过竞争性选拔,秦皇岛、晋城、呼和浩特、沈阳、松原、大庆、昆山、金华、芜湖、漳州、南昌、烟台、开封、宜昌、株洲、中山、桂林、广元、广安、安顺、昆明、渭南、平凉、格尔木、银川等 25 个城市确定为第二批示范城市。

主要参考文献

[1] 靳怀堉.中国古代城市与水——以古都为例[J].河海大学学报(哲学社会科学版),2005 (4):26-32+93.

[2] 董林.城市可持续发展与水资源约束研究[D].南京:河海大学,2006.

[3] 陈雷.保护好生命之源、生产之要、生态之基——落实最严格水资源管理制度[J].求是, 2012(14):38-40.

[4] 陈雷.实行最严格的水资源管理制度 保障经济社会可持续发展[J].中国水利,2009(5): 9-17.

[5] 欧阳志云,赵同谦,王效科,等.水生态服务功能分析及其间接价值评价[J].生态学报, 2004(10):2091-2099.

[6] 全球 36 亿人每年至少有一个月供水不足[N].中国应急管理报,2023-02-25(7).

[7] 许建萍,王友列,尹建龙.英国泰晤士河污染治理的百年历程简论[J].赤峰学院学报(汉文哲学社会科学版),2013,34(3):15-16.

[8] 匡跃辉.水生态系统及其保护修复[J].中国国土资源经济,2015,28(8):17-21.

[9] 王浩,梅超,刘家宏,等.我国城市水问题治理现状与展望[J].中国水利,2021(14):4-7.

[10] 陈淑芬,张克峰,汪峰.济南市"7·18"严重洪涝灾害成因分析[J].山东师范大学学报 (自然科学版),2008(4):87-88+92.

[11] 吴亚玲,李辉.深圳城市内涝成因分析[J].广东气象,2011,33(5):3.

[12] 吴思远.广州市城市暴雨内涝成因及雨洪利用技术研究[D].广州:华南理工大学,2013.

[13] 任希岩,谢映霞,朱思诚,等.在城市发展转型中重构——关于城市内涝防治问题的战略思考[J].城市发展研究,2012(6):7.

[14] 杨文哲,陈淑芬,张克峰,等.抑制城市内涝的有效措施:雨水资源化[J].中国人口·资源与环境,2011(S1):3.

[15] 叶斌,盛代林,门小瑜.城市内涝的成因及其对策[J].水利经济,2010,28(4):4.

[16] 杨桂山,马荣华,张路,等.中国湖泊现状及面临的重大问题与保护策略[J].湖泊科学,

2010,22(6):799-810.

[17] 汪晖.武汉城市内涝问题研究及探讨[J].给水排水,2017,53(S1):117-119.

[18] 孙占东,黄群,姜加虎.洞庭湖主要生态环境问题变化分析[J].长江流域资源与环境,2011,20(9):1108-1113.

[19] 马婕.城市滨水空间复合界面研究[D].长沙:湖南大学,2005.

[20] 张志国,司国良,黄翔,等.长江下游沿江城市内涝灾害的反思与对策[J].人民长江,2009,40(21):99-100.

[21] 杨龙.城市下垫面对夏季暴雨及洪水的影响研究[D].北京:清华大学,2014.

[22] 周玉文.构建三套工程体系 确保城市洪涝安全[J].给水排水,2011,37(8):138-140.

[23] 任心欣.深圳低冲击开发模式实施机制研究[A].《中国城市发展与规划论文集》编委会.中国城市发展与规划论文集[C].北京:中国城市出版社,2010.

[24] 邓卓智,赵生成,宗复芮,等.基于水体自然净化的北京奥林匹克公园中心区雨水利用技术[J].给水排水,2008(9):96-100.

[25] 杨正,李俊奇,王文亮,等.对低影响开发与海绵城市的再认识[J].环境工程,2020,38(4):10-15+38.

[26] 赵银兵,蔡婷婷,孙然好,等.海绵城市研究进展综述:从水文过程到生态恢复[J].生态学报,2019,39(13):4638-4646.

[27] 袁再健,梁晨,李定强.中国海绵城市研究进展与展望[J].生态环境学报,2017,26(5):896-901.

第 2 章　海绵城市理论

2.1　城市治水历程

城市水问题的发生和治理是随着城市化进程和社会经济的发展而逐步演变的。在过去几千年的历史中,城市治水历程经历了周期性的发展和更新。从古罗马时期到如今,水系统经历了多次变革,悠久而漫长。从古罗马人首创引水渠和下水道系统用以解决城市居民用水和排水问题,到第一次全球工业化时期欧洲城市迅速崛起,这些管道系统得以广泛应用。在这一时期,给水系统、输水系统(将水从水源地输送至家庭及公共场所)和回水系统(将污废水再输送至大自然)通过管道形成完整的水系统。然而,随着城市的迅速扩张,污水大量排入自然水体,原本作为水源的河流受到严重污染,超过了水体的天然自净能力,引起霍乱、伤寒等水媒疾病,严重威胁公众健康。混凝、过滤以及消毒等饮用水处理工艺的应用,有效遏制了水媒疾病的发生及传播,在很大程度上解决了饮用水不安全的问题,大大造福了人类社会。20 世纪中后期,随着现代技术不断进步、经济持续发展、城市进一步扩张,人类社会产生的大量生活污水、工业废水直接排入自然水体,超过了其自净能力,导致河、湖、近海等水域环境遭到严重污染、水生态遭到严重破坏。当人们意识到仅依靠水体的自净能力已经无法解决污水问题时,为保护下游的供水及水生态系统免受影响,在 20 世纪,美国等地区开始兴建污水处理厂,这是一次城市水处理基础设施的革命。随着时间推移,人口持续增长,城市化程度逐步提高,全球气候改变,城市水系统需要不断强化以满足人类社会的用水需求,在这一进程中,不断有新的城市水问题出现,如涝灾和旱灾并存等,人类社会可能正在经历城市水系统的再一次变革。

2.1.1　国外治水历程

在社会经济发展的过程中,均出现过不同程度的水问题,这些问题影响甚至制约着城市的进一步发展,因此城市的发展历程多伴随着城市的治水历程,许多国家经历了"先污染后治理"的过程。在此,从水污染、水环境等的治理方面简要介绍美国和日本的典型治水历程。

2.1.1.1　美国治水历程

美国是水资源较丰富的国家,由于不断加强水资源管理的战略决策,完善水资源综合管理,美国的水务管理水平处于世界领先水平。根据发展的不同时期,其水资源发展的过程可以大致概括为单目标发展阶段、流域综合开发及治理阶段、水质优化阶段、回归自然式的再发展阶段。

(1)单目标发展阶段

在20世纪30年代以前,美国主要通过修建河道围堤达到防洪的目的,修建的诸多水库仅用于灌溉或发电等,目标较为单一。

(2)流域综合开发及治理阶段

堤防并不能很好地控制洪水,1927年密西西比河发生的洪水灾害促使美国的策略发生重大转变。1928年的《防洪法》中,联邦政府首次提出对密西西比河进行综合治理规划,以防洪为主,兼顾发展航运、发电、渔业等项目,意味着"堤防万能论"已经结束,开始向"多元化"转变,此外,该法确认国家应在防洪政策方面承担领导责任,联邦政府开始参与到流域管理中;1936年的《防洪法》是首部综合性的防洪法案,全国综合性防洪工作成为联邦政府的一项重要职责;1965年的《防洪法》推行工程措施与非工程措施相结合的防洪政策。

美国采取了一系列措施进行流域的综合开发和治理:一是设置集中统一的防洪管理机构,颁布《河流流域管理局法案》,通过规划改造,使得整个水系发展成为集航运、防洪、发电、供水、灌溉、娱乐、环保于一体的综合利用水系。二是制定联邦流域管理政策,20世纪90年代,美国意识到以流域为基本单元的水环境管理模式十分有效,于是在流域内协调各利益相关方力量以解决最突出的环境问题,1996年,美国环保局颁布《流域保护方法框架》,通过跨学科、跨部门联合,加强社区之间、流域之间的合作以治理水污染。三是制定国家专项行动计划,例如,富营养化组发布2001年行动计划,制定将墨西哥湾缺氧区域减少到5000km² 以下的计划目标,长期坚持并随时间调整。四是开展防洪保险,这是重要的非工程防洪措施之一,在几十年间相继颁布了《联邦洪水保险法》《国家洪水保险法》《洪水灾害防御法》和《洪水保险计划修正案》等多部防洪法规。

到20世纪70年代左右,水资源综合开发基本完成,而在流域综合开发及治理方面,密西西比河及田纳西河最具代表性。1927年及1933年密西西比河洪水灾害的发生,促使美国启动密西西比河防洪新规划,开始修建水库大坝、整治河道、开辟滞洪区和泄洪道等防洪体系。此外,还采取了透水材料铺装、安置雨水收集设施、采取河渠生态治理措施等引导性工程措施,以及建立完善的洪水保险体制等非工程措施。20世纪30年代,美国开展的公共基础设施建设推动了其历史上大规模的流域开发,当时,水土流失严重、经常暴雨成灾、洪水为患的田纳西河流域成为试点,开启流域内水资源全面综合开发管理的时代。田纳西河流域管理局(TVA)从航运、防洪、水利发电等方面着手,对田纳西河流域进行综合开发,为水资源的保护及当地经济发展提供了有利条件,至20世纪50年代,基本完成了流域水资源传统意义上的开发,并同时对森林资源、野生生物和鱼类资源开展保护工作。20世纪60年代后,随着全国范围内对环境保护的重视,TVA在综合开发的同时,加强对流域内自然资源的管理和保护。至 21 世纪初,田纳西河流域已经在航运、防洪、发电、水质、娱乐和土地利用等 6 个方面实现了统一开发和管理。

（3）水质优化阶段

19 世纪后期至 20 世纪上半叶,美国的城市化和工业化产生的生活污水和工业废水越来越多,水体污染问题日益严重,公众对此强烈抗议,一系列政策法规开始出台,并逐渐强化。1899 年,美国联邦政府颁布的《河流与港口法案》规定任何航行水域都禁止排放与安置废弃物,制定了排污行为的许可要求,这一条款是美国联邦政府第一次在水污染控制方面做出明确的立法规定,但其重点并非水质。同年,通过《废料排放法案》,规定企业经过许可才可向河流及港口排放废料。随着城市的发展,城市生活污水对公众健康及公共卫生的威胁逐渐受到重视,20 世纪初,通过了《公共卫生服务法案》,建立了《公共卫生服务标准》,对水污染调查和饮用水水质做出了相关规定。

水污染问题日益严重,美国尝试制定综合性的水污染控制法,经过多次尝试,1948 年,美国通过了《联邦水污染控制法案》,规定联邦政府有义务和权力控制水体污染,扩大了联邦政府在水污染防治方面的作用,但联邦政府主要是对地方的水污染控制规划给予技术上的服务和财政方面的支持,水污染控制主要是各州和地方政府的责任,鼓励各州统一立法或达成州与州之间的协定,解决水域污染问题。但由于各州各自为政,河流污染州际合作治理难以施行,该法案未能很好地控制污染形势的发展。二战中及战后工业急速发展,虽然带动了美国经济的发展,但也带来了较为严重的工业水污染问题,据统计,20 世纪 50 年代早期,有记录的 2 万多个水污染源,近 1/4 为工业污染[图 2-1(a)]。基于此,《联邦水污染控制法案》作为临时性实验法,经过 8 年试行,1956 年,经审查修订为《联邦水污染控制法修正案》,该法案特别设立"联邦基金"以解决各州及政府在水质问题方面遇到的外部性问题,同时成立了"联邦水污染防治局",制定相关标准。20 世纪 50 年代,美国联邦政府用了近 10 年的时间,投资约 150 亿美元用于修建污水处理设施,但水污染问题仍旧非常严重。20 世纪 60 年代末期,民间环保组织要求联邦政府制定更加强有力的水污染治理等环境保护政策,美国"现代环境运动"兴起。1961 年,美国联邦政府再次修订《联邦水污染控制法修正案》,建立了卫生、教育、福利 3 个联邦政府管理水资源的主要机构。1965 年,美国总统约翰逊签署通过《水质改善法案》,成立联邦水污染控制局(FWPCA),在全国范围内制定并实施新的水质标准,各州制定水污染控制政策、建立州际水域的环境水质标准,并提出行之有效的污染控制方案。

20 世纪初期,美国经济发展更加功利主义,以开发利用环境创造更多的财富和价值。20 世纪后期,经济结构变化引起价值观念的转变,人们开始追求更高质量的生活和更宜居的城市环境,更趋向于平衡环境的经济价值和审美价值,对于自然资源注重开发与保护并重。20 世纪 70 年代以前,美国联邦政府虽然在处理水污染问题中逐渐拥有了较大职权、更多资金以及专门的机构,但是水污染事务处理的主导权仍在各州和地方政府,从治理的实际情况而言,治理成效并不显著。由于油污等废弃物的长期排放,位于美国俄亥俄州境内的凯霍加河被严重污染,据统计,其河面共发生 12 次起火事件,最严重的时候造成百万美元的损失[图 2-1(b)]。直至 1969 年 6 月 22 日凯霍加河再次发生大火,被美国《时代》周刊报道,凯霍加河污染问题才真正引起美国全社会的关注。

(a)伊利湖污染

(b)凯霍加河大火

图 2-1　美国水污染问题

20 世纪 70 年代,美国将改善生态环境作为工作的重点,尤其是水污染的治理。1970 年 12 月 2 日,美国环境保护署(U. S. Environmental Protection Agency,EPA)正式成立并开始运行,其对于美国水污染治理尤为重要。1972 年,美国总统尼克松签署了《联邦水污染控制法修正案》,明确了水污染治理的目标,要在 1983 年实现所有水体"可游泳""可钓鱼",在 1985 年实现污染"零排放",逐步让公众都能获得清洁水资源,实现所有水生生物"生态系统的完整性";此外,该法案形成了以联邦政府为主导、各州为执行者的命令—控制模式,彻底改变了美国水污染治理的格局,该法案的施行对于美国水污染治理具有重要意义。1974 年,美国国会通过《安全饮用水法》,保护国家饮用水供应,防治污染和传染性水生疾病。1976 年的《资源保持和恢复法》将市政污水厂的污泥纳入管理。1977 年的《清洁水法》采用许可证管理制度,对湿地进行管理保护。1996 年又修改了《安全饮用水法》,要求对所有饮用水水源进行保护,并对公共水供应进行风险评估。

(4)回归自然式的再发展阶段

至 20 世纪 80—90 年代,美国的水污染防治行动基本达到预期目标,水质和水环境有了很大的改善,但是美国的水治理行动仍在继续,此后更加注重生态环境的修复及回归自然式的再发展。

回归自然式的再发展不是单一的水污染控制,而是把流域作为一个自然生态系统考虑,在水污染防治的基础上全面修复受破坏的生态系统,达到破坏前的环境条件,包括水的可持续利用、人水协调的防洪管理系统、水污染防治系统、适宜的生物栖息环境等。1987 年《清洁水法》(修正案)实施美国国家河口保护计划,其将整个河口,包括化学、物理、生物特性以及经济、娱乐和美学价值作为一个完整的系统来考虑,以全面恢复和保持良好的生态环境。

后续开展了河流恢复运动,全国各地开展对河流生态环境的论证评价,并进行恢复自然生态环境的治理工作。河道整治应用生物加固技术越来越受到推崇,同步实施了湿地保护和恢复计划、水土保持计划、控制农业污染和土地保持的最佳管理准则,以及拆除部分影响生态环境的大坝后,治理效果越来越明显。

此外,美国对雨水资源进行管理和利用,其对于雨水的管理理念经历了"管渠排水→防涝与水质控制→多目标控制以恢复自然水文循环"的过程转变,由单一的排放逐渐向回归自然的方向转变。雨水资源处置和利用的指导思想是通过安全、经济、可靠的技术手段对降水进行收集、传输和处置,减少排入公共雨水或污水管道的水量,使降水尽可能得到处理和使用。之前,通常采取扩大雨水管道、城市河道横断面或开辟防洪道等方法将雨水快速从城市范围内排除,然而,随着城镇化进程的加快,城市原有的水文生态系统以及自然水文循环遭到破坏,城市的防灾能力减弱,暴雨洪水灾害频发。20 世纪 70 年代,美国意识到"以排为主"的方式不足以解决城市雨水造成的受纳水体污染、城市洪涝等一系列问题。为了更好地保护水环境,美国在雨水资源管理的技术方面,以提高天然入渗能力为宗旨,工程措施和非工程措施相结合,运用雨水调节、滞留等最佳管理实践削减城市径流污染总量和峰值流量,注重依靠管道末端设施如调节塘等集中管理雨水;20 世纪 90 年代至今,美国各州逐渐意识到"雨水源头管理的价值远大于后期治理",雨水管理理念和技术的重点逐渐由最佳管理实践末端向低影响开发源头控制转变,利用综合的绿色雨水基础设施(GSI),逐步构建径流污染、峰值流量与径流体积削减相结合的多目标控制体系。

2.1.1.2　日本治水历程

日本城市涉水工作起步较早,明治维新时期就有与水相关的法律。在 20 世纪 50—70 年代,随着工业化快速推进、经济高速发展,日本面临了水资源短缺、水环境污染和洪涝灾害等问题,在其后的半个多世纪,日本水治理工作在基础设施、管理架构、法律法规以及技术标准等方面逐渐得以发展,经历了"先开源后节流,先污染后治理,先破坏后修复,先分散后综合"的治水历程。根据日本经济社会发展、涉水问题特征、采取的治理措施等,自明治维新时期至今,日本城市水系统发展大致经历了 4 个阶段。

(1)水系统建设阶段

明治维新时期(1868—1912 年)至 20 世纪 40—50 年代,日本开始城市水系统尤其是供排水系统的建设。随着工业化和现代化进程加快,产业革命使得城市人口聚集,工业和城市对水的需求快速增加,促进了日本现代供排水事业的发展。受英国伦敦泰晤士河下水道启发,日本横滨市在 1871 年首次敷设了陶制排水管道,并在 1872 年创建了自来水公司,开启了日本早期现代供排水事业的探索。其后,长崎、大阪、东京等地区相继开始供应自来水,到 20 世纪 20 年代初期,东京敷设了城市下水道。1923 年,日本最早的污水处理厂在东京建立,日本的城市水系统粗具规模。与此同时,为应对城镇化进程中引发的城市水问题,《河川法》《砂防法》《森林法》《水害组合法》《运河法》《公用水面填平法》等与水相关的法律相继颁布,为日本早期城市治水提供了有效指导,并为二战后日本的城市水系统快速发展奠定了法律基础。

（2）快速发展阶段

20世纪50—70年代末,日本的城市水系统经历了快速发展的阶段。第二次世界大战之后,日本经济高速发展,快速工业化以及城镇化对水的需求提出了更高要求。因此,在这一时期,日本修建了许多大型水利工程,大力开发地下水,建设大量涉水基础设施。但是在这一发展过程中,水资源浪费、水环境污染以及水生态破坏等问题集中爆发。20世纪60—70年代,日本许多城市出现水荒,许多地区超采地下水而引发地面下沉、海水倒灌等问题;由于用于泄洪的河道、绿地等被城市侵占,且城市排水系统建设落后,日本许多城市遭遇了暴雨侵袭,发生严重内涝,造成的经济损失不可估量;工业和生活产生的污废水增加,未经处理直接排入自然水体,导致日本的河流湖泊受到污染,水质逐渐变差,淡水赤潮和蓝藻水华等不断爆发。日本为此付出了沉重的代价,水俣病、痛痛病等均在这一时期发生。为解决这些水问题,日本出台了一系列法律法规和标准规范,对涉水工作做出明确规定。《水道法》《工业用水法》《下水道法》等对城市供水、工业用水及排水做出规定,《水资源开发促进法》《河川法》以及《水污染防治法》等明确了水资源开发及保护、河流管护、污水排放及处理等涉水工作。通过法律赋权,日本涉水工作的管理结构基本形成并逐渐明晰,这对解决水问题至关重要。为应对上述集中爆发的城市水系统问题,日本相应的城市基础设施的建设规模和运行管理水平快速提升。城市水系统是水的自然循环和社会循环在城市空间的耦合,在城镇化、工业化进程中,人类缺乏对自然的尊重和敬畏会造成严重后果并为此付出惨痛代价,自此,日本城市治水思路逐渐发生转变。

（3）优化阶段

20世纪80年代至21世纪初,日本加大治水工作的资金投入,治水思路也由"开源为主"向"节流为主"转变,由"先污染后治理"向"事前防治、源头减污"转变。这一阶段,日本采取了一系列措施,城市水系统不断完善优化,治水工作取得积极成效。为解决水资源短缺的问题,日本开始重视城市节水以及再生水利用,在日本政府的推动下,再生水被广泛用于回补河流、美化环境、工业用水、写字楼或酒店冲厕用水、道路或公园绿地的浇洒用水等。为应对水环境污染,日本在加强对工业污水排放管理的同时加强对生活污水排放处理的管理,以消除污染源,在相关法律框架下,日本形成了全域污水治理格局;与此同时,日本还进行了大量河湖水系生态修复的尝试。例如,针对琵琶湖的治理,日本政府先后出台了《琵琶湖综合开发特别措施法》《琵琶湖防治水体富营养化法令》《琵琶湖综合开发计划》《琵琶湖综合保护整备计划》等。经过治理,琵琶湖水环境质量显著提升,恢复了供水、防洪、气候调节和生物栖息等功能,随着水环境治理工作的进行,日本河流水质逐年上升。在应对城市内涝方面,为加强城市水安全保障,日本政府采取了一系列措施,在综合治水的前提下,针对不同河川制定了不同的治理计划:推出"雨水储留渗透计划",提出在小区建设地下雨水调节池,在汛期来临时发挥雨洪调节作用;研发"雨水渗透"技术,使得蓄水池变成可渗透式,以补充地下水;在城市排水管道沿岸开辟出调蓄空间和设施,有效削减洪峰;在城市低洼处建立排水站,配备大型水泵及时排水。"第二代城市下水总体规划"正式将雨水渗沟、渗塘、透水地面、雨洪调蓄池等作为城市总体规划的组成部分。在这一阶段,日本城市水问题处理成效显著,城市水系统治理能力不断提高,涉水法律体系不断修订完善,有效指导了日本城市水系统工作的发展。

(4)综合整治阶段

近年来,日本城市水系统工作从要素治理向系统综合整治转变。随着经济社会发展模式转变,受人口老龄化、气候变暖等影响,日本意识到城市水问题需要系统认识、分析和解决,局部涉水工作难以解决整体问题,以城市为核心构建健康水循环才能实现城市水系统对经济社会的永续支撑。2014 年,日本颁布《水循环基本法案》,强调在开发利用中必须要坚持对水循环影响最小的开发方式,最大限度维护健康健全水循环体系,突出强调水资源的公共属性,在进行合理利用的同时,必须确保全体国民的各种利益,强调流域综合管理的作用,认为要从流域的整体出发考虑水循环过程及其产生的影响,必须进行流域综合一体化管理(图 2-2)。

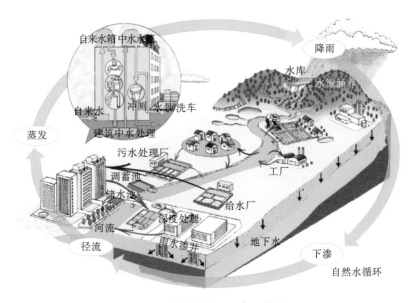

图 2-2　健康水循环理念示意图

2.1.2　中国治水历程

自古以来,中华民族的发展就与大规模有组织的治水活动密切关联。从共工氏"壅防百川"与鲧"障洪水",到禹"疏九河",促成氏族社会向奴隶社会的过渡;从"欲治国者必先除五害","五害之属水为大"的先秦古训,到汉代贾让影响深远的"治河三策";从始于战国的"宽河固堤",到兴于明代的"束水攻沙";从清代屡禁不止的"围湖造田",到民国初期权衡利害的"蓄洪垦殖";从新中国成立之初的"人定胜天""根治水患"的豪迈实践,到 1998 年大水之后"治水新思路"的提出与新世纪向"洪水管理""全面抗旱"的战略性转变,再到如今"节水优先、空间均衡、系统治理、两手发力"的新时代治水思路,在漫长的治水历程中,治水总是伴随着社会的变革、经济的发展、科技的进步及人与自然关系的调整而不断扬弃与升华。

新中国成立开启了现代化治水的新征程,经过 70 年的建设取得了辉煌的治水成就,水治理水平不断提升,有力支撑了经济社会快速发展和民生需求,水治理关注的重点也从传统的防洪、漕运、灌溉向水资源节约、水环境治理、水灾害防治、水生态保护和修复等转变。

(1)水利快速发展阶段

我国的治水历程伴随着中华民族伟大复兴的征程。新中国成立以后,治水兴水被摆在了关系国家经济社会发展全局的重要战略位置,随着工业化和现代化进程的全面启动,我国开展了大规模的水利建设。毛泽东主席发出"一定要把淮河修好""一定要根治海河""要把黄河的事情办好"的号召。在百废待兴的情况下,集中力量兴修水利、防治水害,掀起了大规模建设水利工程的高潮。20 世纪 50 年代,国家开展了对淮河、海河、黄河、长江等大江大湖大河的治理,兴建了大量水电站和供水工程,开展了水土保持工程建设等,三峡工程、南水北调工程等均在这一时期提出。

(2)水资源大规模开发阶段

1978 年改革开放以后,国家的发展重点转移到以经济建设为中心的社会主义现代化建设上来。伴随着工业化和城镇化,工业城市用水需求急剧增加,对水资源进行了大规模的开发利用。改革开放初期,国家主抓经济建设,对于水资源开发利用工程的建设相对滞后且集中在水资源的开发利用方面,甚少关注水资源的保护。随着中国经济建设速度进一步加快,水资源开发过度,污水排放量超出了水环境容量。1984 年颁布的《中华人民共和国水污染防治法》规定在开发、利用和调节、调度水资源的同时,应当统筹兼顾,维护江河的合理流量和湖泊、水库以及地下水体的合理水位,维护水体的自然净化能力,同时对地表水(包括饮用水水源)、地下水污染防治做出规定。1988 年颁布的《中华人民共和国水法》鼓励和支持开发利用水资源和防治水害的各项事业,规定国家应保护水资源、各单位应加强水污染防治工作。这一时期,为了防止水患、开发水资源,城乡供水设施、水电开发、防洪堤等水工程得以建设,例如 1983 年建成的引滦入津工程、1994 年开工建设的长江三峡水利枢纽工程和黄河小浪底水利枢纽工程等。尽管如此,由于当时对水资源保护不足,至 20 世纪末,水资源短缺、水环境污染、水土流失、生态破坏等问题逐渐加剧,尤其是 1998 年,长江、嫩江—松花江发生了全流域性洪水灾害,造成严重的生命和财产损失,长江干堤出现各类险情 9000 多处,死亡 4000 余人,全国因洪涝倒塌房屋近 700 万间,直接经济损失超过 2500 亿元。

(3)综合整治阶段

1998 年之后,我国的治水思路发生深刻变化。1998 年,长江大洪水之后,《中共中央 国务院关于灾后重建、整治江湖、兴修水利的若干意见》(中发〔1998〕15 号)下发,开展了大规模的防洪工程建设,实施了"平垸行洪、退田还湖、移民建镇"的措施。2000 年左右,水资源可持续利用思想开始指导和影响我国水资源的利用和保护实践。此后,人们逐渐认识到水资源并不是取之不尽、用之不竭的,对水资源的开发利用不应超过其承载能力。随着生活水平提高,人民群众更迫切地希望走人与自然和谐相处的道路。2001 年,人水和谐的思想成为我国治水思路的核心,此后,在现代水资源管理工作中,以实现人水和谐为目标,重视水资源综合、合理、科学地利用。但由于投入资金有限,对水资源保护力度不足,我国大范围水旱灾害频发。其中,2007 年,川渝地区遭遇百年不遇的旱灾;2010 年春,西南五省遭遇特大干旱;2010 年 8 月 7 日,舟曲遭遇强降雨引发特大泥石流,造成严重的损失。《中共中央 国务院关于加快水利改革发展的决定》(2010 年 12 月 31 日)指出,洪涝灾害频繁仍然是中华民族的心腹大患,水资源供需矛盾突出仍然是可持续发展的主要瓶颈,水利设施薄弱仍然是国家基础设施的明显短板;加快水利改革发展,不仅关系到防洪安全、供水安全、粮食安全,而且关系到经济安全、生态安全、国家安全。

2012 年,《国务院关于实行最严格水资源管理制度的意见》(国发〔2012〕3 号)对实行最严格的水资源管理制度做出全面部署和具体安排,指出水资源短缺、水污染严重、水生态环境恶化等问题已成为制约经济社会可持续发展的主要瓶颈,确立了水资源开发利用控制、用水效率控制、水功能区限制纳污"三条红线"。在人水和谐新思想的指导下,水资源的利用与保护取得长足进步,水资源可持续发展贯穿了全国水资源综合规划。2013 年,水利部《关于加快推进水生态文明建设工作的意见》(水资源〔2013〕1 号)提出加快推进水生态文明建设的部署,在水工程建设领域特别强调了水生态的地位和作用,进入以保护水生态、建设生态文明为目标的水资源保护为主的阶段。这一阶段,围绕水生态文明建设、水生态保护,采取了一系列措施,在全国启动了 105 个水生态文明城市建设试点工作,成效显著。2014 年,习近平总书记提出"节水优先、空间均衡、系统治理、两手发力"治水新思路,着力提高水资源综合利用水平,不断加强水生态建设和保护,坚持确有需要、生态安全、可以持续的原则,搞好重点水利工程建设,不断完善水资源管理体制机制。

自 21 世纪之初,我国已着手对"三河三湖"等重点流域进行综合整治,大力推进污染减排,水环境保护取得积极成效。根据《重点流域水污染防治规划(2016—2020 年)》有关数据,"十二五"期间,重点流域达到或优于Ⅲ类的断面比例增加 18.9%,劣Ⅴ类断面比例降低了 8%,但是截至"十二五"末期,我国水污染状况仍未得到根本性遏制,区域性、复合型、压缩型水污染日益凸显,防治形势十分严峻。2015 年,《国务院关于印发〈水污染防治行动计划〉的通知》(国发〔2015〕17 号)("水十条")发布,要求以改善水环境质量为核心,系统推进水污染防治、水生态保护和水资源管理,为建设"蓝天常在、青山常在、绿水常在"的美丽中国提供保障,重点解决水污染的问题。为细化落实"水十条"相关要求,2017 年,环境保护部、国家发展和改革委员会(简称"国家发展改革委")、水利部联合印发了《重点流域水污染防治规划(2016—2020 年)》,坚持"山水林田湖草"生命共同体的理念,水资源、水生态和水环境"三水统筹"的系统思维,指导各地的水污染防治工作。经过系统治理,"十三五"期间我国水环境质量明显提升,与"十二五"末期相比,"十三五"末期,十大流域①主要江河监测的 1614 个水质断面中,Ⅰ~Ⅲ类水质断面比例提高 15.3%,Ⅳ~Ⅴ类水质断面比例下降 6.6%,劣Ⅴ类水质断面比例下降 8.7%。2021 年的《"十四五"重点流域水环境综合治理规划》指出,应从流域生态系统整体性出发,以小流域综合治理为抓手,强化山水林田湖草沙等各种生态要素的系统治理、综合治理,以河湖为统领,统筹水环境、水生态、水资源,推动流域上中下游地区协同治理,统筹推进流域生态环境保护和高质量发展(图 2-3)。

(a)2012 年十大流域水质类别比例
(资料来源:《中国环境状况公报 2012》)

(b)2021 年全国流域总体水质状况
(资料来源:《中国生态环境状况公报 2021》)

图 2-3　主要江河监测水质状况

在水环境状况令人担忧的同时,随着我国城镇化程度提高,城市内涝等水安全问题也越来越突出,影响着社会的发展。2013 年,习近平总书记提出要"建设自然积存、自然渗透、自然净化的海绵城市"。经过几年的建设,达到海绵城市建设要求的地区,城市内涝渍水点数量明显减少,基本做到"小雨不湿鞋、大雨不积水",目前已经进入系统化全域推进海绵城市建设示范阶段。2021 年,《国务院办公厅关于加强城市内涝治理的实施意见》(国办发〔2021〕11 号)提出要提升城市防洪排涝能力,到 2025 年,各城市因地制宜基本形成"源头减排、管网排放、蓄排并举、超标应急"的城市排水防涝工程体系,到 2035 年要总体消除防治标准内降雨条件下的城市内涝现象。在 2021 年郑州"7·20"特大暴雨洪水灾害的背景下,我国进一步加强城市排水防涝体系建设。2022 年,住房城乡建设部、国家发展改革委、水利部联合印发《"十四五"城市排水防涝体系建设行动计划》(建城〔2022〕36 号),要求对城市防洪排涝设施进行排查,系统建设城市排水防涝工程体系,加快构建城市防洪和排涝的统筹体系,着力完善城市内涝应急处置体系。

____

①十大流域:包括长江、黄河、珠江、松花江、淮河、海河、辽河等七大流域,以及浙闽片河流、西南诸河、西北诸河。

我国水治理体系顺应时代变迁,快速从传统模式转向现代模式,建立了适应当代中国国情的水治理体系,并展现了很好的治理效能,未来将继续推进水治理体系和治理能力现代化。

2.2　海绵城市理论

"海绵"在学术界被用来比喻城市的某种吸附功能,例如城市对于人口的吸附现象。近年来,"海绵"逐渐被用于比喻城市或土地对于雨涝的调蓄能力,"城市海绵""绿色海绵"等代表生态雨洪管理思想的概念逐渐在学术界被广泛应用。习近平总书记在中央城镇化工作会议中提出"建设自然积存、自然渗透、自然净化的海绵城市",代表着"海绵城市"理念以及生态雨洪管理技术从学术界走向管理层面,并在实践中得到更有力的推广。

2.2.1　海绵城市内涵

传统粗放式城市建设模式的结果就是严重的水体破坏和生态危机,而海绵城市的本质是一种有别于传统城市建设的理念,是一种顺应自然的低影响开发模式,旨在实现与资源环境的协调发展,在海绵城市建设之初又被称为低影响设计和低影响开发。根据 2014 年住房城乡建设部印发的《海绵城市建设技术指南——低影响开发雨水系统构建》,海绵城市是指城市能够像海绵一样,在适应环境变化和应对自然灾害等方面具有一定的"弹性",下雨时吸水、蓄水、渗水、净水,需要时将蓄存的水释放并加以利用。海绵城市建设应统筹低影响开发雨水系统、城市雨水管渠系统及超标雨水径流排放系统,三者相互依存、相互补充,而低影响开发雨水系统构建则是海绵城市建设的核心指导思想,需要在新城开发及旧城改造等城市建设的各个方面落实。

随着海绵城市建设的推进,海绵城市内涵也在发生变化。根据《海绵城市建设评价标准》(GB/T 51345—2018),海绵城市是指从"源头减排、过程控制、系统治理"着手,综合采用"渗、滞、蓄、净、用、排"等技术措施,统筹协调水量与水质、生态与安全、分布与集中、绿色与灰色、景观与功能、岸上与岸下、地上与地下等关系,有效控制城市降雨径流,最大限度地减少城市开发建设行为对原有自然水文特征和水生态环境造成的破坏,使城市能够像"海绵"一样,在适应环境变化、抵御自然灾害等方面具有良好的"弹性",实现自然积存、自然渗透、自然净化的城市发展方式,以期修复城市水生态、涵养城市水资源、改善城市水环境、保障城市水安全、复兴城市水文化。

2022 年,住房城乡建设部办公厅印发《关于进一步明确海绵城市建设工作有关要求的通知》(建办城〔2022〕17 号),明确了海绵城市建设应通过综合措施,保护和利用城市自然山体、河湖湿地、耕地、林地、草地等生态空间,发挥建筑、道路、绿地、水系等对雨水的吸纳和缓释作用,提升城市蓄水、渗水和涵养水的能力,实现水的自然积存、自然渗透、自然净化,促进形成生态、安全、可持续的城市水循环系统。海绵城市建设应聚焦城市地区与雨水相关的问题,例如城市内涝、水资源短缺、雨水径流污染和合流制溢流污染等,重点是缓解城市内涝,有效应对内涝防治,设计重现期以内的强降雨,使城市在适应气候变化、抵御暴雨灾害等方面具有良好的"弹性"和"韧性"。

2.2.2　海绵城市建设目标

随着我国海绵城市建设的推进,其目标也在同步发生变化。在2013年的中央城镇化工作会议上,习近平总书记强调要"建设自然积存、自然渗透、自然净化的海绵城市"。2015年《国务院办公厅关于推进海绵城市建设的指导意见》(国办发〔2015〕75号)指出,通过海绵城市建设,最大限度地减少城市开发建设对生态环境的影响,将70%的降雨就地消纳和利用,此外,应以解决城市内涝、雨水收集利用、黑臭水体治理为突破口,推进区域整体治理,逐步实现小雨不积水、大雨不内涝、水体不黑臭、热岛有缓解。2018年住房城乡建设部发布的《海绵城市建设评价标准》(GB/T 51345—2018)指出,应达到修复城市水生态、涵养城市水资源、改善城市水环境、保障城市水安全、复兴城市水文化等多重目标。

2021年度海绵城市建设评估工作通知对各类目标进行细分,将水生态保护分解为海绵城市建设以来天然水域面积变化率、恢复/增加水域面积、主要自然调蓄设施能力、年径流总量控制率、城市可渗透地面面积比例等具体指标;将水安全保障分解为历史易涝积水点数量、海绵城市建设以来历史易涝积水点消除比例、内涝防治标准达标情况、市政雨水管渠达标比例等具体指标;将水资源涵养分解为地下水(潜水)平均埋深变化、人工调蓄设施能力、城市雨水利用量、再生水利用率等具体指标;将水环境改善分解为2015年黑臭水体数量、黑臭水体消除比例、合流制溢流污染年均溢流频次等具体指标。海绵城市建设目标逐步发展成为系统解决城市水问题,对城市良性发展具有至关重要的作用。

2022年住房城乡建设部《关于进一步明确海绵城市建设工作有关要求的通知》明确指出,海绵城市建设是缓解城市内涝的主要举措之一,能够有效应对内涝防治设计重现期以内的强降雨,使城市在适应气候变化、抵御暴雨灾害等方面具有良好的"弹性"和"韧性"。其核心问题是城市内涝,同时应统筹兼顾削减雨水径流污染、提高雨水收集和利用水平。

2.2.3　海绵城市正确认知

海绵城市建设是当前一项重要的国家战略,是在继承古代先贤智慧和参考国外经验,系统总结我国雨洪管理领域长期研究和实践经验的基础之上,结合我国城市水问题提出的一种城市发展方式,需要在长期的城市发展过程中落实,在此过程中,正确认识海绵城市对于海绵城市理念的落实至关重要。

2.2.3.1　海绵城市认知误区

海绵城市自2015年建设试点开始逐渐进入公众视野,随着海绵城市建设时间的推移,公众对为什么还未解决、能否解决以及多久可以解决城市防洪排涝等问题充满了疑问,当个别海绵试点城市也内涝频发的时候,"海绵城市无用论"随之出现。2017年中国工程院院士任南琪针对人们对海绵城市及其建设的误解指出,对流域降雨超过自然土壤的吸纳能力所形成的大江大河水位上涨从而导致的洪涝灾害,海绵城市只能在一定程度上进行缓解,这是由于城市建成区占流域总面积较低,可提供调蓄容积有限等,海绵城市建设工作并不是一蹴而就的工程,需要循序渐进,方可达到长效保障。

而近年来,面对特大暴雨,部分地区遭受特大暴雨侵袭造成严重经济损失,海绵城市"失灵"似乎成了众矢之的。中国工程院院士王浩指出,把海绵城市工程项目视为能够彻底结束"城市看海"和完全抵御暴雨洪涝的途径,是对海绵城市的两个比较大的误解。海绵城市是一种城市发展方式,需要在长期的城市发展过程中加以落实,局部的工程仅是其部分表现形式。海绵城市对城市洪涝的应对是有一定标准的,以 2021 年 7 月郑州降水为例,其降水突破了雨水管渠设计标准、海绵城市内涝防治标准以及城市防洪标准,创下了有记录以来的最大降水极值,在这样的极端降水背景下,现有的工程及非工程措施均难以承受和应对。因此,通过极端暴雨事件来否定海绵城市的作用,有苛求之嫌。

2.2.3.2　理想的海绵城市

海绵城市建设是一个长期且复杂的系统过程,其建设体系涉及内涝防治、污染控制、雨水利用、生态修复、城市设计和应急管理等多个方面。海绵城市建设应聚焦城市地区与雨水相关的问题,例如城市内涝、水资源短缺、雨水径流污染和合流制溢流污染等,重点是缓解城市内涝,有效应对内涝防治设计重现期以内的强降雨,使城市在适应气候变化、抵御暴雨灾害等方面具有良好的"弹性"和"韧性"。

中国工程院院士王浩认为,理想的海绵城市就是"涝能蓄,旱能释,污能减,水能用;生态好,人居妙,百姓乐,韧性高"。具体目标是三大平衡:"涝水平衡,污水平衡,用水平衡。"实现了三大平衡就实现了"一片天对一片地",也就实现了"自然积存、自然渗透、自然净化"。具体建设则是"微、小、中、大"4 个层级的海绵系统:首先是师法自然的低影响开发各类措施,如雨水花园、植草沟等;其次是城市人工水循环的管网和强排泵站系统,这类工程基本上是小型的,可算作小型海绵设施;再次是城市调蓄设施以及与城市自然水循环相衔接的河湖系统,这一类可算作中型海绵设施;最后是处理城市内涝水与流域外水关系的设施,如堤防、水库、闸坝等,可算作大型海绵设施。系统中的各层级、各环节协同配合,才能有效发挥作用。

2.3　海绵城市与国外雨洪管理体系

雨洪管理主要包括城市防洪排涝、降雨径流面源污染控制和雨水资源化利用等方面,具体是指在法律、政策、经济等条件的保障或约束下,通过规划、设计、工程、管理等途径来减少或消除城市降水径流过程中潜在的城市内涝、下游洪水、河道侵蚀、面源污染等问题,以及在特定条件下对雨水进行收集与利用的一种系统的管理方式。

美国、日本等发达国家雨洪管理实践起步较早,在城市发展过程中提出的"低影响开发""可持续城市排水系统"等雨洪管理理念,在城市规划设计中应用良好。国外的雨洪管理虽然侧重点和名称不同,但都结合当地的特点,从宏观角度制定雨水管理方案,以实现水资源的可持续发展。国外雨洪管理不仅推广生物滞留池、绿色屋顶、透水路面、植草沟、雨水调节池等工程措施,而且在非工程措施方面,从法律、法规和政策等角度确保和推进对雨水的控制和利用。

在推行海绵城市建设模式之前,我国传统的城市建设较少考虑雨水资源的管理与利用,低影响开发技术普及程度低、发展水平落后,雨水得不到有效控制和利用,导致城市内涝灾害频发、水环境恶化,国外雨洪管理的成功经验对我国海绵城市建设颇有启示。我国在城市建设和治水方面参照了国外雨洪管理的经验,并根据国内城市建设的实际情况,结合我国城镇化的特色,强调绿色、低影响开发和可持续发展等理念。例如,采用"源头削减、过程控制、末端治理"的全流程雨水径流控制,降低雨水径流量和高峰流量,以减少对下游受纳水体的冲击;保证透水地面比例,使土地开发时能最大限度地保持原有的自然水文特征和生态系统;通过工程或非工程措施,达到保障水安全、改善水环境、涵养水资源等多重目的。海绵城市建设并非简单的基础设施建设,而是新的城市开发建设和运营模式,不仅需要在城镇化过程中建立生态治理的理念,而且需要一系列规划、制度和政策来保障海绵城市理念的落实。

2.3.1 美国雨洪管理体系

美国是雨洪管理体系发展较为成熟的国家,从应对城市具体问题开始,逐渐走向体系化总结、机制探索,其发展历程总体可划分为市政卫生工程、水量调控、水质管理和可持续发展等主要时期,在此过程中提出的与雨洪管理有关的技术或空间措施主要包括雨洪最佳管理措施(Stormwater Best Management Practices,BMPs)、低影响开发(Low Impact Development,LID)、绿色基础设施(Green Infrastructure,GI)等,以下对其做简要介绍。

2.3.1.1 最佳管理措施

20世纪60年代,随着美国工业化、城镇化进程的加快,城市规模不断增长,城市硬质铺装面积扩大,不透水面积增加,城市内涝现象开始出现,美国开始研究雨洪灾害的治理,这一时期主要是场地滞留等中末端治理方法,但是未能完全解决雨洪灾害问题。

1977年,美国《清洁水法》作出重要调整,提出最佳管理措施,主要用于非点源污染源的削减与控制。随着时间的推移,到了20世纪80年代中后期,一些研究提出城市雨水径流是主要的面源污染源,政府对面源污染的关注使雨洪管理的焦点从水量调控转向了对水质的管理。1987年颁布的《清洁水法》(修正案),进一步提出雨洪最佳管理措施,以控制雨水径流污染和溢流污染。最佳管理措施是指用于储存或处理城市雨水径流以减少洪水、消除污染和提供其他便利设施的工程措施。对于最佳管理措施在雨水管理中的特定应用,美国环保局提供了更具体的定义。最佳管理措施包括任何减少雨水径流排放中污染物含量的最有效的单项或组合技术、措施、活动、操作程序等,在雨洪管理中,最佳管理措施包括工程措施和非工程措施,以实现预防污染的总体目标。其中,工程措施主要包括建设雨水池(塘)、雨水湿地、渗透设施、生物滞留和过滤设施等,非工程措施主要指雨洪控制与管理有关的政策及相关法律、法规、教育等方法。

2.3.1.2　低影响开发

最佳管理措施在实施的过程中,具有占地面积大、建设及维护费用较高以及可能产生洪峰叠加负面效应等缺点。1990 年美国马里兰州乔治王子县提出了一种微观尺度的可以减轻不透水面增加导致的负面影响的低影响开发理念及技术体系,并制定印发了《市政低影响开发设计手册》。低影响开发理念强调利用小型、分散的源头生态技术措施来维持或恢复场地开发前的水文循环,更加经济、高效、稳定地解决雨水系统综合问题,通常借助场地中的生态要素来取代流域末端价格昂贵的雨水收集设施,以此来解决雨水问题。低影响开发不仅可应用于新建城区,也可应用于老旧城区的改造,旨在减轻城市雨水基础设施的压力、提高城市应对气候变化的弹性。与传统的城市雨洪管理模式相比,低影响开发具有使雨水径流回归自然水文循环,即减少雨水径流量、补充地下水、削减峰值流量、延缓洪峰时间、降低污染负荷等功能。低影响开发的具体工程措施包括建设绿色屋顶、雨水花园、生物滞留设施、洼地、透水铺装、池塘、雨水桶或蓄水池以及其他绿色基础设施等。

2.3.1.3　绿色基础设施

绿色基础设施这一概念最初于 1994 年在美国佛罗里达州的土地保护报告中提出,用于阐释由自然资源构成、相互连接呈网络状、可提供多种类型生态服务功能的"基础设施"。自 2007 年开始,美国环保局将绿色基础设施这一概念引入城市雨洪管理措施,成为最佳管理措施和低影响开发的重要组成部分。在城市和社区尺度上,绿色基础设施为城市提供一系列重要的生态系统服务,包括雨洪管理、维持生物多样性、缓解城市热岛效应以及提供游憩空间等。相对于低影响开发,绿色基础设施包括一些更大规模的设施或方法(如景观水体、绿色廊道、大型湿地等),并应用在多尺度场地/区域规划或设计中,控制不同频率的降雨,替代更多传统排水或灰色调蓄设施的使用,进而更有效地维持良性水文循环,实现暴雨控制以及对自然水文条件、生态系统的保护或修复等综合目标。此外,绿色基础设施强调与城市规划、景观设计、生态和生物保护(最近的研究还包括道路交通)等学科的结合和跨专业应用,采用较大尺度的生态规划和土地利用规划的方法进行绿色网络系统布局和设施设计,保护与重建至少与灰色基础设施(市政基础设施)同等重要的自然系统。

近年来,在美国某些地区,绿色基础设施逐渐取代了低影响开发,更多地出现在城市雨水综合管理中,如纽约、费城、芝加哥、西雅图等城市都将绿色基础设施作为改善城市水质、控制合流制溢流的重要手段并开展长期规划建设。

2.3.2　英国雨洪管理体系

英国的雨洪管理体系发展经历了从问题导向机制到系统研究深化的过程。受美国低影响开发的影响,英国从认识城市的水循环出发,提出建立维持城市良性水循环的措施,即降低城市雨洪灾害威胁的可持续城市排水系统(Sustainable Drainage Systems,SUDS)。可持续城市排水系统逐渐成为英国城市规划中雨洪灾害防控管理的主流,目前在多个欧洲国家被广泛应用。

可持续城市排水系统是更为绿色的概念,从传统的雨水管渠系统转向应用渗透、过滤、回用等强化自然的实践。传统的排水系统只关注雨水量,而可持续城市排水系统在设计时则关注水质、水量、景观价值、生物多样性、社会经济因素等多个方面,目标是实现整个区域的水系统优化和可持续发展。可持续城市排水系统设计中的一系列技术措施被统称为"管理链",包括源头控制、预处理、场地滞留、区域控制等4个层面。

可持续城市排水系统包括源头控制、过程控制、末端控制等工程措施和非工程措施,过滤器和渗滤沟、透水铺装、蓄水池、洼地、滞留池、湿塘建设是主要的工程措施。可持续城市排水系统可以削减洪峰、改善水质,在极端暴雨情况下,可以暂存雨水,减轻雨洪对下游的影响,同时可以补充地下水,在一定程度上有效克服了气候变化及城镇化导致的雨水径流增加对传统雨水管渠系统提出的挑战。

2.3.3 澳大利亚雨洪管理体系

澳大利亚联邦政府于20世纪80年代开始持续对水业进行改革,水敏感性城市设计(Water Sensitive Urban Design,WSUD)于20世纪90年代被提出,旨在通过从城市到场地的不同空间尺度将城市规划和设计与供水、污水、雨水、地下水等设施结合起来,使城市规划和水循环管理有机结合并达到最优化。水敏感性城市设计的关键性原则有:保护现有的自然特征和生态,维持集水区的自然水文条件,保护地表和地下水水质,降低供水管网系统的负荷,减少排放到自然环境中的污水量,将雨、污水与景观结合以提高视觉、社会、文化及生态价值;水敏感性城市设计的核心内容是围绕城市水系统的可持续性科学规划城市设计,提倡将水文设计与城市规划相结合,在城市开发设计和建设过程中保持场地的自然特征。同时,统筹考虑城市水循环中雨水、供水、河道、污水处理和水的循环利用等相互联系、相互影响的环节,将城市水循环作为一个整体进行综合管理。

传统的城市设计主要注重城市中各种设计要素的组合,是土地使用体系、城市公共空间体系、城市交通体系和城市景观体系的系统综合。虽然也有学者提出应当加入包括自然山体、自然水体等的自然资源,但这并不是目前城市设计工作的侧重点。水敏感性城市设计是从解决城市水问题的角度出发,在不同规模的实践工程上将城市设计与水循环设施有机结合并达到优化,以实现可持续城镇化。水敏感性城市设计给解决城市问题和指导城市可持续发展提供了新的思路和途径。

水敏感性城市设计的基本原则主要包括以下几个方面:①最大限度地保留城市环境中原有池塘、溪流、湖泊、河道等自然水体,保持原有地形特征和自然排水路线,维持适当的地下蓄水层,保护地表水和地下水资源,防止过多腐蚀水道、坡地和堤岸,保护城市水循环的自然过程和城市水循环圈的整体平衡。②最大限度地保护原有滨水植被和土壤等透水地面,结合生态化水处理设施,减少地表径流中的沉积物和污染物,改善进入城市接受水源的暴雨径流水质。③建筑、道路和场地规划布局与暴雨收集、运送和处理系统结合,促进暴雨径流和总建筑、场地中其他废水的处理和再利用,促进开发项目用水的自我供应,减少对城市供水的需求。④通过开发项目场地的滞留措施和透水性较差区域的最小化,减小来自开发项目的暴雨径流流量、速度和峰值,降低城市区域洪涝灾害的风险。⑤将公共开放空间的规划布局和景观处理与暴雨排泄路线及暴雨管理措施相结合,保护当地水环境的生物多样性和生物栖息地,建立多用途的生态化暴雨排泄廊道,最大限度地实现水的生态、景观等多重价值。

2.3.4　新西兰雨洪管理体系

经过约 30 年的研究与实践,新西兰已形成一套较为完整的现代雨洪管理体系。新西兰于 2000 年颁布了"低影响设计指南",将其定义为"一种保护和利用自然场地特征进行侵蚀和沉积物控制以及雨洪管理规划的场地开发设计方法",更加强调自然水文要素的保护、跨专业配合等非技术性策略。

2003 年,新西兰政府在美国低影响开发以及澳大利亚的水敏感性城市设计理念的基础上,结合本国的法律及规划,在全国推广低影响城市设计与开发(Low Impact Urban Design and Development,LIUDD)体系,这是一项由新西兰研究科学和技术基金会从 2003 年起资助的为期 6 年的可持续城市研究方案。低影响城市设计与开发是在城市和城郊的集水区内使用嵌套尺度的综合城市设计和开发过程,它强调利用以自然系统和低影响为特征的规划、开发和设计方法避免和尽量减少传统城市开发模式对生物多样性、水质水量等理化性质社会性、经济性、娱乐游憩等方面产生的负面影响,保护水生和陆生生态系统,通过一整套水系综合管理方法来促进城市发展的可持续性。此外,低影响城市设计与开发还通过对废水和雨水的收集、处理、回用实现流域水循环的本地化,从而保持城市水系的自然循环,减轻对生态的影响,降低饮用水成本,以在城市化进程中保护水生和陆生生态系统完整性。低影响城市设计与开发的第一原则是在流域基础上处理自然循环,以保持生态系统的完整性;第二原则包括选择影响/不利影响最小的地点、有效利用生态系统服务和基础设施、最大限度地利用当地资源并最大限度地减少浪费;第三原则包括促进和支持自然空间、高效基础设施等可替代的发展形式,三水共治,减少和控制污染物,恢复和加强以及保护生物多样性,提高能源效率等。

2.3.5　日本雨洪管理体系

由于特定的气候与地形地貌条件,日本也经常面临雨洪灾害的挑战。在治水方面,日本经历了洪水治理、洪水治理与饮水需求共存、生态维护与雨洪治理并重 3 个演变阶段,并在实践经验的基础上逐步完善了雨洪管理体系。

1976 年,鹤见川流域遭遇台风洪涝灾害,鹤见川水防灾计划委员会成立,成为日本综合治水对策的先驱。日本雨洪综合管理体系在统筹协调上游水资源和下游河道改善的基础上,将城市开发用地的雨水排放问题纳入其中,实现从河流向流域的转变。日本综合治水对策包括了雨水外流抑制设施和治水设施等工程措施以及加强洪水预警预报、制定避难转移预案并组织防灾演习、对居民进行防洪减灾爱护河川知识普及等非工程措施。雨水外流抑制设施是指通过暂时储存和向地下渗透的方式,防止超过下水道、河流及其他排水设施容纳范围的雨水外流的设施,包括调节池等雨水储存设施以及渗透沟等渗透设施。治水设施包括河流整治及下水道修整两个方面,河流整治包括修整河道、排水设备、调节池、分水渠等,下水道修整包括修建管渠、排水泵、雨水调节池等。日本《特定都市河川浸水被害对策法》规定流域中居民与企事业单位有义务充分运用房屋、庭院、绿地等微小空间参与雨水蓄流渗透设施的建设,道路与铺装地面也要尽可能采用透水材料。此类法规有效推动了雨水外流抑制设施的建设,有效抑制了洪峰流量随流域城镇化进程推进而增长的趋势。此外,日本综合治水对策中还包含了土地利用规划,将流域内土地划分为保水区、滞洪区、低洼区三类,按照三类区域的特性综合考虑土地的自然属性和社会属性,从而以合理的方式进行规划,最大限度降低洪水风险,被认为是洪水综合管理行之有效的长远措施。

主要参考文献

[1] 陈楚龙.美国水资源发展的过程与战略[J].人民珠江,2006(5):53-55+64.

[2] 陈天慧,田耀.美国防洪治理的策略演变及启示——以密西西比河洪水治理为例[J].中国水利,2017(13):51-53.

[3] 谈国良,万军.美国田纳西河的流域管理[J].中国水利,2002(10):157-159.

[4] 司杨娜.20世纪40—80年代的美国水污染治理研究[D].石家庄:河北师范大学,2016.

[5] Webber N R,Mumy K L.Cuyahoga River[A].Philip Wexler.Encyclopedia of Toxicology(Third Edition)[C].New York:Academic Press,2014.

[6] 田丰.论美国州际河流污染的合作治理模式[J].武汉科技大学学报(社会科学版),2013,15(4):430-441.

[7] 程江,徐启新,杨凯,等.国外城市雨水资源利用管理体系的比较及启示[J].中国给水排水,2007(12):68-72.

[8] 李小静,李俊奇,王文亮.美国雨水管理标准剖析及其对我国的启示[J].给水排水,2014,50(6):119-123.

[9] 刘春生,廖虎昌,熊学魁,等.美国水资源管理研究综述及对我国的启示[J].未来与发展,2011,34(6):45-49.

[10] 郝天,桂萍,龚道孝.日本城市水系统发展历程[J].给水排水,2021,57(1):84-89.

[11] 刘登伟,常远.日本《水循环基本法案》分析及对我国启示[J].水利发展研究,2017,17(1):76-79.

[12] 程晓陶. 解读治水历史 把握发展趋向[J]. 中国防汛抗旱,2007(2):8-15.

[13] 夏军,左其亭. 中国水资源利用与保护 40 年(1978—2018 年)[J]. 城市与环境研究, 2018(2):18-32.

[14] 俞孔坚,李迪华,袁弘,等."海绵城市"理论与实践[J]. 城市规划,2015,39(6):26-36.

[15] 仇保兴. 海绵城市(LID)的内涵、途径与展望[J]. 给水排水,2015,51(3):1-7.

[16] 杨正,李俊奇,王文亮,等. 对低影响开发与海绵城市的再认识[J]. 环境工程,2020,38 (4):10-15+38.

[17] 张利娟. 理性认识海绵城市[J]. 中国报道,2021(10):69-71.

[18] 张丹明. 美国城市雨洪管理的演变及其对我国的启示[J]. 国际城市规划,2010,25(6): 83-86.

[19] 吴园园,操家顺,薛朝霞,等. 国外基于低影响开发的雨洪管理对我国海绵城市建设的 启示[J]. 四川环境,2018,37(1):169-174.

[20] 李云燕,李长东,雷娜,等. 国外城市雨洪管理再认识及其启示[J]. 重庆大学学报(社会 科学版),2018,24(5):34-43.

[21] Ellis J,Chocat B,Fujita S,et al. Urban drainage:a multilingual glossary[M]. London:IWA Publishing Ltd,2004.

[22] Fletcher T D,Shuster W,Hunt W F,et al. SUDS,LID,BMPs,WSUD and more—The evolution and application of terminology surrounding urban drainage[J]. Urban water journal,2015,12(7):525-542.

[23] 车伍,闫攀,赵杨,等. 国际现代雨洪管理体系的发展及剖析[J]. 中国给水排水,2014, 30(18):45-51.

[24] Martin-Mikle C J,de Beurs K M,Julian J P,et al. Identifying priority sites for low impact development (LID) in a mixed-use watershed [J]. Landscape and urban planning,2015,140:29-41.

[25] Eckart K,McPhee Z,Bolisetti T. Performance and implementation of low impact development—A review[J]. Science of the Total Environment,2017,607:413-432.

[26] 张炜,刘晓明. 美国城市绿色基础设施规划建设政策研究[J]. 建筑与文化,2017(2): 211-212.

[27] Rathnayke U,Srishantha U. Sustainable urban drainage systems(SUDS)—what it is and where do we stand today? [J]. Engineering and Applied Science Research,2017, 44(4):235-241.

[28] Keeley M,Koburger A,Dolowitz D P,et al. Perspectives on the use of green infrastructure for stormwater management in Cleveland and Milwaukee [J]. Environmental Management,2013,51(6):1093-1108.

[29] 车伍,吕放放,李俊奇,等. 发达国家典型雨洪管理体系及启示[J]. 中国给水排水,

2009,25(20):12-17.

[30] 冀紫钰. 澳大利亚水敏感城市设计及启示研究[D]. 邯郸:河北工程大学,2014.

[31] Singh G,Kandasamy J. Evaluating performance and effectiveness of water sensitive urban design[J]. Desalination and Water Treatment,2009,11(1-3):144-150.

[32] 张宏伟. 城市雨洪管理发展及思考[J]. 中国水利,2015(11):10-13.

[33] Ignatieva M,Meurk C,Stewart G. Low Impact Urban Design and Development (LIUDD):Matching urban design and urban ecology. Landscape Review[J],2008,12 (2):61-73.

[34] 李昌志,程晓陶. 日本鹤见川流域综合治水历程的启示[J]. 中国水利,2012(3):61-64.

[35] 石磊,樊潇琳,柳思勉,等. 国外雨洪管理对我国海绵城市建设的启示——以日本为例 [J]. 环境保护,2019,47(16):59-65.

[36] 李纯,胥彦玲,李梅. 国外都市雨水管理政策措施及对京津冀区域的借鉴初探[J]. 环境 工程,2017,35(11):6-9.

第 3 章　海绵城市与其他城市建设理论关系

在城市文明发展过程中,人口激增、全球气候变暖、环境污染、水资源短缺、生物多样性减少、荒漠化严重等问题不断出现,威胁着人类社会的健康发展。为解决这些问题,诸多新的城市发展模式、发展理论被提出,并在实践过程中应用,以改善生存环境。除海绵城市发展理论之外,国内外提出的新的城市发展理论还包括生态城市/生态文明城市、低碳城市(Low-Carbon City)、韧性城市、新型基础设施等,海绵城市理论与上述城市建设理论相互联系但又各有侧重。

3.1　海绵城市与生态城市

3.1.1　生态城市

1971 年,联合国教科文组织在"人与生物圈计划"中将生态学引入城市,提出"生态城市"的概念,明确提出用综合生态方法研究城市,在世界范围内推动了生态学理论的应用和生态城市、生态社区、生态村落的规划建设与研究。国外生态城市建设发展经验包括制定明确的生态城市建设目标和指导原则,强调资源的再利用、生活消耗减量和垃圾循环利用,促进地方社区的公众参与,提高市民生态意识等。

1979 年,我国成立了中国生态学会;1982 年,我国提出了"重视城市问题,发展城市科学"的重要思想,将北京和天津的城市生态系统研究列入国家"六五"计划重点科技攻关项目。1984 年,首届全国城市生态学研讨会在上海召开,被认为是我国生态城市研究的里程碑。1988 年初,在江西省宜春市开展生态城市建设试点。1996—1999 年,分四批开展 154个国家级生态示范区建设试点。我国生态城市建设的目标是致力于城市人类与自然环境的和谐共处,致力于城市与区域发展的同步化,致力于城市社会经济和生态关系的协调和可持续发展。我国生态城市建设可行的对策包括城市规划过程中合理安排绿化用地及生态预留地、推进生态节能住宅区建设、使用清洁能源,编制和修订科学可行的生态城市建设规划,制定和改进合理的生态城市建设目标,加强公众参与城市管理的力度等。

3.1.2　海绵城市与生态城市的联系与区别

生态城市是人类文明未来发展的主要空间节点与物质载体,现代人居、生产和环境相互协调的重大社会实践,是包含自然科学与社会科学等众多学科交叉渗透的现代重大研究领域,其侧重于人与自然关系的反思,协调城市人工系统和自然生态系统的关系,是人类城镇化进程中里程碑式的发展理念,标志着人类从工业文明进入现代生态文明阶段。生态城市是一个经济高度发达、社会繁荣昌盛、人民安居乐业、生态良性循环四者保持高度和谐,城市环境及人居环境清洁、优美、舒适、安全,失业率低,社会保障体系完善,高新技术占主导地位,技术与自然达到充分融合,有利于提高城市文明程度的稳定、协调、持续发展的人工复合生态系统。海绵城市是新一代城市雨洪管理概念,国际通用术语称为"低影响开发雨水系统构建"。海绵城市建设首先要保护城市生态系统,应遵循生态优先等原则,将自然途径与人工措施相结合,在确保城市排水防涝安全的前提下,最大限度地实现雨水在城市区域的积存、渗透和净化,促进雨水资源的利用和生态环境保护,逐步实现小雨不积水、大雨不内涝、水体不黑臭、热岛有缓解。生态城市具有更为广泛的可持续发展内涵,是一切生态系统关系和谐发展的总和。海绵城市较具体地从城市与雨洪管理角度探讨了人与自然生态系统的可持续发展,其属于生态城市建设的范畴,是城市发展的具体生态途径。

2019年,生态环境部发布《关于印发〈国家生态文明建设示范市县建设指标〉〈国家生态文明建设示范市县管理规程〉和〈"绿水青山就是金山银山"实践创新基地建设管理规程(试行)〉的通知》(环生态〔2019〕76号),指出我国生态文明建设示范市县的建设指标包括生态文明建设规划、河长制等生态制度指标,水环境质量(水质达到或优于Ⅲ类比例提高幅度、劣Ⅴ类水体比例下降幅度、黑臭水体消除比例)、突发生态环境事件应急管理机制、生物多样性保护等生态安全指标,河湖岸线保护率等生态空间指标,城镇人均公园绿地面积、城镇新建绿色建筑比例等生态生活指标,公众对生态文明建设的满意度、参与度等生态文化指标等。从广义角度而言,海绵城市建设目标包括修复城市水生态、涵养城市水资源、改善城市水环境、保障城市水安全、复兴城市水文化等5个方面,具体包括年径流总量控制率、生态岸线恢复、地下水位上升、水环境质量改善、城市面源污染控制、污水再生利用、雨水资源利用率、城市暴雨内涝灾害防治等。海绵城市与生态文明城市建设指标具有高度重合性,两者相辅相成。

上海交通大学农业与生物学院教授车生泉指出,城市生态治理分为以下几个方面:

1)源头减量,从源头降低对自然生态系统的使用强度,节约资源,低碳、绿色生活,保护环境;

2)过程控制,在过程中减少对自然生态系统的污染负荷,资源化利用,生态消解,节能减排;

3)末端修复,在末端修复受损的自然生态系统,提高自然生态系统的调节能力。

海绵城市建设的技术路线则包括以下几个方面:

1)源头减排,即在城市各类建筑、道路、广场等易形成硬质下垫面(雨水产汇流形成的地区)处着手,实现有效的"径流控制",即从形成雨水产汇流的源头着手,尽可能将径流减排问题在源头解决;

2)过程控制,就是利用绿色建筑、低影响开发和绿色基础设施建设的技术手段,通过对雨水径流的过程控制和调节,延缓或者降低径流峰值,避免雨水径流的"齐步走";

3)系统治理,即从生态系统的完整性来考虑治水,充分利用好地形地貌、自然植被、绿地、湿地等天然"海绵体"的功能,充分发挥自然的力量。同时,也要考虑水体的"上下游、左右岸"的关系,既不能造成内涝压力,也不能截断正常径流,影响水体生态。海绵城市建设的技术路线具体在城市雨洪管理方面体现了生态城市建设理论,在具体实践中践行生态城市理念,对生态城市建设具有积极作用。

海绵城市建设首先应保护现有河网水系、湿地、绿地等城市雨水滞纳区,对城市建设中已遭到破坏的,采用生态手段尽可能恢复,提升城市滞纳雨水的能力。从生态系统服务出发,跨尺度构建水生态基础设施,并结合多类具体技术建设水生态基础设施,是海绵城市建设的核心。雨水花园、雨水湿地、生物滞留池、植草沟、植被缓冲带、下沉式绿地、绿色屋顶等低影响开发措施是在海绵城市建设中践行的生态城市理论。

3.2　海绵城市与低碳城市

3.2.1　低碳城市

随着城市的发展,人类活动造成二氧化碳、一氧化二氮、甲烷等温室气体大量排放,导致全球气候变暖。研究表明,全球超过 50% 的人口居住在城市中,消耗了全球 67% 的能源,约70% 的二氧化碳排放与城市社会经济活动相关。在这一背景下,城市对于应对全球气候变暖至关重要,而发展低碳城市是一种可行且可持续的城市建设理论。

低碳城市的概念在 21 世纪初从经济领域扩展到社会和城市领域,是指经济以低碳为发展模式及方向、市民以低碳生活为理念和行为特征、政府公务管理层以低碳社会为建设标本和蓝图的城市。低碳城市是一种可持续的城市化方法,侧重于降低或停止城市交通、建筑、生产与消费等领域的发展对化石燃料能源的依赖,其中心是通过减少化石燃料能源的使用来减少城市的人为碳排放。它结合了低碳社会和低碳经济的特点,同时支持政府、社会和公众之间的友好合作关系,使得城市能够通过有效规划和管理来应对全球气候变暖。

低碳城市发展目标是确保环境可持续且影响更小的城市地区的发展,以及围绕低碳城市项目刺激低碳经济基础的增长。自 2006 年以来,我国作为世界上最大的碳排放国,在发展低碳城市方面面临更为严峻的形势,并且随着城镇化进程的加快,人均碳排放密度在进一步增加。为此,我国在应对气候变化和建设低碳城市方面做出了许多努力。2008 年 1 月,我国住房城乡建设部与世界野生动物基金会(World Wildlife Fund)以上海市和保定市为试点,联合开展低碳城市示范项目。为有效控制温室气体排放,妥善应对气候变化,实现绿色低碳发展,推进生态文明建设,2010—2017 年,国家发展改革委先后确定三批低碳省区和低碳城市试点。第一批试点的工作任务主要聚焦在调整产业结构、优化能源结构、节能增效、增加碳汇、加快低碳技术创新,推进低碳技术研发、示范和产业化,积极运用低碳技术改造提升传统产业,加快发展低碳建筑、低碳交通,培育壮大节能环保、新能源等战略性新兴产业,建立完整的温室气体排放数据收集和核算系统等方面。《国家发展改革委关于开展第二批低碳省区和低碳城市试点工作的通知》(发改气候〔2012〕3760 号)要求第二批试点在第一批试点工作经验的基础上,探寻不同类型地区行之有效的控制温室气体排放路径,实现绿色低碳发展,将低碳发展理念融入城市交通规划、土地利用规划等城市规划中,建立以低碳、绿色、环保、循环为特征的低碳产业体系。《国家发展改革委关于开展第三批国家低碳城市试点工作的通知》(发改气候〔2017〕66 号)要求第三批试点建立控制温室气体排放目标考核制度,按照低碳理念规划建设城市交通、能源、供排水、供热、污水、垃圾处理等基础设施,编制本地区温室气体排放清单,建立温室气体排放数据的统计、监测与核算体系。

3.2.2　海绵城市与低碳城市的区别

开发低碳能源是建设低碳城市的基本保证,清洁生产是建设低碳城市的关键环节,循环利用是建设低碳城市的有效方法,持续发展是建设低碳城市的根本方向。低碳城市的建设具体包括新能源利用、清洁技术、绿色规划、绿色建筑、绿色消费等方面。发达国家建设低碳城市的经验主要包括发展新的清洁技术、清洁能源,推行可持续发展型设计和建筑,制定高效的交通运输规划,倡导资源回收利用和绿色消费等。根据我国的特殊国情,实现城市的可持续发展要走环境友好的低碳型城市发展之路,发展低碳城市应重视城市规划、建筑节能和规划环评等领域。低碳城市理念应融入经济社会发展各方面,渗透生产生活各领域,如在城市非主干道路、广场、办公楼公共空间、庭院、公园等地方采用太阳能照明,在宾馆饭店、洗浴中心采用太阳能加电辅助热水系统,以及地源热泵、水源热泵的应用等。

低碳城市以二氧化碳等温室气体排放为量度,阐述人类经济社会活动(社会经济系统)与化石能源消耗(自然系统)的可持续发展内涵,强调生态的资源利用和产出。海绵城市较具体地从城市与雨洪管理角度探讨了人与自然生态系统的可持续发展关系,其低影响开发和雨水资源循环利用不同于传统高碳型排放工程,在很大程度上减少了碳排放,体现了低碳城市理念。

3.2.3　海绵城市与低碳城市的联系

海绵城市践行低碳型建设理念,属于低碳城市的范畴。海绵城市建设对于降低城市内涝风险、缓解城市热岛效应、提高城市环境质量等具有积极作用,其核心指导思想是低影响开发,并在新城开发及旧城改造等城市建设的各个方面落实。近年来,国内外学者采用全生命周期评价法对低影响开发设施、绿色基础设施等进行了碳排放和碳减排效益研究,结果表明,海绵城市建设能够有效实现碳减排,海绵城市与低碳城市存在理论递进、相辅相成的紧密联系。

海绵城市碳减排途径主要包括化石能源降耗减排和绿化系统直接减排。绿化系统通过植物的光合作用吸收大气中的二氧化碳,从而达到直接减碳的作用。研究表明,根据社区内绿化情况,其固碳能力在 $17\sim117t/hm^2$。化石能源消耗是二氧化碳排放的主要来源,提高现有的能源利用效率可以有效地减少碳排放。海绵城市的建设,对于缓解城市热岛效应具有积极作用,建设绿色屋顶、生态植草沟和生态停车场等低影响开发措施有助于改善社区的气候条件,在一定程度上可以降低耗电量,从而实现碳减排。

建筑环境造成的温室气体排放占碳总排放量的比重不可忽视,而绿色屋顶改造是其可持续改造的方案之一。绿色屋顶可有效降低建筑物的外墙、屋顶表面及周围环境温度,同时可缓解城市热岛效应、吸收二氧化碳。河北省某项绿色屋顶节能研究表明,简式屋顶绿化系统每年能够节省空调能耗 $6(kW\cdot h)/m^2$。与普通绿地系统相比,生物滞留设施植被更加复杂多样,对二氧化碳的吸收和固定作用更优,系统的碳汇量更大。下凹式绿地、植被缓冲带、植草沟等措施均具有碳减排的功能。此外,低影响开发措施使得雨水径流得到控制,减少雨水泵站及排水管网的运行能耗,同时,雨水径流的水质也得到改善,减少了城市雨水处理的相关能耗。

海绵城市是推动绿色建筑建设、低碳城市发展、智慧城市形成的创新表现,是新时代特色背景下现代绿色新技术与社会、环境、人文等多种因素的有机结合。海绵城市建设是城乡发展主要的转型手段之一,在建设过程中,能够直接或间接降低城市能耗,对低碳城市的建设具有十分积极的作用。

3.3　海绵城市与新型基础设施

3.3.1　新型基础设施

2018 年召开的中央经济工作会议提出"加强人工智能、工业互联网、物联网等新型基础设施建设",并将其列为 2019 年的重点工作任务。2020 年 4 月 20 日,国家发展改革委首次明确新型基础设施的范围。新型基础设施是以新发展理念为引领,以技术创新为驱动,以信息网络为基础,面向高质量发展需要,提供数字转型、智能升级、融合创新等服务的基础设施体系,主要包括 3 个方面:

1)以 5G、物联网、工业互联网、卫星互联网为代表的通信网络基础设施,以人工智能、云计算、区块链等为代表的新技术基础设施,以数据中心、智能计算中心为代表的算力基础设施等信息基础设施。

2)智能交通、智慧能源等基础设施深度应用互联网、大数据、人工智能等技术,支撑传统基础设施转型升级,进而形成的融合基础设施。

3)重大科技基础设施、科教基础设施、产业技术创新基础设施等支撑科学研究、技术开发、产品研制等具有公益属性的创新基础设施。

前瞻产业研究院发布的《2020 中国新基建产业报告》指出,新基建能够适应中国社会主要矛盾转化和中国经济迈向高质量发展要求,能更好地支持创新、绿色环保和消费升级,在补短板的同时为新引擎助力,这既是新时代对新基建的本质要求,也是新基建与传统基建最本质的不同。具体来说,新基建实施将更偏重于"稳",乘数效应更大,在推动投资和生产的同时可促进消费和内需,参与主体也更加多元化。

3.3.2 海绵城市与新型基础设施的联系

城市为5G、大数据、云计算、区块链、人工智能、物联网等新一代信息技术提供了最广阔的应用场景和创新空间。2020年,住房城乡建设部等印发了《关于加快推进新型城市基础设施建设的指导意见》(建改发〔2020〕73号),旨在加强新型基础设施和新型城镇化建设,加快推进新型城市基础设施建设(简称"新城建"),以"新城建"对接新型基础设施建设,引领城市转型升级,推进城市现代化。"新城建"以数字化、网络化、智能化为基础,是新基建的重要阵地,有助于整体提升城市建设现代化水平和运行效率,转变城市发展方式,拉动有效投资和消费,不断满足人民对美好城市生活的向往。我国已经步入城镇化较快发展的中后期,城市由大规模增量建设转为存量提质改造和增量结构调整并重,从"有没有"转向"好不好","新城建"也是推动城市高质量发展的重要途径。

"新城建"的内容较为广泛,其中海绵城市建设和以下3个方面息息相关:

1)全面推进城市信息模型(City Information Modeling,CIM)平台建设及应用,充分发挥CIM平台的基础支撑作用,在城市体检、城市安全、智慧市政等领域深化应用。

2)实施智能化市政基础设施建设和改造,对城镇供水、排水等市政基础设施进行升级改造和智能化管理,进一步提高市政基础设施运行效率和安全性能。

3)建设智能化城市安全管理平台,运用现代科技和信息化手段,加强城市安全智能化管理。这与2016年习近平总书记提出的建设新型智慧城市(Innovative Smarter City)不谋而合,智慧海绵城市建设依托于智慧水务建设,是智慧市政基础设施建设、"新城建"的重要组成部分。

智慧海绵城市是智慧城市和海绵城市融合发展的产物,是"新城建"在海绵城市领域的具体实践,构建并应用信息化管控平台是实现海绵城市智慧化管理的重要载体。智慧海绵城市"利用物联网、云计算等技术建立覆盖这个城市的感知网络与信息化管理系统,全面、精确、实时地掌握城市雨洪管理的相关情况,对暴雨内涝、设备故障等突发状况及时响应,为海绵城市建设与管理提供信息共享、联动协同的支持,并可以对建设成果进行评估";智慧海绵城市信息化管控平台通过一系列数据采集、传输、分析、反馈、修正等过程,采集降雨量、水位、流量等相关数据,并进行实时上传、筛选等处理,利用相关模型进行分析,实现内涝预警、积水点治理、海绵城市建设成果评估等功能,并进行可视化展示,使政府、企业、公民和社会都能参与其中,从根本上改变海绵城市管理模式,优化其运行机制,提升城市雨水管理的效率和质量。部分海绵城市试点构建了信息化管控平台,其主要功能包括综合管理、在线监测、项目管理、风险预警、运行维护等,地方层面的海绵城市信息化管控平台还应考虑与当地智慧城市建设对接,推进智慧城市的统筹建设。

3.4　海绵城市与韧性城市

3.4.1　韧性城市

韧性城市是指能够凭自身的能力抵御灾害,减轻灾害损失,并合理地调配资源以从灾害中快速恢复过来的城市。从更长远的角度来看,城市能够从过往的灾害事故中学习,提升对灾害的适应能力,韧性城市是基于韧性理论、以可持续性为目标、具有前瞻性和系统性思维的城市规划理念。在全球气候变化的背景下,提升城市韧性是对传统城市发展目标、城市规划设计理念进行反思和变革的必然要求。韧性理论逐渐从生态系统研究扩展到自然灾害和风险管理、气候变化适应、基础设施建设、能源系统及城市规划等领域,应用越来越广泛。建设韧性城市主要有 3 个途径:

1)改进基础设施和生态系统,降低气候变化的影响、脆弱性,避免连锁风险和系统失灵。

2)增强社会主体的适应能力,为其提供支持性的城市系统服务。

3)评估制度因素,减小容易诱发系统脆弱性的政策行动,增强决策参与和包容性等。

"韧性"的概念由倡导地区可持续发展国际理事会(ICLEI)在 2002 年的联合国可持续发展全球峰会上提出,于 2005 年第二届世界减灾会议被正式纳入灾害讨论的重点。2013 年,洛克菲洛基金会启动的全球 100 个韧性城市项目涉及巴黎、纽约、伦敦等国际都市,旨在提升城市韧性,应对 21 世纪物理、社会和经济等各项挑战。中国黄石、德阳、海盐、义乌 4 座城市也分别于 2014 年和 2016 年成功入选。

随着我国城镇化进程加快,城市面临的不确定性因素和未知风险不断增加。以耐灾为核心的韧性城市治理思路,可适应全面提升城市弹性和安全性,以及可持续发展的时代要求。我国部分地区在发展过程中逐步探索过韧性城市的建设,其中《北京城市总体规划(2016—2035 年)》提出要加强城市防灾减灾能力,提高城市韧性;《上海市城市总体规划(2017—2035 年)》提出建设更可持续的韧性生态之城,以应对全球气候变化,全面提升生态品质,显著改善环境质量,完善城市安全保障;《广州国土空间总体规划(2018—2035 年)》(草案)提出要构建安全韧性城市,健全地质灾害防治体系、优化用水结构、优化能源结构、稳步推进海绵城市建设。习近平总书记指出,要在生态文明思想和总体国家安全观指导下制定城市发展规划,打造宜居城市、韧性城市、智能城市,建立高质量的城市生态系统和安全系统。《中共中央关于制定国民经济和社会发展第十四个五年规划和二〇三五年远景目标的建议》在推进以人为核心的新型城镇化中提出要增强城市防洪排涝能力,建设海绵城市、韧性城市。

3.4.2　海绵城市与韧性城市的联系

传统城市建设模式导致城市不透水面层快速增加,城市绿地园林面积减少,城市河湖覆盖面萎缩,进而导致城市雨水下渗量减少,径流增加并且城市暴雨内涝调蓄空间大幅度缩减。此外,全球气候变暖,城市受热岛效应和雨岛效应的双重影响,小范围、突发性、短历时、高强度的局部大暴雨事件屡屡发生。此外,在早期工业化飞速发展的过程中导致的水环境污染、水生态破坏,以及城市水资源短缺和内涝并存等问题急需解决。为保障水安全、改善水环境、恢复水生态、涵养水资源、复兴水文化,提出建设海绵城市,在一定程度上即为建设"水韧性城市"。

在城市规划与建设领域,韧性城市概念最初应用于城市防灾领域,主要是指城市在面对飓风、洪水等自然灾害时,城市基础设施系统能够有效抵御灾害冲击,避免发生内涝等情况,并有在灾后迅速恢复正常运转的能力。而在城镇化进程加快的今天,城市人口快速聚集,城市经济社会发展水平不断提升,城市安全的不确定性日益增加,城市韧性的概念逐渐由应对单一灾害冲击转向构建整体性的城市安全系统。全球 100 个韧性城市项目从健康和福利、经济和社会、基础设施和生态系统、领导力和战略 4 个维度提出城市韧性指数(Urban Resilience Index),建设安全可靠的韧性城市需要不断提升城市的经济韧性、社会韧性、空间韧性、基础设施韧性和生态韧性。即使在构建系统韧性城市的今天,国内外范围内,基础设施和生态系统韧性仍是构建韧性城市的重要内容。

基础设施包括城市生命线系统(给排水、供电、供气、交通、信息通信等)、能源设施、交通设施等。海绵城市建设遵循"灰—绿—蓝"相结合的原则,灰色基础设施包括排水管网、泵站、调蓄池等工程措施,绿色基础设施包括源头低影响开发措施以及公园、绿地、生态廊道等绿色开放空间,蓝色基础设施包括城市自然水系、多功能调蓄水体等。海绵城市建设从源头控制年径流总量,缓解城市内涝,为提高城市应对暴雨的韧性做出重要贡献,有利于提升城市基础设施韧性,保障城市水安全。此外,海绵城市在提出源头年径流总量控制、缓解城市内涝等目标基础上,通过强化自然生态空间格局的保护和修复,充分发挥城市河湖水系、湿地等蓝色空间的天然调蓄能力,通过微地形、雨水花园、下凹式绿地、人工湿地、屋顶绿化等形式,加强源头雨水的收集、净化、储存和利用,并与排水管网、泵站等灰色基础设施联合,使用空间组合的方式,为提升城市基础韧性、缓解城市内涝、保障城市水安全做出重要贡献。

主要参考文献

[1] 毕涛,鞠美庭,孟伟庆,等.国内外生态城市发展进程及我国生态城市建设对策[J].资源节约与环保,2008(1):30-33.

[2] 蒋艳灵,刘春腊,周长青,等.中国生态城市理论研究现状与实践问题思考[J].地理研究,2015,34(12):2222-2237.

[3] Abubakar I R,Bununu Y A. Low carbon city:Strategies and case studies[A]. Filho W L, Azul A M, Brandi L, et al. Sustainable Cities and Communities [C]. Cham: Springer,2020.

［4］Caprotti F. Emerging low-carbon urban mega-projects［A］. Dhakal S,Ruth M. Creating Low Carbon Cities［C］. Cham:Springer,2017.

［5］Su M,Zheng Y,Yin X,et al. Practice of low-carbon city in China:The status quo and prospect［J］. Energy Procedia,2016,88:44-51.

［6］辛章平,张银太. 低碳经济与低碳城市［J］. 城市发展研究,2008(4):98-102.

［7］杨正,李俊奇,王文亮,等. 对低影响开发与海绵城市的再认识［J］. 环境工程,2020,38(4):10-15,38.

［8］李欣源,姜明栋,历臻杰. 基于河长制视角的低碳海绵城市建设路径研究［A］. 践行绿色发展理念建设美丽中国——2018 第五届中国(国际)水生态安全战略论坛论文集［C］. 北京:中国水利水电出版社,2018.

［9］贾玲玉. 海绵城市建设的低影响开发技术配置优化与碳减排研究［D］. 天津:天津大学,2017.

［10］蒋冬林. 浅析海绵城市智慧低碳在城市公园建设中的应用——以天河智慧城智慧水系(东部水系)连通一期工程为案例［J］. 低碳世界,2019,9(7):146-147.

［11］唐斯斯,张延强,单志广,等. 我国新型智慧城市发展现状、形势与政策建议［J］. 电子政务,2020(4):70-80.

［12］任婕,李海峰,陈湛,等. 智慧海绵城市中信息化管控平台的应用和探讨［A］. 中国城市科学研究会. 2020 国际绿色建筑与建筑节能大会论文集［C］. 北京:中国城市出版社,2020.

［13］王一. 智慧城市视角下的海绵城市建设与运行管理研究［D］. 沈阳:沈阳建筑大学,2020.

［14］郑艳,翟建青,武占云,等. 基于适应性周期的韧性城市分类评价——以我国海绵城市与气候适应型城市试点为例［J］. 中国人口·资源与环境,2018,28(3):31-38.

［15］习近平. 国家中长期经济社会发展战略若干重大问题［J］. 求知,2020(11):4-7.

第4章　海绵城市技术

4.1　海绵城市技术措施分类

海绵城市技术措施总体分为工程措施和非工程措施两大类。

海绵城市工程措施是指能减少或避免雨水径流带来的洪涝灾害或污染影响的物理设施或工程技术，除了传统的城市排水和防洪工程措施外，还包括源头低影响开发技术措施，如透水铺装、绿色屋顶、下沉式绿地、生物滞留设施、渗透塘、渗井、湿塘、雨水湿地、蓄水池、雨水罐、调节塘、调节池、植草沟、渗管/渠、植被缓冲带、初期雨水弃流设施、人工土壤渗滤等。

海绵城市非工程措施是指不涉及固定永久性设施，而是通过政策、法律、公众意识、培训和教育等降低雨洪或污染风险和影响的措施。

4.2　海绵城市工程措施

下面按照主要功能，分类介绍海绵城市源头低影响开发技术措施。

4.2.1　渗滞类工程措施

该类工程措施通过增强下垫面渗透性能，达到减少径流外排总量、延缓径流峰值出现时间的作用，主要包括透水路面、绿色屋顶、下凹式绿地、生物滞留设施、雨落管断接等。

4.2.1.1　透水路面

透水路面是利用透水性路面材料代替传统不透水沥青、混凝土路面，达到滞留雨水，回补地下水的目的。透水路面结构一般由透水面层、基层、垫层及路基组成。常见的透水路面包括透水沥青路面、透水水泥混凝土路面、透水砖路面、嵌草砖路面、碎石透水路面等（图4-1）。

透水路面目前在发达国家被广泛应用于停车场、人行道、运动场、城市广场等开放空间。

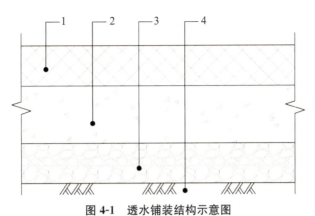

图 4-1　透水铺装结构示意图

1—透水面层；2—基层；3—垫层；4—路基

透水沥青路面可用于各等级道路（图 4-2）；透水水泥混凝土路面可用于新建城镇轻荷载道路、园林绿地中的轻荷载道路、广场和停车场（图 4-3）；透水砖路面可用于人行道、广场、停车场和步行街等（图 4-4）。

图 4-2　透水沥青路面

（2017 年 3 月拍摄于武汉市新洲区潘庙新家园小区）

图 4-3　透水水泥混凝土路面

（2022 年 5 月拍摄于武汉市青山区老旧小区海绵化改造工程项目宁静小区）

图 4-4　透水砖路面

（2022 年 5 月拍摄于武汉海绵城市国家试点项目碧苑花园小区）

另外,还有一类铺砖的路面,砖本身虽然不透水,但是在砖内部预留空隙种草或在砖与砖之间预留缝隙透水,透水效果也可以达到透水路面设计要求,在道路停车场应用较为广泛(图4-5至图4-7)。

图 4-5　嵌草砖透水停车场

（2017 年 3 月拍摄于武汉市新洲区潘庙新家园小区）

图 4-6　通过缝隙透水的停车场

（2017 年 3 月拍摄于武汉市新洲区潘庙新家园小区）

图 4-7　碎石路面

（2016 年 11 月拍摄于武汉市园博园）

透水路面可以有效促进雨水入渗,流量的削减会减少对硬化区的冲刷,使污染物流失量得到控制,净化径流雨水。透水铺装的高反射率使其有很好的缓解热岛效应的功能。美国洛杉矶有研究显示,增加 10％～35％ 的透水铺装,可以使城市的地表温度下降 0.8℃,同时可以减少噪声约 10dB。

4.2.1.2　绿色屋顶

绿色屋顶是在各类建筑物、构筑物的屋顶进行绿化种植、透水改造的统称。绿色屋顶一般由植被层、基质层(轻质)、过滤层、排水层、保护层、防水层、灌溉系统以及溢流排水管组成。绿色屋顶表层一般采用植被全覆盖或按照一定比例覆盖植被和铺装,也有部分屋顶表面采用砾石覆盖,同步考虑景观要求进行多功能复合设计。当屋面坡度不大于 15°时,可设置绿色屋顶,见图4-8和图4-9。

植被层
种植土
无纺布过滤层
高凹凸性排（蓄）水板
水泥砂浆保护层
隔离层
耐根穿刺复合防水层
水泥砂浆找平层
轻集料混凝土或泡沫混凝土找平层
保温（隔热）层
钢筋混凝土面板

图 4-8　常见绿色屋顶构造示意图

（a）2014 年 8 月拍摄于新加坡滨海大坝

（b）2021 年 12 月拍摄于武汉琴台音乐厅，上部表层为碎石，下部表层为多肉植被

（c）2016 年 12 月拍摄于武汉市硚口区解放大道和汉西路路口

图 4-9　绿色屋顶

绿色屋顶对径流的削减主要是通过对降雨的吸附作用滞留雨水,延缓径流产生时间,削减洪峰流量和总径流产生量。同时,绿色屋顶也是降低城市屋面产污负荷的有效手段,对改善城市径流水质有重要作用。一般来说,绿色屋顶有较好的中和能力,偏酸性的雨水渗过绿色屋顶后 pH 值得到了一定程度的提高,这对于减轻自然水体酸化、缓解建筑物侵蚀以及钝化有毒物质有重要意义。绿色屋顶在滞蓄净化雨水的同时也起到了很好的生态作用,有利于缓解城市热岛效应。

4.2.1.3 下凹式绿地

下凹式绿地是指比周边地面或道路低 5～20cm 的绿地,一般由蓄水层、种植土层及原土层组成,上部植草或种植灌木等,部分下凹式绿地设置有溢流口与雨水管渠连接,广泛用于各类绿化中。

下凹式绿地作为一种天然的渗透措施,在雨水渗蓄、减排、补充地下水及净化雨水水质方面起着重要的作用,其减少城市径流总量的作用得益于两个方面:一方面是利用自身下凹空间储存功能,另一方面是其良好的下渗功能(图 4-10 和图 4-11)。

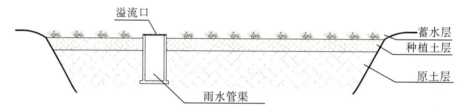

图 4-10　下凹式绿地构造示意图

图 4-11　下凹式绿地

(2018 年 3 月拍摄于武汉东湖绿道)

4.2.1.4 生物滞留设施

生物滞留设施是指利用浅的洼地,种植当地植物,通过植物和土壤的吸附、渗透、过滤等原理,对周围汇水区域的雨水进行控制的设施。

生物滞留设施一般由蓄水层、覆盖层及渗透层组成,底部设置穿孔排水管及透水层,并在外围敷设防渗膜等。生物滞留设施上部植草或种植灌木等,部分设置有溢流口与雨水管渠连接,广泛应用于各类绿地中(图 4-12)。

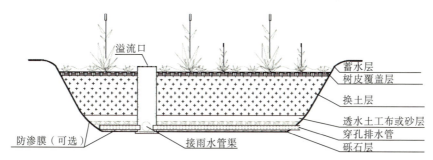

图 4-12　复杂型生物滞留设施构造示意图

生物滞留设施根据外观、大小、建造位置和适用范围,一般可分为雨水花园、滞留池等。

雨水花园可根据场地和景观要求设计成不同形状,适于建造在场地宽阔的公园、学校及住宅区、道路周边等。若在建筑物旁建造,需要与建筑物保持一定距离[图 4-13(a)]。

滞留池是指利用混凝土或其他耐久性材料砌成的池状结构,设置在道路旁,通过生物滞留原理净化道路雨水的设施[图 4-13(b)、图 4-13(c)]。

(a)雨水花园

(2016 年 1 月拍摄于武汉华中科技大学)

(b)生物滞留池

(2018 年 3 月拍摄于长沙工农东路)

(c)多级雨水滞留池

(2016 年 1 月拍摄于华中科技大学)

图 4-13　各类生物滞留设施

高位花坛多设置在建筑物旁,用于处理净化屋面雨水。

生物滞留设施主要通过腐殖质、土壤、微生物、植物、填料等物质,进行过滤沉淀、物理吸附、离子交换化学吸附、微生物吸收转化与降解、植物同化吸收、挥发、蒸发等物理、化学和生物的综合作用,实现净化雨水的作用。因此,生物滞留设施的植物种类、填料种类、微生物的繁殖情况等都会不同程度地影响污染物的去除效果。

4.2.1.5 雨落管断接

雨落管断接是指在适当位置将原来与排水系统相连的建筑雨落管断开,改变雨落管的流向,将屋面径流引入建筑物周围的雨水花园、下凹绿地、树池等渗透区域,或者用雨水桶、雨水池进行收集利用。

雨落管断接具有简易、高效、价廉等特点,适用于不同场地条件的雨洪控制利用措施的衔接(图4-14)。

(a)2022年5月拍摄于钢城二中(武汉海绵城市国家 (b)2017年3月拍摄于武汉市新洲区潘庙新家园小区
试点项目)

图4-14 雨水管断接

美国波特兰为了控制合流制溢流污染,在1993—2011年断接了56000根雨落管。据计算,每年可减少约450万 m³ 的雨水进入合流制排水系统,有效控制了城市的径流污染和峰流量。

4.2.2 转输类工程措施

该类工程措施通过提高转输通道表面粗糙系数,延缓径流排放时间,同时提高转输通道的渗透率,减少径流排放总量。主要包括植草沟、渗透管渠等。

4.2.2.1　植草沟

植草沟是指在地表沟渠中种有植被的一种工程措施,一般由植被层或砾石覆盖层、种植土层及原土层组成,适宜较长距离传输,在坡度、土质、景观等满足要求的区域,可以替代雨水管作为常规雨水排放系统的径流排放通道,适宜建造在居住区、商业区、工业区、道路周边和停车场等,也可以并入场地排水系统(图 4-15、图 4-16)。

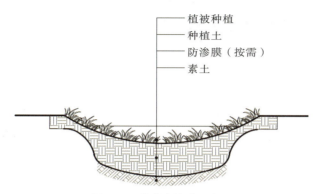

植被种植
种植土
防渗膜（按需）
素土

图 4-15　植草沟构造示意图

(a)2020 年 5 月摄于钢城二中(武汉海绵城市国家试点项目)　(b)2014 年 8 月摄于芝加哥

图 4-16　植草沟实景

在雨水系统中,植草沟能在尽量收集汇水面的雨水并进行传输的同时起到一定的净化处理作用,有效地减少悬浮固体颗粒和有机污染物,并能有效地去除铅(Pb)、锌(Zn)、铜(Cu)、铝(Al)等部分金属离子和油类物质。其中,它对 SS 的去除率可以达到 80% 以上。由于城市径流中 SS 与化学需氧量(COD)、总磷(TP)、总氮(TN)等污染指标存在良好的相关性,在 SS 得到较高去除率的同时其他污染物也会得到相应的去除。

4.2.2.2　渗透管渠

渗透管渠是在传统雨水排放的基础上,将雨水管或明渠改为渗透管或渗渠,周围回填砾石,雨水在构筑物输送过程中,通过埋设于地下的多孔管材向四周土壤层渗透,从而对雨水进行控制(图 4-17)。

渗透管渠安装简单,场地大小不受限制。

图 4-17　渗透管渠

(2014 年 8 月拍摄于芝加哥)

4.2.3　调蓄类工程措施

4.2.3.1　雨水罐

雨水罐多为成型产品,可用塑料、陶瓷或金属等材料制成。一般用于单体建筑屋面雨水的收集调蓄和利用(图 4-18、图 4-19)。

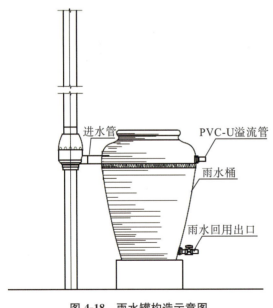

图 4-18　雨水罐构造示意图

图 4-19　雨水罐

[项目地址:钢城二中(武汉海绵城市国家试点项目)]

4.2.3.2　地下雨水调蓄设施

雨水调蓄设施指用于雨水蓄积回用或雨水峰值流量调节的海绵设施,例如调蓄池、调节池及雨水储存模块等,多为地下封闭式,上层做绿化覆盖,由池体(混凝土或塑料模块)及配套设施组成,一般与居住小区雨水回用浇灌及喷洒设施形成雨水回用系统使用(图 4-20、图 4-21)。

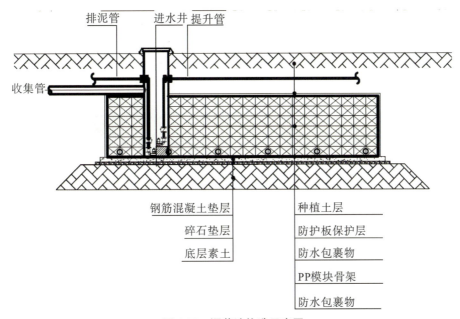

图 4-20　调蓄池构造示意图

（a）雨水调蓄池　　　　　　　　　　（b）调蓄模块

图 4-21　地下雨水调蓄设施

4.2.3.3　雨水塘

雨水塘是指具有调蓄利用雨水功能的水塘。根据塘中有无水,可分为干塘、延时滞留塘和湿塘,其中以湿塘最为典型(图 4-22)。

图 4-22　雨水塘

（2014 年 8 月摄于芝加哥）

　　雨水塘可以减少径流体积，削减洪峰，控制排放速率，减小下游河道冲刷与侵蚀，缓解洪涝灾害，保护人们生命财产安全；延时滞留塘能有效控制径流污染物，减少下游水体污染。此外，还能为水生动植物提供一个舒适的栖息场所，进而起到保护生态环境、美化环境的作用。

4.2.3.4　多功能调蓄设施

　　城市雨水多功能调蓄设施是充分体现可持续发展的思想，以调蓄暴雨峰流量为核心，把排洪减涝、雨水利用与城市的景观、生态环境和一些社会功能更好地结合，高效率地利用城市宝贵土地资源的综合性城市治水和雨洪利用设施，是常规与超常规雨水排放系统中调蓄设施的重要组成部分。

　　多功能调蓄设施可利用凹地建成城市小公园、绿地、停车场、网球场、儿童游乐场等，这些场所的底部一般采用渗水材料，当暴雨来临时，可以暂时将高峰流量贮存在其中，并作为一种渗透塘，暴雨过后，雨水继续下渗或外排，并且设计在一定时间（比如 48h 或更短的时间）内完全放空（图 4-23）。

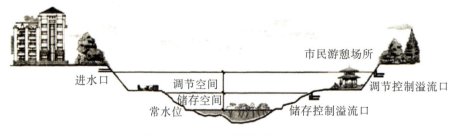

图 4-23　多功能调蓄设施示意图

经过合理设计,这些设施能较大幅度地提高防洪标准,降低排洪设施的费用,更经济、显著地利用城市雨水资源和改善城市生态环境(图 4-24)。

图 4-24   多功能调蓄广场

(2015 年 5 月摄于镇江)

4.2.4   净化类工程措施

4.2.4.1   环保型雨水口

传统雨水口内常有污染物的累积,特别是普通的平箅雨水口,污染物在清扫过程中落入雨水口,雨季在雨水冲刷下会进入水体或沉积在管道中,形成污染。为控制雨水口中的污染物,对传统雨水口进行改造,可加设截污挂篮、设置沉淀区域,去除垃圾、砂石等易沉淀污染物(图 4-25)。

图 4-25   环保型雨水口

(2017 年 3 月拍摄于武汉市新洲区潘庙新家园小区)

4.2.4.2　雨水湿地

雨水湿地大多为人工湿地，它是一种通过模拟天然湿地的结构和功能，人为建造和监督控制与沼泽地类似的地表，用于径流雨水水质控制和洪峰流量控制的设施。

雨水湿地一般由水体、护岸、进水口、出水口等组成，护岸多种植水生植物（图 4-26、图 4-27）。

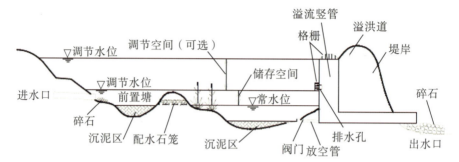

图 4-26　雨水湿地构造示意图

(a)2016 年 11 月拍摄于武汉园博园

(b)渝北区沐仙湖湿地公园

图 4-27　雨水湿地

雨水湿地适于建造在地下水位接近地表或有充足空间形成一个浅水层的洼地，可应用于小区、商业区、公园等区域。雨水湿地可以有效控制污染物排放、削减洪峰，调蓄并减少径流量,减轻对下游的侵蚀,具有缓冲容量大、投资低、处理效果好、操作管理简单等优点。

4.3　海绵城市非工程措施

海绵城市理论是在借鉴国外雨洪控制和管理理论的基础上建立起来的,不仅将一些绿色设施纳入工程措施,还改变了原有的重工程建设轻管理的做法。

在国外雨洪控制和管理理论中,非工程措施是海绵城市建设的重要内容,涉及城市规划控制、战略计划与实施机制、污染预防管理、教育和公众参与、计划和监管机制等。

海绵城市在国内推广的过程中,结合国情,除各项工程措施外,非工程措施主要包括长效工作机制建立、规划体系构建、项目规划建设管控及运维管理、技术标准编制、绩效考评、投融资模式创新、公众宣传教育、科技创新及产业发展等。

下面以国家首批海绵城市试点城市武汉为例,介绍该市在海绵城市非工程措施方面的实践。

1)建立了长效推进机制。武汉市人民政府先后出台《武汉市海绵城市建设管理办法》、《市人民政府办公厅关于加快推进海绵城市建设的通知》(武政办〔2017〕128 号),明确了组织架构和部门职责,构建政府部门、建设平台、社会单位共同参与、分工明确的管理体系,形成了市区一体、上下联动的海绵城市建设协调机制。

2)构建了"1+N"海绵城市规划体系。2016 年武汉市人民政府发布了《武汉市海绵城市专项规划(2016—2030 年)》,提出了全市海绵城市建设目标和中心城区分区管控指标;2018—2019 年,以区为单位,开展各区海绵城市建设规划,明确近期建设范围和建设方案,明确项目库,制定建设计划。

3)完善了从规划设计、施工验收到运维管理全流程闭环管控体系。新建项目全面落实海绵城市要求,践行"放管服"理念,在国内首创"三图两表"专项设计备案制度,采用批后抽查和建后核实的方式,将海绵城市要求纳入规划、设计、图审、建设、竣工验收及备案环节严格管控。

4)形成了本地的技术标准体系。结合武汉市丰水型平原城市特点,武汉市城乡建设委员会(现为武汉市城乡建设局)、水务局等四部门发布了《武汉市海绵城市规划技术导则》《武汉市海绵城市建设设计指南》《武汉市海绵城市建设技术标准图集》《武汉市海绵城市设计文件编制规定及技术审查要点》《武汉市海绵城市建设施工及验收规定》等技术标准体系,为海绵城市全面推进提供技术支撑。

5)将海绵城市建设纳入城建绩效考核,落实各方责任。武汉市人民政府印发《市人民政府办公厅关于加快推进海绵城市建设的通知》(武政办〔2017〕128 号),要求将海绵城市建设纳入城建重点项目第三方考核和绩效考核等日常工作管理体系,落实绩效考核结果奖惩机制,促使海绵城市建设工作成为市直部门和区人民政府的主动行为。武汉市还将海绵城市建设规划成果纳入年度城建计划,进行城建重点项目的考核,确保项目按期落实。武汉市城建部门下设海绵城市和综合管廊建设处(简称"海管处"),由海管处结合武汉市"四水共治""长江大保护"等重点工作,配合开展绿色发展、海绵城市等方面的考核监督,使海绵城市真正作为理念纳入各级行政机构的主要工作。

6)通过投融资和产业发展政策引导激活海绵城市建设市场。当前我国海绵城市建设仍主要属于政府投资行为,但就发展态势来看,海绵城市已在基建投融资、绿色建筑材料、灾害风险管理等领域表现出了巨大的市场潜能,具有较好的投资效益。武汉市人民政府已启动了多项激励政策的制定工作,借顶层政策为海绵城市建设打开方便之门,推动海绵城市相关产业发展,带动全社会参与海绵城市建设。从长远的经济平衡需求角度,海绵城市建设市场化是推动我国城市绿色发展和生态发展的必由之路。武汉市人民政府颁布出台了多项激励政策,科技研发政策集中于培育海绵城市产业发展、鼓励发展海绵经济、新设备和新材料研发等领域,在资金政策方面加大对海绵城市建设的信贷支持力度,拓宽海绵城市建设的融资渠道。

7)重视宣传和教育。利用各类媒体加大宣传力度,初步形成全社会广泛支持和参与海绵城市建设的氛围。

主要参考文献

[1] 韩朦紫.海绵城市雨水低影响开发非工程措施研究[D].北京:北京建筑大学,2019.
[2] 陈展图,覃洁贞.我国海绵城市建设对策研究——非工程措施视角[J].改革与战略,2017(5):53-55.

第 5 章　海绵城市规划体系

5.1　海绵城市规划的概念及类型

5.1.1　海绵城市规划的概念

海绵城市规划可以是特定区域内海绵城市建设领域相关空间开发保护利用的专门安排,也可以是国民经济和社会发展总体规划在海绵城市建设领域的细化,还可以是规划期内海绵城市建设阶段性部署和安排,同时也可以是为达到某特定目标的海绵城市系统实施方案,更可以是以上几种的组合。

5.1.2　海绵城市规划的常见类型

从 2015 年在全国范围内建设海绵城市以来,全国各地编制的海绵城市规划主要包括海绵城市专项发展规划、海绵城市专项规划、海绵城市实施规划等类型。

5.1.2.1　海绵城市专项发展规划

(1)定义及作用

海绵城市专项发展规划是以国民经济和社会发展海绵城市建设领域为对象编制的,是国民经济和社会发展总体规划在海绵城市建设领域的细化,是海绵城市建设在规划期内的阶段性部署和安排。海绵城市专项五年发展规划与国民经济和社会发展总体规划保持一致,也可根据需要确定。其作用主要是阐明宏观战略意图、明确政府工作重点、引导规范全市城市开发建设行为,是市县海绵城市建设的宏伟蓝图和行动纲领,也是政府指导全市县海绵城市发展以及审批、核准重大项目,安排政府投资和财政支出预算,制定海绵城市建设领域相关政策、开展海绵城市建设各项活动的依据。

(2)主要编制任务及内容

编制任务主要包括总结发展现状和面临的形势,重点分析发展中存在的问题与有利、不利条件;服从落实总体规划和上级专项规划要求,明确规划期限内的建设发展目标;提出建设方案,明确重点工程建设、项目建设时序、重大项目布局;提出可操作性强的政策措施,并对相关部门和地区提出工作要求。

主要编制内容包括研究海绵城市建设需求,制定规划期内主要目标,明确建设任务和时序、重大项目,制定项目清单等。

(3)规划分类

海绵城市专项发展规划属于国家海绵城市建设政策下国民经济和社会发展规划体系中新增的规划类型。国民经济和社会发展规划按行政层级分为国家级规划、省(区、市)级规划、市县级规划;按对象和功能类别分为总体规划、专项规划、区域规划。目前常见的是由各级人民政府行业主管部门组织编制的市县级海绵城市专项发展规划,属于专项规划范畴,一般独立编制,也有与其他城市基础设施合并编制的。

(4)国内编制进展

最早一批市县级海绵城市专项发展规划从"十三五"末开始编制,部分城市已经完成批复和发布,对海绵城市"十四五"建设目标和重点任务进行明确。2022年1月21日,重庆市住房和城乡建设委员会发布《重庆市海绵城市建设"十四五"规划(2021—2025年)》。该规划提出,"十四五"时期,切实践行生态文明建设发展理念,系统化全域化推进海绵城市建设,探索海绵城市建设新模式、新方法,打造更加持续稳固的水生态网络格局。力争到2025年,城市建成区45%以上面积达到海绵城市建设要求,为建设宜居、绿色、韧性、智慧、人文城市创造条件。

5.1.2.2 海绵城市专项规划

(1)定义及作用

海绵城市专项规划是国土空间总体规划在海绵城市建设领域的细化,是实现海绵城市规划目标和指标的分解与传导,对海绵城市建设领域的功能区域做出专门的空间保护利用安排。其作用是落实总体规划的规划要求,深化和细化国土空间总体规划确定的海绵城市各项目标和控制指标,提出海绵城市发展的空间诉求,对海绵城市建设领域的功能区域做出专门的空间保护利用安排,并传导至详细规划;制定系统化规划方案、明确建设任务内容和分期要求,指导各项建设的规划管理和项目推进。

海绵城市专项规划的范围原则上应与城市规划区一致,同时兼顾雨水汇水区和山、水、林、田、湖等自然生态要素的完整性。规划期限原则上与国土空间总体规划保持一致。

(2)主要编制任务及内容

主要编制任务是研究提出需要保护的自然生态空间格局;明确雨水年径流总量控制率等目标并进行分解;制定全域推进海绵城市系统建设方案;确定海绵城市近期建设的重点区域和重点内容。

主要内容包括确定规划区内海绵城市建设规划目标和指标体系,提出海绵城市建设的总体思路,划定海绵城市建设分区和提出分区建设指引,将年径流总量控制率目标分解到各个控制区并落实各区管控要求,提出相关专项规划衔接的建议,明确近期建设重点。

（3）规划分类

根据国土空间规划分类,包括总体规划、详细规划和相关专项规划。海绵城市专项规划可与国土空间总体规划、详细规划同步编制,也可作为相关专项规划单独编制。相关专项规划可在国家、省、市县层级编制,也可以根据需要在特定范围内编制,例如城市新区、成片改造区等。不同层级、不同地区的海绵城市专项规划可结合实际选择编制的类型和精度。独立编制的海绵城市专项规划一般在市县层级及城市新区范围内编制,由市县人民政府内海绵城市主管部门或新区建设相关责任单位编制。

（4）实施进展

自 2016 年 3 月 11 日《住房城乡建设部关于印发〈海绵城市专项规划编制暂行规定〉的通知》（建规〔2016〕50 号）发布以来,全国大部分设市城市均编制了海绵城市专项规划。2018 年 10 月 24 日石家庄市城乡规划局发布了关于《石家庄市海绵城市专项规划》的公告,该次海绵城市专项规划范围为石家庄市城市总体规划（2011—2020 年）确定的都市区范围,总面积 2657km^2;提出了到 2020 年城市建成区 20% 以上的面积、2030 年城市建成区 80% 以上的面积达到海绵城市目标要求。主要规划内容包括:①划定都市区生态保护和修复空间,确定规划中心城区"两区、两环、五廊、多核"的海绵城市建设格局;②完成海绵城市建设规划三级管控系统构建,将海绵城市建设控制核心指标逐级分解落实;③从水安全保障、水生态环境、水资源等 3 个方面进行海绵城市基础设施规划;④划定近期重点建设区。

5.1.2.3　海绵城市实施规划

（1）定义及作用

在国民经济和社会发展规划、国土空间规划体系之外,还有一类比较常见的海绵城市规划,即以海绵城市专项发展规划为纲领、以专项规划为依据,多用于特定范围内特定建设期限内为达到特定目标的海绵城市系统实施方案,统称为海绵城市实施规划。这类规划的产生源于城市建设分权管理模式与海绵城市建设跨部门合作需求的矛盾,一般在市县层级开展编制,也有以流域或指定区域为范围编制。

海绵城市实施规划的定义:在城市建设分权管理模式下,为满足海绵城市管理和建设跨部门、跨专业统筹的需求,基于城市现状自然条件和建设情况,在国民经济和社会发展规划、国土空间规划、各类专项规划、城市建设计划的指导下,建成区以问题为导向,新建区以目标为导向,制定海绵城市建设系统方案,达到建设目标和指标要求,从时序和空间上统筹各类建设活动,以整合城市资源、优化建设时序、完善建设内容,确保海绵城市建设达标和城市可持续性发展。

海绵城市实施规划的范围按照实施需求划定,同时兼顾雨水汇水区和山、水、林、田、湖等自然生态要素的完整性,与海绵城市项目实施期限保持一致。

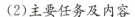

（2）主要任务及内容

主要任务：

1）明确近期重点建设范围。

根据上位专项规划及上级部门近期考核任务要求，结合区域实际水环境治理、内涝治理等方面需求，进一步明确近期海绵城市建设达标面积及对应的重点建设范围（需为完整汇水片区）。

2）确定海绵系统建设方案。

针对海绵城市重点建设范围，按照近期建设目标详细制定水生态、水环境、水安全、水资源利用及全系统统筹协调的系统建设方案，增强海绵城市建设的系统性、整体性。

3）统筹相关各类建设项目。

根据系统建设方案，统筹重点建设范围内各类用地雨水径流控制的协同作用与功能，协调城市开发、道路交通、公园绿地、内涝防治、水环境综合整治等近期建设计划的关系。

4）制定近期项目实施计划。

提出海绵城市建设项目库，针对海绵城市重点建设范围制定建设时序及打包方案，指导下一步建设工作有序开展。

主要编制内容：海绵城市实施规划主要编制内容包括制定规划区域的海绵城市建设目标和总体思路、系统方案、项目库和年度建设计划，提出建设保障措施和相关城市建设衔接的建议。

（3）实施情况

海绵城市实施规划在全国范围内没有统一的规划名称，根据规划的作用判定，在全国范围内最早开展的一批实施规划是于2015—2016年启动的，按照《关于开展中央财政支持海绵城市建设试点工作的通知》（财建〔2014〕838号）要求，编制该类方案的入围试点城市有30个，包括第一批2015年入选的迁安、武汉、常德、南宁等16个；2016年入围的福州、宁波、深圳等14个。根据2021年发布的《关于开展系统化全域推进海绵城市建设示范工作的通知》（财办建〔2021〕35号）编制的系统化全域推进海绵城市建设示范城市实施方案也属于海绵城市实施规划。

在部分省份和城市，也发布通知编制实施规划。2017年，武汉市组织开展各辖区海绵城市建设实施方案的编制工作。《武汉市人民政府办公厅关于加快推进海绵城市建设的通知》（武政办〔2017〕128号）提出，市城乡建设委员会负责会同市水务局、市国土规划局、市园林和林业局，于2017年12月底之前，在总结海绵城市试点建设经验的基础上，组织对《武汉市海绵城市规划设计导则》进行修订，发布《武汉市海绵城市分区建设规划编制指南》；指导各区编制完成本辖区2020年前计划实施的海绵城市近期重点建设区域建设规划。2018年，由上海市住房和城乡建设管理委员会制订、上海市人民政府同意的《上海市海绵城市规划建设管理办法》（沪府办〔2018〕42号）第六条提出："各区要组织编制片区海绵城市建设规划

（实施方案），进一步分解落实各区海绵城市建设目标、策略、措施、建设方案及建设计划。"

海绵城市实施规划编制方式比较灵活，可单独编制，也可与专项规划、发展规划同步编制。根据《关于印发〈武汉市"十四五"海绵城市分区建设规划编制指南〉的通知》（武城建〔2020〕36 号）开展的武汉海绵城市分区建设规划，同时包含了全区"十四五"海绵城市专项发展规划和"十四五"重点建设片区实施规划的内容。2019 年 6 月由深圳市水务局发布的《深圳市海绵城市建设专项规划及实施方案（优化）》同时包含了全市专项规划和近期重点片区实施规划的内容。

5.2　海绵城市规划体系

结合国内海绵城市规划发展现状，海绵城市规划体系主要包括法规政策体系、技术标准体系、编制审批体系和监督实施体系。

5.2.1　法规政策体系

我国法规政策体系包括宪法、法律、行政法规、地方性法规、部门规章、地方政府规章等层次。海绵城市规划法规体系的构建服从我国的法律框架，是国土空间规划法规体系的重要组成内容。

在法律层面，《中华人民共和国城乡规划法》是我国城乡规划法规体系中的基本法，该法于 2007 年 10 月 28 日第十届全国人民代表大会常务委员会第三十次会议通过，2015 年 4 月 24 日第十二届全国人民代表大会常务委员会第十四次会议《关于修改〈中华人民共和国港口法〉等七部法律的决定》第一次修正，2019 年 4 月 23 日第十三届全国人民代表大会常务委员会第十次会议《关于修改〈中华人民共和国建筑法〉等八部法律的决定》第二次修正。《中华人民共和国城乡规划法》对城乡规划的制定、实施、修改及监督检查、法律责任等进行了规定，未直接明确专项规划的相关内容。为满足国土空间规划改革需求，拟出台《国土空间规划法》，2018 年 9 月 7 日，十三届全国人大常委会立法规划公布，《国土空间规划法》已列入十三届人大常委会立法规划中的第三类项目；根据《自然资源部 2019 年立法工作计划》（自然资办函〔2019〕887 号），国务院自然资源部配合全国人大有关专门委员会做好《国土空间规划法》立法工作。新的《国土空间规划法》中包含专项规划编制的内容。

《中华人民共和国长江保护法》（2020 年 12 月 26 日第十三届全国人民代表大会常务委员会第二十四次会议通过）提出长江流域县级以上地方人民政府应当"加快建设雨水自然积存、自然渗透、自然净化的海绵城市"。

目前没有发布海绵城市建设方面的行政法规。仅在 2005 年发布了《国务院办公厅关于推进海绵城市建设的指导意见》（国办发〔2015〕75 号）。

在地方性法规方面，已有部分城市出台海绵城市规划建设方面的立法文件。

《鹤壁市循环经济生态城市建设条例》于 2016 年 7 月 29 日批准，同年 12 月 1 日起施行,以立法形式规定了海绵城市的理念、原则、规划建设管理的相关要求。其中,第三十二条提出本市区域范围内新建、改建、扩建工程应当进行海绵城市雨水控制与利用工程的规划设计和建设。第三十三条建设工程总用地面积在五万平方米及以上的,应当先编制雨水控制与利用规划,再进行雨水控制与利用工程设计;用地面积小于五万平方米的建设工程,可直接进行雨水控制与利用工程设计。

《太原市海绵城市建设管理条例》于2019年11月29日批准,自2020年1月1日起施行。内容共七章,包括总则,标准、规划与建设,运行与维护,保障措施,评价考核与监督年管理,法律责任,附则等内容。其中,第八条至第十条对太原市海绵城市规划管理的相关内容进行了规定,主要内容包括:海绵城市规划与建设应当尊重自然地势地貌和天然沟渠,维持原有山水林田湖草自然生态系统,注重城乡接合部的生态修复建设,保护自然生态空间格局。市住房城乡建设部门应当会同市规划和自然资源、城乡管理、水务等部门编制海绵城市专项规划、海绵城市建设规划,报市人民政府批准后实施。海绵城市专项规划应当纳入国土空间规划。雨水年径流总量控制率等海绵城市技术指标应当纳入控制性详细规划,在规划设计条件中予以明确。市住房城乡建设部门应当制定海绵城市年度建设计划,报市人民政府批准后实施。

《池州市海绵城市建设和管理条例》于2019年11月29日批准,自2020年1月1日起施行。内容共六章,包括总则、规划和设计管理、建设和质量管理、运营和维护管理、法律责任、附则等内容。其中,第八、九、十、十三条对池州市海绵城市规划管理的相关内容进行了规定,主要内容包括:市、县人民政府住房城乡建设行政主管部门分别负责组织编制市、县海绵城市专项规划,报同级人民政府批准后实施。编制城市总体规划、控制性详细规划以及道路、绿地、水系等相关专项规划时,应当将雨水年径流总量控制率作为约束性控制指标落实到排水分区当中。市和县、区人民政府自然资源和规划行政主管部门供应城市建设用地时,应当明确海绵城市建设内容和指标要求,并纳入建设项目选址意见书、建设用地规划许可证、建设工程规划许可证。市和县、区人民政府应当加强对海绵城市专项规划实施的监督检查。

《遂宁市海绵城市建设管理条例》于2021年11月25日批准,自2022年1月1日起施行。内容共五章,包括总则、规划和建设、运营和维护、法律责任、附则等内容。其中,第八条至第九条对遂宁市海绵城市规划管理的相关内容进行了规定,主要内容包括:市、县(市、区)住房城乡建设部门负责组织编制海绵城市专项规划,报同级人民政府批准后实施。海绵城市专项规划应当纳入国土空间规划。编制详细规划及道路、绿地、广场、水系、排水防涝等相关专项规划,应当把海绵城市建设有关要求和内容纳入其中。雨水年径流总量控制率应当作为详细规划的控制指标。

深圳市人民政府令(第344号)《深圳市海绵城市建设管理规定》于2022年7月7日批准,自2022年9月1日起施行。内容共七章,包括总则、规划管理、设计和施工管理、运行维护管理、保障和监督、法律责任、附则等内容。其中,第九条至第十四条对深圳市海绵城市规划管理的相关内容进行了规定,主要包括:规划和自然资源、住房建设、交通运输、水务、城市管理等部门应当制定、完善本行业的海绵城市技术规范和标准;在制定规划建设技术规范和标准时,应当纳入海绵城市建设的相关要求。发展改革部门在组织编制国民经济和社会发展规划或者年度计划时,应当将海绵城市建设目标和要求纳入其中。规划和自然资源部门组织编制或者修改国土空间总体规划时,应当体现海绵城市建设理念,明确海绵城市建设的目标及发展策略,将雨水年径流总量控制率、降雨就地消纳率等海绵城市管控指标作为重要控制指标,统筹谋划、系统考虑。规划和自然资源部门组织编制或者修改市级海绵城市建设专项规划时,应当以市级国土空间总体规划为指导,明确海绵城市建设"渗、滞、蓄、净、用、排"所需的空间布局和年径流总量控制率等海绵城市建设管控指标。市级海绵城市建设专项规划经市人民政府批准后实施。区人民政府根据市级海绵城市建设专项规划、区级国土空间总体规划,组织编制区级海绵城市建设专项规划,细化海绵城市建设空间布局,逐级分解并落实年径流总量控制率等海绵城市建设管控指标。在重点区域,区人民政府应当组织编制海绵城市建设实施方案。海绵城市建设专项规划审批通过后,应当纳入国土空间规划,其空间管控要求和相关指标应当纳入"多规合一"信息平台。编制或者修改法定图则及控制性详细规划时,应当衔接各级海绵城市建设专项规划,落实国土空间总体规划中海绵城市的相关要求。编制土地整备规划、城市更新单元规划、重点地区地下空间详细规划等规划实施方案时,应当开展海绵城市建设专题研究,明确海绵城市建设目标,合理布局海绵化设施。规划和自然资源、住房建设、交通运输、水务、城市管理等部门编制或者修改各层次道路、绿地、水系、排水防涝、绿色建筑等专项规划时,应当与各级海绵城市建设专项规划充分协同,编制海绵城市篇章,全面落实海绵城市建设要求。

大部分城市出台了海绵城市建设管理办法,例如《武汉市人民政府关于印发〈武汉市海绵城市建设管理办法〉的通知》(武政规〔2016〕6 号)、《上海市海绵城市规划建设管理办法》(沪府办〔2018〕42 号)。

在部门规章层面,国务院海绵城市建设主管部门——住房城乡建设部 2014 年印发了《海绵城市建设技术指南——低影响开发雨水系统构建(试行)》(建城函〔2014〕275 号),该指南是全国范围内最早发布的海绵城市建设纲领性文件,提出了海绵城市建设——低影响开发雨水系统构建的基本原则,以及规划控制目标分解、落实及其构建技术框架,明确了城市规划、工程设计、建设、维护及管理过程中低影响开发雨水系统构建的内容、要求和方法,并提供了我国部分实践案例。该指南的主要内容包括总则、海绵城市与低影响开发雨水系统、规划、设计、工程建设和维护管理,共六章。2016 年印发了《海绵城市专项规划编制暂行规定》(建规〔2016〕50 号),指导各地通过海绵城市建设专项规划统筹全域海绵城市建设等。

在地方政府规章方面,大部分省、市级地方人民政府出台了海绵城市建设的管理办法。如武汉市下达了《武汉市人民政府关于印发〈武汉市海绵城市建设管理办法〉的通知》(武政规〔2016〕6 号)。

5.2.2　技术标准体系

在国家标准层面,2016 年,针对海绵城市规划、设计和工程建设过程中出现的理念要求与现行标准规范冲突或缺位等问题,住房城乡建设部组织从与海绵城市相关的规划、建筑小区给水排水、道路桥梁、公园绿地等领域选择了现行的、当前迫切需要修订的 10 项标准进行修订,包括《城乡建设用地竖向规划规范》(CJJ 83)、《城市居住区规划设计规范》(GB 50180)、《城市水系规划规范》(GB 50513)、《城市排水工程规划规范》(GB 50318)、《室外排水设计规范》(GB 50014)、《建筑与小区雨水控制及利用工程技术规范》(GB 50400)、《城市道路工程设计规范》(CJJ 37)、《城市绿地设计规范》(GB 50420)、《公园设计规范》(GB 51192)、《绿化种植土壤》(CJ/T 340),扫清不同专业间的技术障碍,进一步明确海绵城市建设的技术要求。住房城乡建设部发布《海绵城市建设评价标准》(GB/T 51345—2018)自 2019 年 8 月 1 日起施行,对海绵城市建设的评价内容、评价方法等做了规定。同时,正在组织编制《海绵城市建设专项规划与设计标准》《海绵城市建设工程施工验收与运行维护标准》《海绵城市建设监测标准》等 3 项国家标准规定了海绵城市在项目规划、设计、施工、验收、运维等环节及监测、监管等方面的要求。另外,市场监管总局发布实施的《透水路面砖和透水路面板》《透水沥青路面用钢渣》等产品标准,对利用固体废弃物作为海绵城市建设材料做了规定。

在地方标准层面,结合各地情况,也出台了一些海绵城市技术标准。湖北省海绵城市地方标准共 3 部:《湖北省海绵城市规划设计规程》(DB42/T 1714—2021)于 2021 年 8 月 25 日发布,自 2021 年 11 月 20 日起实施;《海绵城市建设技术规程》(DB42/T 1887—2022)于 2022 年 7 月 25 日发布,自 2022 年 11 月 1 日起实施;《海绵城市设计文件编制深度》(DB42/T 1888—2022)于 2022 年 7 月 25 日发布,自 2022 年 11 月 1 日起实施。由上海市住房和城乡建设管理委员会批准的上海市海绵城市地方标准 4 部:《上海市海绵城市建设工程投资估算指标》(SHZ0—12—2018),自 2018 年 7 月 1 日起实施;《海绵城市建设技术标准》(DG/T J08—2298—2019),自 2019 年 11 月 1 日起实施;《海绵城市建设技术标准图集》(DBJT 08—128—2019),图集号为 2019 沪 L003、2019 沪 S701,自 2020 年 6 月 1 日起实施;《海绵城市设施施工验收与运行维护标准》(DG/T J08—2370—2021),自 2021 年 11 月 1 日起实施。2019 年 1 月武汉市城建局等四局委联合发布《武汉市海绵城市规划技术导则》《武汉市海绵城市建设技术标准图集》《武汉市海绵城市设计文件编制规定及技术审查要点》《武汉海绵城市建设施工及验收规定》等系列技术文件。

5.2.3　编制审批体系

5.2.3.1　编制体系

按照规划用途的不同,分为海绵城市专项发展规划、海绵城市专项规划和海绵城市实施规划；根据规划编制范围，分为市级、区县级、片区级海绵城市规划。

5.2.3.2　编制审批单位

海绵城市专项发展规划由各级人民政府有关部门组织编制，报同级人民政府或发改部门审批。

国土空间规划体系中，非独立编制的海绵城市专项规划，例如国土空间总体规划、详细规划中的海绵城市专项内容，纳入主体规划，其编制、审批单位与主体规划保持一致，不单独审批；独立编制的海绵城市专项规划由各级人民政府主管部门独立或联合相关部门组织编制，报同级人民政府审批。

海绵城市实施方案编制审批单位不统一，市、区、县级海绵城市实施规划一般由各级人民政府责任部门组织编制，报同级人民政府审批；如果是针对城市新区、工业园区、旧城更新区等成片开发或改造范围内的海绵城市规划，也可由开发单位组织编制，报海绵城市行业主管部门审查后报同级人民政府部门批复。其他指定范围内的海绵城市实施方案编制审批单位根据情况确定。

海绵城市规划在编制和审批过程中，要加强与相关专项规划、用地规划、城市建设规划与城建计划等的衔接。必要时，海绵城市行业主管部门与规划、水务、园林等其他部门联合编制或联合审查。

5.2.3.3　编制内容与审批要求

（1）成果内容及要求

海绵城市专项发展规划一般包括规划正文（含附表、附图）、规划成果说明。规划正文包括所规划领域或者区域的发展现状、趋势、方针、目标、任务、布局、项目、实施保障措施以及法律、法规、规章规定的其他内容，文字应当精炼、通顺，篇幅不宜过长。附表应包括项目建设计划表，主要包含任务名称、建设内容及投资、建设期限、承担单位等内容，非工程类项目也要纳入其中。附图应包含重大海绵城市建设工程布局图。规划成果说明包括编制规划的必要性、可行性，重大问题的说明，编制过程、衔接协调、专家论证和征求意见等情况，以及未予采纳的重要意见及理由。

海绵城市专项规划成果应包括说明书、文本、图纸和相关说明。成果的表达应当清晰、准确、规范，成果文件应当以书面和电子文件两种方式表达。海绵城市专项规划图纸一般包括：

1）现状图（包括高程、坡度、下垫面、地质、土壤、地下水、绿地、水系、排水系统等要素）。

2）海绵城市自然生态空间格局图。

3）海绵城市建设分区图。

4）海绵城市建设管控图（雨水年径流总量控制率等管控指标的分解）。

5）海绵城市相关涉水基础设施布局图（城市排水防涝、合流制污水溢流污染控制、雨水调蓄等设施）。

6)海绵城市分期建设规划图。

海绵城市实施规划成果应包含说明书(含附表)、图册,部分方案编制中若采用数字模型手段进行现状分析或效果评估,可编制数字模型专题研究报告,报告内容一般包括研究范围及对象、模拟内容、技术路线、模型构建过程、模型参数率定及验证过程、模拟工况及对应结果、模拟结论及建议、模拟过程源文件等。图册应包括必要的现状情况图及成果图。现状情况图主要内容包括高程、坡度、下垫面、用地建设情况、绿地分布、水系分布、水系水质、天然调蓄空间及径流通道分布、排水分区及体制、排水(雨水、污水、合流)管网及设施分布、水系排水口分布、现状易渍水点等。成果图应包括近期建设项目分布图、近期建设项目时序图,其中近期建设项目分布图应按项目分类分多张图纸绘制。

(2)审批要求

规划编制部门向规划批准机关提交规划草案时应当报送规划编制说明、论证报告以及法律、行政法规规定需要报送的其他有关材料。其中,规划编制说明要载明规划编制过程、征求意见和规划衔接、专家论证的情况以及未采纳的重要意见和理由。

在规划编制过程中,应广泛听取有关部门和社会公众的意见,并将意见采纳情况作为规划报批材料的附件。

规划报批前,应由组织编制单位组织有关专家进行技术审查。

政府或相关部门批准后,应将规划成果予以公示。

5.2.4 监督实施体系

市、区、县人民政府以及有关部门应当建立健全科学合理的海绵城市规划实施工作机制,加强对规划实施的监督检查,协调解决规划实施中的重大问题,可将海绵规划的目标、部分约束性指标和预期性指标等纳入实施单位的绩效管理考核内容。

海绵城市建设的总体责任单位是各级人民政府,特殊情况下,也可以是政府指定的部门或单位,海绵城市建设任务的实施单位包括承担城市建设任务的各部门、国有企业和社会单位,海绵城市建设的监督职责由建设任务的行业主管部门承担。

海绵城市规划一般由其编制责任单位组织实施。规划编制责任单位可制订实施方案,对规划确定的主要目标和任务进行分解落实,明确责任主体,保障规划的实施。实施方案主要包括规划实施的年度计划、阶段性计划、推进规划实施的政策措施或者专项行动计划、规划实施的保障等。

海绵城市规划实施内容主要包括3个方面:

1)自然生态空间格局的构建。在城市"三生空间"(生产、生活和生态空间)、蓝线、绿线等划定时,要充分考虑自然生态空间格局。

2)海绵城市目标及指标的分解与落实,确保城市新改扩建项目同步落实海绵城市要求。按照海绵城市规划中确定的指标分解规则,将海绵城市建设相关指标从控制分区分解到具体建设项目或宗地,其中雨水年径流总量控制率等刚性指标应纳入控制性详细规划,和建筑与小区雨水收集利用、可渗透面积、蓝线划定与保护等海绵城市建设要求一起作为城市规划许可和项目建设的前置条件,在建设工程施工图审查、施工许可等环节,要将海绵城市相关工程措施作为重点审查内容;对纳入规划条件的海绵城市指标达标情况进行规划条件核实,工程竣工验收报告中,应当写明海绵城市相关工程措施的落实情况,提交备案机关。

3)海绵城市项目实施。这里的"项目"一般指由政府部门或政府部门指定的单位建设的、对海绵城市目标实现贡献较大的公共设施或公益类设施,如城市排水系统建设、老旧小区海绵化改造、海绵城市雨洪公园、雨水调蓄池、城市水系综合治理项目等,纳入当年的城建计划进行实施。

规划编制部门要在规划实施过程中适时组织开展对规划实施情况的评估,及时发现问题,认真分析产生问题的原因,提出有针对性的对策建议。评估工作可以由编制部门自行承担,也可以委托其他机构进行评估。评估结果要形成报告,作为修订规划的重要依据。有关地区和部门也要密切跟踪分析规划实施情况,及时向规划编制部门反馈意见。

规划在实施过程中,因实施环境和条件已发生重大变化或者规划的主要目标已明显无法实现的,可以进行修改。经评估或者因其他原因需要对规划进行修订的,规划编制部门应当提出规划修订方案(需要报批、公布的要履行报批、公布手续)。总体规划涉及的特定领域或区域发展方向等内容有重大变化的,专项规划或区域规划也要相应调整和修订。

专项规划实施过程中,规划编制责任单位应当对规划的实施情况进行跟踪监测分析,形成监测报告,报送同级发展改革部门;对预计难以达到规划进度或者难以完成的约束性指标、重点任务和重大项目等,同时报告同级人民政府。专项规划实施过程中,依法应当进行环境影响跟踪评价的,应当按照规定进行环境影响跟踪评价。

任何单位和个人对专项规划编制、实施、修改和管理工作中的违法行为,均有权举报、控告。有关主管部门在接到举报、控告后,应当及时处理并予以反馈。

5.3　海绵城市规划的制定

5.3.1　基本原则

编制海绵城市规划,应坚持保护优先、生态为本、因地制宜、统筹推进的原则,最大限度地减小城市开发建设对自然和生态环境的影响。

5.3.2　制定海绵城市规划的基本程序

5.3.2.1　海绵城市专项发展规划编制程序

参考《国务院关于加强国民经济和社会发展规划编制工作的若干意见》(国发〔2005〕

33 号)和《关于印发〈天津市国民经济和社会发展中长期规划审批管理办法〉的通知》(津政发〔2011〕7 号)、《武汉市国民经济和社会发展专项规划与区域规划管理办法》(市人民政府第 250 号令)、《关于印发〈贵阳市国民经济和社会发展专项规划管理暂行办法〉的通知》(筑府发〔2010〕25 号)、《深圳市人民政府关于印发〈深圳市国民经济和社会发展规划编制与实施办法〉的通知》(深府〔2006〕20 号)、《惠州市人民政府关于印发〈惠州市国民经济和社会发展规划编制管理办法〉的通知》(惠府〔2014〕143 号)等,总结出市县海绵城市专项发展规划编制程序一般包括规划立项、草案编制、规划衔接、论证公示、审批公布等环节。

(1)规划立项

规划期起始年份的上一年由海绵城市规划编制主管部门(一般为城乡建设部门)向发展改革部门提出下一年度专项规划立项申请。发展改革部门综合平衡各规划立项申请后制订年度规划编制计划,并报市人民政府同意后下达。

未列入年度规划编制计划的专项规划,财政局原则上不将规划编制经费纳入该部门的部门预算编制范畴。未列入专项规划年度编制计划,但根据本级人民政府或上级部门要求确需编制的,市级相关部门应及时向市发展改革部门提出增补立项申请,并附相关文件依据。

专项规划立项申请一般包括规划名称、规划编制的必要性、编制依据、规划范围、规划年限、规划对象和主要内容、规划编制方案、规划编制经费预算及来源、规划编制进度计划和完成时限等。

专项规划年度编制计划发布后,由规划编制负责部门开展规划编制工作。

(2)草案编制

组织部门按照立项申请确定规划编制单位,完成规划草案编制。

编制单位编制规划前,必须认真做好基础调查、信息搜集、课题研究以及纳入规划重大项目的论证等前期工作,及时与有关方面进行沟通协调。根据需要对规划编制大纲开展专家论证。规划编制过程中,应视规划编制需要,广泛征求本级人民政府有关部门和下一级人民政府以及其他有关单位、个人的意见。

(3)规划衔接

专项规划草案由编制部门报送本级人民政府发展改革部门与总体规划进行衔接,根据需要报送上一级人民政府有关部门与其编制的专项规划进行衔接,涉及其他领域时还应当报送本级人民政府有关部门与其编制的专项规划进行衔接;被征求意见单位应当在规定期限内以书面形式反馈衔接协调意见。

专项规划的发展方针、目标、重点任务应当与总体规划等上位规划保持一致;已纳入上位规划的项目,专项规划应当纳入;上位规划已规定的约束性指标,专项规划应当进行落实。同级专项规划不能达成一致的,由同级发展改革部门进行协调,重大事项报同级人民政府协调决定。

同级专项规划之间衔接不能达成一致意见的,由本级人民政府协调决定。

(4)论证公示

规划草案形成后,要组织专家进行深入论证。市县级专项规划组织专家论证时,专项规划领域以外的相关领域专家应当不少于 1/3。规划经专家论证后,应当由专家出具论证报告。

除法律、行政法规另有规定以及涉及国家秘密的外,在报送审批前,规划编制单位应当公示规划草案,公示期一般不得少于 7 天,并通过召开座谈会、听证会等形式,广泛听取社会公众的意见。

(5)审批公布

规划编制部门向规划批准机关提交规划草案时应当报送规划编制说明、论证报告以及法律、行政法规规定需要报送的其他有关材料。其中,规划编制说明要载明规划编制过程、征求意见和规划衔接、专家论证的情况以及未采纳的重要意见和理由。

除法律、行政法规另有规定以及涉及国家秘密的外,规划经法定程序批准后应当及时公布。

5.3.2.2　海绵城市专项规划编制程序

关于海绵城市专项规划编制程序的政策较少,参考《住房城乡建设部关于印发〈海绵城市专项规划编制暂行规定〉的通知》(建规〔2016〕50 号)、《四川省海绵城市专项规划编制导则(试行)》(川城建发〔2016〕434 号)以及武汉等地做法。概括起来,海绵城市专项规划规划编制程序为编制申请、草案编制、规划衔接、专家论证与公示、审批及公布等环节。

(1)编制申请

《住房城乡建设部关于印发〈海绵城市专项规划编制暂行规定〉的通知》(建规〔2016〕50号)首次提出各城市编制海绵城市专项规划的要求,各地以此通知和省(区、市)相关部门转发文件为依据,陆续启动海绵城市专项规划的编制工作申请。

编制申请由组织编制单位提出,包括规划名称、规划编制的必要性、编制依据、规划范围、规划年限、规划对象和主要内容、规划编制方案、规划编制经费预算及来源、规划编制进度计划和完成时限等。编制申请获批后,由规划编制负责部门开展规划编制工作。

(2)草案编制

组织编制部门按照编制工作申请确定规划编制单位,完成规划草案编制。

编制单位编制规划前,必须认真收集相关规划资料,以及气象、水文、地质、土壤等基础资料和必要的勘察测量资料。

规划编制过程中,应视规划编制需要,广泛征求本级人民政府有关部门和下一级人民政府以及其他有关单位、个人的意见。

（3）规划衔接

专项规划草案由编制部门报送本级人民政府有关部门与其编制的专项规划进行衔接；被征求意见单位应当在规定期限内以书面形式反馈衔接协调意见。

同级专项规划之间衔接不能达成一致意见的，由本级人民政府协调决定。

（4）专家论证与公示

规划草案形成后，要组织专家进行深入论证。规划经专家论证后，应当由专家出具论证报告。

除法律、行政法规另有规定以及涉及国家秘密的外，在报送审批前，规划编制组织单位应当公示规划草案，必要的时候通过召开座谈会、听证会等形式，广泛听取社会公众的意见。

（5）审批及公布

海绵城市专项规划送批时，征求部门和社会公众意见的采纳情况、专家论证报告等，应作为海绵城市专项规划报批材料的附件。

除法律、行政法规另有规定以及涉及国家秘密的外，规划经法定程序批准后，应当由同级人民政府公布，并根据政策要求报上一级主管部门备案。

5.3.3 海绵城市实施规划编制程序

实施规划不是法定规划，也没有全国性的政策文件要求开展实施规划编制，目前几乎没有关于海绵城市实施规划编制程序的政策，下面以武汉的实际做法为例介绍海绵城市实施规划编制程序。

规划编制可大致分为规划前期工作、规划初稿编制、成果审查报批等3个阶段。

5.3.3.1 规划前期工作

（1）下达规划编制任务

根据有关文件要求及城市建设发展需要，由主管部门提请政府组织编制海绵城市建设规划，政府下达规划编制计划。

（2）明确规划编制要求

根据相关指导文件，拟定海绵城市建设规划编制任务书，进一步明确规划范围、年限及内容要求等编制任务要求。

（3）选取规划编制单位

按国家及地方法规要求，择优选取规划设计单位，签订项目合同书，开展海绵城市建设规划编制工作。

5.3.3.2 规划初稿编制

（1）开展资料收集调研

包括相关法律法规及规范性文件，自然地理、城市建设、社会经济等基础数据，海绵城市、水务、园林等相关规划资料,以及规划期内拟部署的重大建设工程项目情况等基础资料。深入规划区开展实地调查、部门座谈讨论,听取意见和建议。

(2)形成规划初步成果

对掌握的资料进行系统的整理、分析和研究,编写规划文本,提出规划目标及建设方案,并拟定项目计划,编制相应的附表、附图及编制说明等,形成规划初步成果。

(3)相关单位意见征求

规划初步成果形成后,要采用各种方式,广泛征求同级人民政府相关部门、建设项目业主单位的意见,做好与相关规划的衔接。

5.3.3.3 成果审查报批

(1)组织专家评审

组织有关海绵城市专家进行审查,主要审查建设范围选取的适宜性、排水分区划分的合理性、系统方案的完整性、工程措施的科学性、项目库和年度建设计划安排的可行性等内容。

(2)上报主管部门审查

规划送审成果形成后,由当地海绵城市建设主管部门报请上一级主管部门审查。

(3)提请政府审批

根据审查意见修改完善,提请同级人民政府按规定程序审批(图 5-1)。

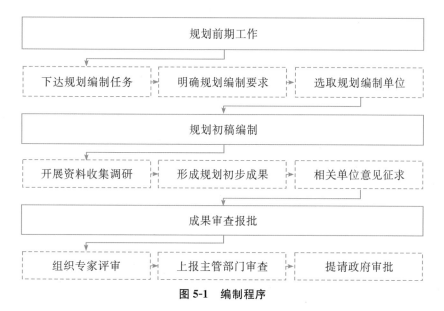

图 5-1 编制程序

主要参考文献

［1］关于印发《重庆市海绵城市建设"十四五"规划（2021—2025）》的函［EB/OL］. http：//zfcxjw. cq. gov. cn/zwxx_166/gsgg/202201/T20220120_10322441. html，2022-01-19/2023-5-8.

［2］河北省石家庄市城乡规划局关于《石家庄市海绵城市专项规划》的公告［EB/OL］. https：//wwww. eqxun. com/news/7309. html，2018-10-26/2023-5-8.

［3］康丹. 海绵城市实施性规划编制探讨［A］. 2018 第二届智慧海绵城市论坛论文集［C］. 武汉：武汉大学出版社，2018.

［4］深圳市水务局. 深圳市海绵城市建设专项规划及实施方案（优化）［EB/OL］. http：//swj. sz. gov. cn/xxgk/zfxxgkml/ghjh/swgh/content/post_2928578. html，2019-06-05/2023-5-8.

第6章　海绵城市规划编制指引

6.1　海绵城市建设条件评价

海绵城市建设条件评价是对规划研究区域的现状及海绵城市水问题进行针对性研究，识别城市水资源、水环境、水生态、水安全等方面存在的问题，为明确海绵城市建设的重点方向和重点区域提供支撑。评价过程中可根据需要，专门开展城市水文地质、城市内涝风险、生态敏感区保护、江河湖泊水系控制、场地竖向控制等专题研究。

6.1.1　城市现状分析

城市现状分析是开展海绵城市系统建设方案编制的先决条件，现状分析内容一般包括自然条件、社会经济、土地利用及下垫面、排水系统、水生态、水环境、水安全和水资源等。

6.1.1.1　自然条件

自然条件是指一个地域经历上千万年的天然非人为因素改造成形的基本情况，一般包括地形地貌、降雨、蒸发、水系、土壤下渗、地下水位等。

（1）地形地貌

地形是指地势高低起伏的变化，即地表的形态；地貌是指地面高低起伏的样子，如高山、丘陵、平原、谷地、冲沟等都是地貌。应分析区域地形地貌资料，利用GIS等工具对区域的低洼地和径流路径进行分析，说明区域地势走向、地貌特征、高程、坡度和天然径流路径，给出高程、坡度和天然调蓄空间及径流通道分布图。

（2）降雨

降雨是在大气中冷凝的水汽以不同方式下降到地球表面的天气现象。应分析不少于近30年日降雨数据，说明区域降雨总量（多年均值和年际变化）和降雨的时空分布。应分析：区域年降雨特征，包括年际特征（年降雨情况、丰平枯年降雨量、降雨日数）变化和年内变化（月降雨情况）；日降雨特征，包括年径流总量控制率与雨量对应关系和降雨频次与雨量对应关系。其中，不同重现期的长历时降雨和短历时降雨的雨型分析可用于内涝分析和设计校核雨水管网规模，历史暴雨情况可用于内涝分析和模型参数率定，典型年的分析可用于年径流总量控制的分析计算和污染测算（面源计算、合流制溢流计算等）、水资源配置方案的模拟分析。

（3）蒸发

蒸发是指地表水由液体变成气体的过程。应分析不少于近30年气象数据，说明区域蒸发总量（多年均值和年际变化）和蒸发的时空分布。

（4）水系

水系包括河渠、湖泊、水库、坑塘等。应分析水系资料，说明河流水系现状和规划分布情况，明确区域内水系位置、上下游关系、常水位等。

（5）土壤下渗

土壤下渗是指雨水降落在土壤表面上，在分子力、毛管力和重力作用下，进入土壤孔隙，被土壤吸收，补充土层缺乏的水分。根据地勘数据分析土壤特征及主要特点和土壤渗透性情况（包含土壤特征、孔隙率、含水率、渗透系数等），明确区域的土壤和下渗特点。

（6）地下水位

地下水位是指地下水面相对于基准面的高程。根据水文地质资料分析地下水埋深情况，说明区域地下水埋深分布及近年变化情况，分析是否存在地下水超采或补水需求及对降雨下渗的影响。

6.1.1.2　社会经济

社会经济概况是指区域所属区级或市级的社会经济发展总体情况，一般包括行政区划、人口规模、生产总值、财政收入、产业结构等内容，可参考各级统计部门官方发布的最新统计年鉴或国民经济和社会发展统计公报。

6.1.1.3　土地利用及下垫面

人类生产生活活动对城市地表特征变化的影响主要体现在土地利用情况及下垫面情况上。

（1）土地利用情况

1）对土地利用现状及规划情况进行分析，明确现状和规划的各类用地面积、分布和利用状况。

2）参考最新的国土空间规划中的分类标准，城市用地类型可分为耕地、园地、林地、草地、商服用地、工矿仓储用地、住宅用地、公共管理与公共服务用地、特殊用地、交通运输用地、水域及水利设施用地、其他用地等12个一级类、72个二级类，具体可参见现行国标《城市用地分类与规划建设用地标准》（GB 50137）的有关规定。

（2）下垫面情况

采用GIS软件对区域卫星影像进行识别分析，提取下垫面分类数据，一般可将下垫面分为水面、透水面和不透水面 3 类,进一步可细分为屋面、路面、广场、绿地、裸土和水面等类别,分别统计各类下垫面的面积和占比。

6.1.1.4　排水系统

排水系统是城市水循环的重要组成,包括雨水系统、污水系统,其现状分析应包括对水系、排水体制、雨污水管网系统、排水口和污水处理设施的分析。

（1）水系

分析水系流域资料,明确区域所属的水系基本情况,包括面积、边界、出口闸站规模等。

（2）排水体制

排水体制包括分流制和合流制,明确区域现状和规划排水体制及其分布范围,并重点分析分流制区域中存在的雨污水混错接情况。

（3）雨水管网系统

雨水管网系统包括雨水系统分区、雨水管网、雨水闸和雨水泵站等,明确区域现状和规划雨水管网系统分布情况、设施规模和设计标准等。

（4）污水管网系统

污水管网系统包括污水系统分区、污水管网和泵站等,明确区域现状和规划污水管网系统分布情况、设施规模等。

（5）排水口

对排水口进行分类统计并编号,包括但不限于排水口类型（污水直排、雨水、合流制溢流、混接错接等）、管径、管底标高、排水口材质、水质、流量等,明确区域内排水口位置分布、分类、规模和出流情况。

（6）污水处理设施

对污水处理设施进行统计分析,明确区域污水处理设施（污水厂、局部处理设施）服务范围和掌握现状运行情况（设计规模、处理工艺、实际处理规模、进出厂水质等）。

6.1.1.5　水生态

水生态现状分析应包括自然水文循环分析、河湖护岸形式分析、水系蓝线形态分析、生态水量及水系生态分析等,建议通过现场调研、勘测、计算和模型模拟进行分析。

（1）自然水文循环情况分析

分析区域天然海绵（林地、绿地、湿地等）分布、天然径流通道及地表自然产汇流情况。

（2）河湖护岸分析

可通过实地调研和资料核查等,分析护岸形式和占比。护岸形式可分为生态护岸和硬质护岸。

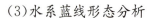

（3）水系蓝线形态分析

可通过区域蓝线规划和卫星影像及现场实地调研情况进行对比，分析水系蓝线现状情况。

（4）生态水量分析

生态水量是指维持河湖生态系统运转的基本流量或水深。可通过实地调研、勘测、资料核查等，分析区域河湖生态水量情况。

（5）水系生态分析

可通过实地调查、资料核查等，分析河湖水生动植物生长、生物链及藻类繁殖情况等。

6.1.1.6　水环境

水环境现状分析应包括水系水质情况分析、水体流动性情况分析、河道底泥淤积情况分析和雨污水排放情况分析。

（1）水系水质情况分析

可根据历年水环境质量公报、水质监测数据、水环境功能区划、重点断面水质情况等，对区域内现状水系水环境质量、水质达标情况进行评价分析，并说明区域内是否存在现状黑臭水体。

（2）水系流动性情况分析

可根据水系内水网的连通情况、内外河衔接、引排水闸站设置、水系日常及汛期调度等要素，对区域水系流动性进行评价分析。

（3）河道底泥淤积情况分析

开展底泥采样检测，对底泥厚度及污染状况进行定性定量分析，摸清底泥主要污染物种类和分布状况。

（4）雨污水排放情况分析

可通过实地调研及相关资料核查等，根据排水口信息及排水体制分区，分析区域内污水旱天直排、雨天合流制污水溢流及分流制雨污混接等问题。

6.1.1.7　水安全

水安全现状分析应包括排水工程设施建设情况分析、历史易渍水点分布及影响程度分析、防洪设施情况分析，建议通过现场调研、勘测及对相关规划、设计、建设资料核查进行分析。

（1）排水工程设施建设情况分析

分析排水工程相关资料，明确区域排水工程设施现状和规划建设情况（包括但不限于排水工程设施规模、调度和实际运行情况等）。

（2）历史易渍水点分布及影响程度分析

主要依据水务部门历史资料、周边排水管网及水系情况，并结合现场调研踏勘进行分析，有条件时采用模型模拟评估进行综合对比分析，明确区域内历史易渍水点分布及严重程度（包括易渍水点位置分布、产生积水时对应的降雨强度、渍水发生原因、积水深度及范围、积水时长及社会经济影响等）。

（3）防洪设施情况分析

当区域存在防洪要求时，需要分析水务部门提供的防洪资料，明确区域防洪堤分布及现状防洪水平、现状险段分布、水库分布及建设标准等。

6.1.1.8 水资源

水资源现状分析应包括水资源量分析、供水及用水情况分析和非常规水资源利用情况分析，可参考当地水务部门发布的水资源公报。

（1）水资源量分析

分析区域地表水资源量、地下水资源量和过境水资源量等，对人均水资源量进行评价，针对北方或西部等降水较少地区，还应从降水量的角度分析是否存在旱情等显著缺水情况。

（2）供水及用水情况分析

调研供水设施分布及规模、用水去向及使用量，分析区域供水量、用水量、供水结构和用水结构以及水资源利用效率。

（3）非常规水资源利用情况分析

分析区域再生水和雨水利用情况（包括去向和使用量），并对其利用水平进行评价，同时，对区域内的非常规水资源处理、供应设施进行统计，说明其实际运行情况。

6.1.2 海绵城市水问题识别

海绵城市建设是统筹解决城市水生态、水环境、水安全、水资源的绿色途径。为有针对性地提出海绵城市系统建设方案，可按照《海绵城市建设评价标准》（GB/T 51345—2018）相关指标要求，依据区域现状情况分析，从水生态、水环境、水安全、水资源等方面进行现状评估，找出现状问题所在，定量识别产生问题的原因，做到有的放矢。

6.1.2.1 水生态问题

水生态问题一般包括自然水文循环被破坏、岸线侵占、岸线硬化比例过高、水体生态系统被破坏等。

（1）自然水文循环被破坏

自然水文循环被破坏是指天然海绵体（林地、绿地、湿地等）被人为侵占、天然径流通道被人为侵占、地表自然产汇流特性被人为活动改变等。通过对重点建设范围内分区综合雨量径流系数、年径流总量控制率等的评估,分析重点建设范围建设活动对天然产汇流特性的影响。

（2）岸线侵占

对比水体法定蓝线与现状蓝线差异,判断是否存在蓝线侵占,以及是否存在阻水建构筑物或圩垸等。

（3）岸线硬化比例过高

结合岸线的景观及防洪排涝等需求,评估河渠现状硬质护岸的合理性,以及岸线硬化比例过高对生态环境的影响。

（4）水体生态系统被破坏

水体生态系统被破坏表现为水生生物多样性缺失、水生生物链不完整、藻类过度繁殖等。

6.1.2.2　水环境问题

水环境问题分析一般应包括主要污染源情况分析和水环境容量分析。

（1）主要污染源情况分析

水污染可分为外源污染和内源污染。外源污染主要包括污水直排、合流制污水溢流、分流制雨污混接、上游水系污染、污水厂尾水排放,以及城市径流面源污染、农业面源污染等。内源污染主要是指河湖底泥、垃圾、生物残体及漂浮物等造成的污染。

（2）水环境容量分析

选定特征污染物（总磷、总氮、氨氮等）,对各类污染源污染排放负荷进行定量计算;通过定量分析计算,比对污染负荷和环境容量,判断导致水环境问题的主要成因;根据污染物负荷与水环境容量情况对比,结合水质变化情况,明确区域内河湖水系主要污染来源,识别主要污染物,并根据水质目标确定污染负荷削减目标。

6.1.2.3　水安全问题

水安全问题一般包括排水管网能力不达标、管网衔接不合理、内涝渍水、防洪水平偏低等。

（1）排水管网能力不达标

根据最新的城市管网系统资料,采用公式计算、数学模型模拟等办法对管网排水能力进行评估,分级评估管网现状排水能力,判断区域的管网排水能力是否满足标准要求。分级标准为排水能力小于1年一遇、排水能力1～2年一遇、排水能力2～3年一遇、排水能力3～5年一遇和排水能力大于5年一遇,统计各级别管网长度和占比,并给出管网现状排水能力评估图,明确已建管网排水能力是否需要提高。同时针对影响排水能力的道路雨水篦子过流能力不足、雨水口及管道堵塞、管道缺陷等问题,结合现状分析情况,对存在问题的设施数量、长度和位置等进行统计,明确改造的实际需求。

（2）管网衔接不合理

查阅最新的管网调查资料,对存在大管接小管、下游高程大于上游高程等问题的管段进行梳理和分类统计。

（3）内涝渍水

查阅最新的内涝渍水相关资料,明确区域是否存在内涝渍水点和内涝风险,若根据现有资料不能直接判定内涝渍水相关情况,则应对内涝渍水情况进行评估,评估积水深度情况,确定淹没深度、淹没范围等级。同时,结合区域重要性、设施重要性、影响程度大小等,按规范要求,构建内涝风险综合评估等级,进行内涝风险区划,统计各风险等级范围和规模,并给出现状内涝风险评估图,明确需要消除的内涝渍水或高风险区域。宜采用数学模型进行评估。

（4）防洪水平偏低

查阅最新的城市防洪相关资料,明确现状区域防洪能力是否满足标准要求,若区域防洪设施遭到破坏或无可用的防洪相关设施时,则应对现状防洪能力进行评估,根据评估结果判断防洪能力是否满足城市设防标准要求。

6.1.2.4　水资源问题

对于大部分城市(年均降雨量超过 1000mm 的地区),水资源问题一般为非常规水资源利用率偏低,宜综合采用定性与定量分析手段。

水资源利用的主要方向一般是指非常规水资源用于绿化浇灌、路面浇洒或冲洗、建筑冲厕、工业回用和生态补水等。

水资源利用问题分析须结合非常规水资源利用现状和未来利用潜力,总结利用较少的原因,如无相关要求或规划、已有工程较少、已有设施运行管理不善等。结合水资源供需平衡情况、未来生态景观用水需求,分析可能存在的生态补水不足问题。

6.2　海绵城市规划目标及指标体系确定

6.2.1　总体建设目标

海绵城市建设目标是让城市建设全面融入海绵城市理念,综合采取"渗、滞、蓄、净、用、排"等措施,最大限度地减少城市开发建设对生态环境的影响,将降雨尽可能就地消纳和利用,实现"小雨不积水、大雨不内涝、水体不黑臭、热岛有缓解",加强城市韧性,助力建设生态文明城市。不同地区可根据区域特点及需求对总体建设目标进行调整,突出地域特色。《国务院办公厅关于推进海绵城市建设的指导意见》(国办发〔2015〕75 号)要求,到 2030 年城市建成区 80% 以上的面积达到海绵城市建设要求的目标。

6.2.2 指标体系

指标体系是反映规划意图的重要技术手段,作为规划的一个重要组成部分,指标体系不仅可以将规划目标数量化,从而增强规划可操作性,还可以为目标分解、相关政策制定和规划实施效果评估提供依据。海绵城市规划指标体系由多项相关指标组成,一般涵盖水生态、水环境、水安全、水资源等方面。不同地区可根据区域特点及需求,在水生态、水安全、水环境、水资源等方面有所侧重。指标一般依据上位规划,并结合近期要求确定,也可参照《海绵城市建设评价办法》(GB/T 51345—2018)设定,应具有前瞻性和可达性。

6.2.2.1 水生态

(1)年径流总量控制率

年径流总量控制率是指根据多年日降雨量统计数据分析计算,通过自然和人工强化的渗透、储存、蒸发(腾)等方式,场地内累计全年得到控制(不外排)的雨量占全年总降雨量的百分比。依据上位海绵城市专项规划,确定近期需达标区域年径流总量控制率目标。

(2)生态岸线比例

生态岸线是指具有生态特征和功能的水域岸线,水系岸线建设时应尽可能多地保留自然原始形态,减少对生态的破坏,实现排涝、水土保持、生态、景观、休闲等多种功能集于一体。生态岸线比例是指生态岸线长度占核心区全部岸线总长度的比例。除防洪、港口等特殊岸线外,生态岸线比例一般建议不低于90%。

6.2.2.2 水环境

(1)地表水环境质量

地表水环境质量由城市水功能区划确定,一般下限不应低于《地表水环境质量标准》(GB 3838)现行标准Ⅳ类水体水质要求。

(2)面源污染控制率

雨水径流面源污染是水环境污染的重要来源,面源污染控制是水质达标的重要因素。《海绵城市建设技术指南—低影响开发雨水系统构建》指出:城市径流污染物中,SS往往与其他污染物指标具有一定的相关性,因此一般可采用SS作为径流污染物控制指标,低影响开发雨水系统的年SS总量去除率一般可达到40%~60%。

6.2.2.3 水安全

(1)雨水管渠设计标准

根据《室外排水设计标准》(GB 50014—2021),雨水管渠设计重现期应根据汇水地区性质、城镇类型、地形特点和气候特征等因素,经技术经济比较后按表6-1取值。人口密集、内涝易发且经济条件较好的城镇,宜采用规定的上限。

表6-1　　　　　　　　　　　　　雨水管渠设计重现期

城镇类型 城区类型	中心城区	非中心城区	中心城区的 重要地区	中心城区地下通道 和下沉式广场等
超大城市和特大城市	3～5	2～3	5～10	30～50
大城市	2～5	2～3	5～10	20～30
中等城市和小城市	2～3	2～3	3～5	10～20

注:1. 按表中所列重现期设计暴雨强度公式时,均采用年最大值法。

2. 超大城市是指城区常住人口在1000万以上的城市;特大城市是指市区人口在500万以上的城市;大城市是指市区人口在100万～500万的城市;中等城市和小城市是指市区人口在100万以下的城市。下同。

（2）内涝防治标准

根据《城镇内涝防治技术规范》（GB 51222—2017）,内涝设计重现期应根据城镇类型、积水影响程度和内河水位变化等因素,经技术经济比较后按表6-2规定取值。人口密集、内涝易发且经济条件较好的城镇,宜采用规定的上限。

表6-2　　　　　　　　　　　　　内涝设计重现期

城镇类型	重现期/年	地面积水设计标准
超大城市	100	
特大城市	50～100	
大城市	30～50	
中等城市和小城市	20～30	

（3）防洪标准

区域存在防洪要求时,应制定防洪标准。一般依据城市国土空间规划、城市防洪专项规划等要求确定,当缺乏上位规划的防洪要求时,应根据所在区域的政治、经济地位重要性、规划常住人口或当量经济规模指标,参照现行国家标准《防洪标准》（GB 50201）及《堤防工程设计规范》（GB 50286）的有关规定执行。

6.2.2.4　水资源

主要指标是雨水资源化利用率。

雨水资源化利用率一般作为鼓励性指标。降雨一般具有较好的水质,净简单处理的雨水是城市绿化浇灌、道路冲洗的良好水源。计算方法如下:

雨水资源化利用率＝用于绿化浇洒、道路冲洗的雨水收集利用量/绿化浇洒、道路冲洗总需水量

6.3 海绵城市生态格局划定

6.3.1 内涵

海绵城市生态格局以雨水径流蓄、排为主线,一般包括区域自然生态空间相对集中的海绵基质,承担区域径流路径功能的海绵廊道,承担区域或流域尺度雨洪渗滞蓄功能的海绵斑块。

6.3.2 划定的相关要求

需根据山、水、林、田、湖、草等生态本底要素确定海绵城市生态格局,重点识别实现雨水自然积存、自然渗透、自然净化等功能的生态要素。

具体应包括下列要素:

1)区域自然生态空间相对集中的农田、林地、山地;

2)承担区域径流路径功能的河道及两侧绿化带;

3)承担区域或流域尺度雨洪渗滞蓄功能的水域和水源保护区;

4)城市尺度的绿化廊道。

6.3.3 划定方法

可采用景观生态学"斑块—廊道—基质"的分析方法,通过查阅相关资料、运用 GIS 空间分析技术,识别山、水、林、田、湖、草等自然生态基底要素,系统梳理自然生态基底要素分布及空间联系,强化城市生态空间功能,实现生态廊道优化,构建多层次、多功能的生态空间网络,确定海绵城市生态空间格局。

海绵基质是以区域相对集中的自然生态空间为核心的山水基质,是整个城市和区域的生态底线;海绵廊道包括水系廊道和绿地廊道,是主要的雨水径流通道;海绵斑块由城市绿地和湿地组成,是区域或流域雨洪渗滞蓄的主要载体。

6.3.3.1 基质判定

（1）相对面积

当某一要素所占的面积比其他要素大得多时,这种要素类型就可能是基质,控制影响着生境斑块之间的物质、能量交换,强化和缓冲生境斑块的"岛屿化"效应。

（2）连接度

如果某一要素(通常为线状或带状要素)连接得较为完好,并环绕所有其他现存要素时,可以认为是基质。

（3）动态控制

如果某一要素对生态动态控制程度较其他要素类型大,也可以认为是基质。

6.3.3.2　廊道判定

廊道是指不同于两侧基质的狭长地带,它既可以呈隔离的条状,也可以与周围基质呈过渡性连续分布,还可以将其看作线状或带状的斑块,同时也是联系各斑块的桥梁。尺度上对区域生态功能有较为显著影响的斑块可以看作廊道,它起着分割和联系斑块的作用。

6.3.3.3　斑块判定

斑块是在外观上不同于周围环境的非线性地表区域。其主要成因机制或起源包括干扰、环境异质性和人类种植,与之相对应地,可以将斑块分为干扰斑块、残存斑块、环境资源斑块和引进斑块等类型。度量斑块的指标有斑块大小、斑块形状、内缘比、斑块数量和构型。

6.4　海绵城市系统建设方案

6.4.1　总体策略

以城市径流为主线,分别制定源头海绵城市建设方案、水环境污染控制方案、水安全保障方案、水生态修复方案、水资源利用方案等。在这些方案的基础上,综合统筹方案间的交互关系,系统地解决目前面临的问题,达到规划目标,合理安排规划区近期各项涉水工程建设。主要遵照以下两点:

问题导向——解决区域存在的雨污水无出路、渍水等问题。

目标导向——高标准管控,严格落实年径流总量控制率、面源污染控制率等指标,完善排水管网及排涝除险系统,强化污染输出管理。

6.4.2　源头海绵城市建设方案

6.4.2.1　主要要求

源头海绵城市建设方案主要依据年径流总量控制率指标要求,结合区域实际建设情况,以问题为导向,为实现黑臭水体整治、内涝积水治理等提出地块径流水量,以及未来开发建设地块对恢复自然径流特征的控制需求,统筹确定源头海绵城市改造及管控地块分布与规模。

6.4.2.2　方案内容

(1)管控地块确定

主要包括新建管控地块、更新管控地块,指新开发地块建设、三旧(旧城镇、旧厂房、旧村庄)改造地块整体重建时,要贯彻海绵城市建设理念及指标要求。

管控地块范围根据地块建设情况分析确定,管控地块指标根据上位规划、设计导则及周边改造地块协同达标需求等综合确定。

（2）改造地块

主要是针对已建保留小区及公建因地制宜开展源头海绵改造。

已建保留小区及公建源头海绵改造,建议结合雨污分流改造或老旧小区改造计划进行。具体分为四大类:第一类是合流制小区及公建;第二类是存在混错接的小区及公建;第三类是存在较大渍水风险的小区及公建;第四类是无问题的小区及公建。已建保留地块以问题为导向,不同类型提出不同的建设策略。对于第一类合流小区,增加转输型海绵设施及管道,进行雨污分流改造;对于第二类混流小区,根据混流程度,针对混流点进行改造,同时注重建筑屋顶雨落管断接及路面径流污染控制;对于第三类渍水小区需要结合外围排水管渠及排涝除险工程建设,分析是否依然存在渍水,若依然存在渍水,提出调蓄、一体化泵站或挡水墙等专项措施;第四类近期暂不进行改造。

改造地块范围根据地块建设情况分析确定,地块控制指标根据上位规划、设计导则及建设需求等综合确定。

（3）其他

针对已建保留工业地块、近期未列入三旧改造的城中村,一般不适于进行源头海绵改造。

已建保留工业地块:应纳入环保管控范围内,重点针对外排水口进行监测,存在合流、混流或不达标排放的工业企业,应重点督办,限期由企业自行整改。

近期未列入三旧改造的城中村:以末端出口截流等方式作为近期临时污染治理措施,控制入湖污染量。

（4）指标核算

源头海绵城市建设方案应进行目标核算,一般包括如下内容:

1）按海绵城市建设分区,评估各分区年径流总量控制率目标可达性。

2）源头建设手段无法满足年径流总量控制率目标时,需要复核源头建设和末端调蓄总体效果是否达到年径流总量控制率目标。

3）评估方法包括公式法、模型模拟等。

6.4.3 水环境污染控制方案

6.4.3.1 主要要求

水环境污染控制方案可按控源截污、内源治理、生态修复、活水保质的治理思路进行编制,在现状问题分析的基础之上,量化分析水环境污染来源,确定问题产生的核心原因,根据水体环境容量,按标本兼治、系统施策的原则制定水环境污染控制方案。

6.4.3.2　方案内容

（1）控源截污

包括点源污染控制和面源污染控制，一般包括以下内容：

1）点源污染控制包括污水系统优化、污水厂改扩建、雨污水管网混错接改造、排水管网修复、管网空白区建设、截流管道建设及合流制溢流污染控制、排水口治理等工程措施。

污水系统优化：依据水环境治理、经济性、工程实施空间等因素，多方面论证现存合流排水体制是否改分流制；结合城市人口分布、产业分布及发展态势，对污水主干管、提升泵站进行能力核算，确定污水干管、泵站改扩建工程内容。

污水厂改扩建：根据污水厂运行情况、区域人口及总体规划等，确定污水厂近期是否有改扩建、工艺升级等需求。

雨污水管网混错接改造：根据混错接调查情况，确定混错接地块改造范围、市政雨污水管道改造工程量。

排水管网修复：根据排水管网病患调查情况，重点对三级及四级以上病患点位进行修复，确定近期排水管网修改工程量，其他一级及二级病患管网采取动态跟踪养护措施。

管网空白区建设：针对污水管网建设滞后地块及无污水管道收集的城中村区域，开展污水管网补空白工作，确定管网及提升泵站工程量。

截流管道建设及合流制溢流污染控制：对汇水范围较大的混流排水口采取截流措施，根据模型确定溢流控制所需的调蓄设施规模，明确收集后的溢流污水处理去向，必要时设置就地处理设施。

排水口治理：从水体沿岸排水口溯源分析，根据排水口污染物来源特征分类施策；排水口治理可参考《城市黑臭水体整治——排水口、管道及检查井治理技术指南（试行）》，排水口治理主要措施包括封堵、设置截污调蓄池、增设混接污水截流管道、就地处理、降低运行水位、加强管理等，注意与前述措施的相关性。

2）城市面源污染控制包括源头低影响开发、初期雨水收集及处理、施工场地面源污染控制等措施。

源头低影响开发：指源头海绵城市管控及改造措施，具体内容见相关章节。

初期雨水收集及处理：当水体水质功能目标较高，汇流范围较大，源头低影响开发手段难以实现面源污染控制需求时，可考虑将初期雨水收集调蓄，确定所需的调蓄设施规模，明确收集后初雨处理去向，必要时设置就地处理设施。

施工场地面源污染控制：待开发建设区域占比较大时，需要针对施工造成的扬尘及施工车辆的跑、冒、滴、漏进行管控。

3）农业农村面源污染控制包括农村污水收集处置、畜禽养殖污染控制、水产养殖污染控制、农业面源污染控制等技术措施。

农村污水收集处置：人口密集地区的城镇周边农村生活污水有接入城镇污水处理条件

的,应优先选择接入城镇污水处理系统集中处理。对于可接入城镇污水处理系统但受河流、公路等条件影响的村庄,宜首先分析接入的可行性,并充分比较村庄独立建设污水处理系统的利弊,综合各种影响因素,择优选择可行、适宜、经济的污水处理方式。

畜禽养殖污染控制:一是畜禽粪污还田作为肥料,这种方式最为传统和直接,可以使畜禽粪尿不排向外界,达到零排放,适用于畜禽家庭分散户;二是自然处理方式,主要采用氧化塘、土地处理系统或人工湿地等自然处理系统进行处理。

水产养殖污染控制:一是要做好管控,对湖泊退养及"三网"拆除工作成果的巩固,谨防死灰复燃;二是要科学养殖,在养殖过程中做好清洁措施,有效预防和治理出现的污染问题。

农业面源污染控制:重点控制农田径流污染,从源头上鼓励使用有机肥、高效低毒低残留化学农药及生物农药,开展农作物病虫害绿色防控和统防统治,实行测土配方施肥;同时在末端通过建设沟、塘、生态沟渠、污水净化塘、地表径流集蓄池、人工湿地等设施,净化农田排水及地表径流。

（2）内源治理

应包括岸线周边垃圾清理、腐败水生植物及漂浮物清理、污染底泥处置。

岸线周边垃圾清理:对临近岸线的垃圾堆放点、垃圾中转站进行清理、搬迁,定期对岸线垃圾进行清理。

腐败水生植物及漂浮物清理:由水体内及岸边植物根茎叶周期性衰落造成,须周期性打捞,长期管理维护。

污染底泥处置:针对内源污染分布特征,可综合应用环保疏浚、原位处理、异位处理、曝气和生态修复等技术进行前端防治,降低内源污染物释放量,为湖泊生态修复提供适宜的物理条件。其中,环保疏浚是最常见的治理方法,须结合底泥污染程度及分布、水系形态、排水防涝要求等综合确定清淤范围、清淤方式、清淤深度,并明确底泥处置方式,避免二次污染。

（3）生态修复

主要是河湖水下生态系统构建,必须在外源污染得到有效控制和生境得到改善的基础上才能开展实施,实施的主要内容为水生植被修复,同时辅助以鱼类群落结构调整和底栖动物群落结构调整,在分阶段分步骤实施后,逐步提升水体水环境质量。水体水生生物群落构建措施包括两部分内容:水生植被修复和水生动物群落调整,其中,水生植被修复主要涉及沉水植被修复和挺水植被修复;水生动物群落调整包括底栖动物群落修复和鱼类结构优化两部分。

（4）活水保质

在实施污染控制及生态修复措施后,水体水质仍不能稳定达标的情况下,可考虑采取活水补给的措施,为水体自净提供容量。补水水源优先选用非常规水资源,重点对河湖生态基流、河湖生态需水进行补给,明确补水水源、补水量、补水方式、补水调度方案及主要工程规模。

（5）指标核算

水环境整治方案应进行目标核算，一般包括如下内容：

1）评估核算水体水质功能目标达标率、面源污染削减率等目标可达性。

2）核算工程实施后总污染物排放量与受纳水体水环境容量的关系。

3）根据评估结果调整治理方案。

4）评估方法包括公式法、模型模拟等。

6.4.4　水安全保障方案

6.4.4.1　主要要求

水安全保障方案可从源头径流控制、排水管渠系统、排涝除险等方面构建多层次的排涝体系，并针对现状渍水点提出专项改造方案，制定应急管理方案，明确各类工程措施的空间布局、设施规模、服务范围、工程项目、工程实施效果等。

6.4.4.2　方案内容

（1）源头径流控制系统

源头径流控制系统宜通过源头绿色基础设施建设，控制降雨期间的水量和水质。

（2）排水管渠系统

明确排水体制、排水模式及排水规划标准，综合采用建成区排水系统提标改造、新建区排水系统达标建设的方式，明确相应措施类型和规模。

建成区排水系统提标改造：建成区排水系统管网设计标准偏低，应明确建成区排水系统提标改造的方式，结合老城区改造、道路改造及积水点改造等，加快排水管道的改造，明确改造措施和计划。

新建区排水系统达标建设：新建区结合区域开发建设，按国家及地方最新设计标准进行排水管渠建设，明确建设计划。

（3）排涝除险系统

利用城镇水体、调蓄设施和行泄通道，解决超标雨水排放问题，明确相应措施的规模。

城镇水体包括河道、湖泊、池塘和湿地等自然或人工水体，满足城镇总体规划中蓝线和水面率要求，以及城镇内涝防治设计标准中的雨水调蓄、输送和排放要求，明确河湖水系布局、水体调蓄容量、过流能力、水位控制、规划泵闸布局及设施量等内容。调蓄设施包括下凹式绿地、下沉式广场、调蓄池和调蓄隧道等设施。结合编制区域实际情况，明确调蓄设施种类、布局和规模，并符合现行国家标准《城镇内涝防治技术规范》（GB 51222）的有关规定。城镇内涝风险大的地区宜结合其地理位置、地形特点等设置雨水行泄通道。城镇易涝区域可选取部分道路作为排涝除险的行泄通道。结合编制区域实际情况，明确行泄通道布局和规模，并符合现行国家标准《城镇内涝防治技术规范》（GB 51222）的有关规定。

（4）渍水点专项改造方案

针对现状渍水点提出相应改造措施，包括工程措施及非工程措施。工程措施有雨水箅子改造、管道改扩建、局部泵站提升、涝水调蓄及雨洪通道行泄等，注意与排水管渠系统、排涝除险系统措施协调。非工程措施包括雨季渍水点临时抽排、管网设施定期维护等。

（5）应急管理系统

应急管理系统应包括气象与排水、防涝的联动机制，排水防涝综合信息管理平台等内容。应急管理系统应能提升试点区应急排涝能力，强化排水防涝应急演练等。

（6）指标核算

水安全保障方案应进行核算，一般包括如下内容：

1）评估核算内涝防治设计重现期、雨水管渠设计重现期等目标可达性。

2）核算工程实施后。

3）根据评估结果调整方案。

4）评估方法包括公式法、模型模拟等。

6.4.5　水生态修复方案

6.4.5.1　主要要求

水生态修复方案针对水生态现状问题及成因，主要结合年径流总量控制率、自然湖泊水域保持率、生态岸线率等指标，提出源头海绵建设（已单列章节，本节不再赘述）、河湖水系保护及修复、天然调蓄空间保护及恢复、水系天然岸线恢复等方案，须明确工程措施空间布局、规模等内容。

6.4.5.2　方案内容

水生态修复方案一般包括如下内容：

（1）河湖水系保护及修复

在上位规划基础上进一步落实城市天然河湖水系的保护和要求，注重对天然河湖水系的保护，提出河、湖、库、渠、人工湿地、滞洪区等水系的近期保护工程措施。

（2）天然调蓄空间保护及恢复

充分发挥自然对雨水的渗透和积存作用，对需要重点保护的调蓄水面、城市低洼地、潜在的径流通道等天然调蓄空间提出明确的保护和恢复要求及近期工程措施。在上位规划对天然的调蓄水面和低洼地进行识别的基础上，结合实际情况，对开发建设中需要保护的天然调蓄水面、低洼地提出明确的保护措施，如以划定保护区域或合理控制竖向的方式进行保护。建设侵占潜在汇流通道或径流路径导致存在内涝积水或侵占河道蓝线范围等问题的，提出明确的保护措施，以生态廊道、排水通道、水系等形式或拆除障碍物等方式保证重要汇水通道畅通，避免填充占用。

（3）水系天然岸线恢复

加强对河湖生态岸线的保护和恢复，对具备生态岸线改造条件的河湖岸线应制定具体的近期改造工程措施。水生态保护与恢复可结合水景观提升综合考虑，根据编制需求阐述河湖的景观概念方案等。

6.4.6　水资源利用方案

6.4.6.1　主要要求

水资源利用方案可结合区域用水需求，在传统市政供水、雨水资源、再生水资源等情况分析的基础上，以经济合理、充分利用为原则，统筹配置雨水资源，保障水资源供需平衡，须明确雨水收集途径、水质标准及相关设施规模等。

6.4.6.2　方案内容

（1）水资源总体利用方案

水资源总体利用方案应包括水资源利用原则、水资源利用方向、水质标准、可利用雨水资源量计算及雨水资源配置方案。

水资源总体利用方案应根据雨水资源利用条件，进行技术、经济等因素综合比较，确定雨水资源利用顺序及系统配置比例。

雨水资源利用方向主要包括绿地浇灌、路面浇洒、景观生态补水等；可利用雨水资源量应根据区域面积、典型年降雨量、降雨特征、综合径流系数等综合确定。

（2）雨水资源配置方案

雨水资源配置方案，应根据建筑小区内绿化浇灌和道路浇洒、市政绿化及道路杂用、生态补水等生活、生产及生态方面的用水量及水质需求，以及可利用雨水、水质及分布等条件，统筹制定雨水资源化利用方案，明确利用方式、利用规模以及相关水质要求。

雨水资源化利用系统方案设计须按现行国家标准《建筑与小区雨水利用工程技术规范》（GB 50400）等标准中的设计要点、计算方法等有关规定执行。雨水资源化利用的规模需充分考虑道路浇洒、园林绿地灌溉、市政杂用、工农业生产、冷却等的用水需求。回用雨水水质需根据不同用途按照相应的水质标准执行。

6.5　海绵城市分区建设指引

6.5.1　划定海绵城市建设分区

海绵城市建设分区以排水分区为基础，并结合实际建设管理需求进行适当调整，其划分步骤如下：

（1）资料收集核实

一般包括地形图、卫星图片，现状和规划路网、规划道路竖向、现状和规划土地利用布局图，现状和规划水系图，现状和规划排水管渠、泵站、排水口等，并应开展现场踏勘核实重要设施。

（2）初步划定分区

根据自然地形地貌和水系分布，初步划定以水系为受纳水体的海绵城市建设分区。

（3）细化海绵城市建设分区

在初步划分结果基础上，根据现状和规划排水管渠及其附属设施，结合城市道路路网和竖向，进一步细化。

（4）优化海绵城市建设分区规模和边界

根据规划研究范围的尺度规模以及海绵城市建设管理需求，优化调整海绵城市建设分区大小，合理确定海绵城市建设分区精度，明确海绵城市建设分区边界。

6.5.2　指标分解

根据雨水径流量和径流污染控制的要求，将雨水年径流总量控制率目标进行分解。超大城市、特大城市和大城市要分解到排水分区；中等城市和小城市要分解到控制性详细规划单元，并提出管控要求。

年径流总量控制率指标分解步骤如下：

（1）划分管控分区

海绵城市建设分区以排水分区为基础，并结合实际建设管理需求进行适当调整，划分步骤见上节内容。

（2）确定分区年径流总量控制目标

结合上位总体年径流总量控制目标要求，主要根据受纳水体的水环境保护要求，确定分区年径流总量控制目标。

（3）确定地块（或城市道路）年径流总量控制目标

以分区年径流总量控制目标为基准，地块年径流总量控制目标须考虑项目用地性质、建设阶段等因素，其中绿化用地及水系宜统一按85％确定，城市道路年径流总量控制目标须综合该段城市道路红线宽度、道路建设阶段和内涝风险等级等因素确定。

（4）指标核算

分区对年径流总量控制率总目标进行校核，确定总目标满足要求。如果总目标不满足要求，须对指标做出调整，直至总目标满足要求。年径流总量控制率指标核算可采用面积加权平均法或水文模型法。

6.5.3　分区建设指引

按照建筑与小区、城市绿化、城市道路和城市水系分类,提出包括指标管控要求、主要措施等在内的海绵城市规划建设指引。

6.5.3.1　总体要求

综合考虑用地性质、建设密度、建设阶段、建设或改造难度等因素,结合控制性详细规划中建筑密度、绿地率等控制指标,提出分类年径流总量控制率、面源污染削减率、下凹式绿地率、透水铺装率、绿色屋顶率等指标值。

海绵设施的选择应因地制宜、经济有效。

6.5.3.2　建筑小区建设指引

建筑屋面和小区路面径流雨水应有组织地汇流与转输,经截污等预处理后引入绿地内的以雨水渗透、储存、调节等为主要功能的海绵基础设施。受空间限制,不能满足控制目标的,径流雨水还可通过城市雨水管渠系统引入城市绿地与广场内的海绵基础设施。

海绵基础设施的选择应因地制宜、经济有效,如结合小区绿地和景观水体优先设计生物滞留设施、渗井、湿塘和雨水湿地等。

主要措施指引如下:

1)建筑小区建筑屋面雨水应引入建筑周围绿地入渗。

2)建筑小区应充分利用绿地的入渗、过滤和吸收的功能,增大区域雨水入渗量,削减雨水径流的污染负荷,建设下凹式绿地。

3)建筑小区小型车路面、非机动车路面、人行道、停车场、广场、庭院应采用透水地面。

4)建筑小区道路超渗雨水宜就近引入周边绿地入渗。

5)结合建筑小区的景观设计,可选择雨水花园、景观湖、绿色屋面等。

6)结合建筑小区的雨水工程设计,可选择渗透雨水井、渗透雨水管等。

6.5.3.3　城市绿地与广场建设指引

城市绿地与广场及周边区域径流雨水应有组织地汇流与转输,经截污等预处理后引入城市绿地内的以雨水渗透、储存、调节等为主要功能的低影响开发设施,消纳自身及周边区域径流雨水,并衔接区域内的雨水管渠系统和超标雨水径流排放系统,提高区域内涝防治能力。

低影响开发设施的选择应因地制宜、经济有效、方便易行,如湿地公园和有景观水体的城市绿地与广场宜设计雨水湿地、湿塘等。

主要措施指引如下:

1)应充分利用绿地入渗雨水,绿地公园应建设为下凹式绿地。

2)城市绿地与广场内的道路、人行道、林阴小道、广场、停车场、庭院应采用透水铺装地面。

3)城市绿地与广场内的广场、停车场、地面超渗水应引入周边绿地入渗。

4）城市绿地与广场内雨水可采用浅草沟排水。

5）结合城市绿地与广场内景观设计，可选择采用雨水花园、景观湖等。

6）城市绿地与广场内的雨水宜采用收集利用。

7）植物宜根据水分条件、径流雨水水质进行选择，宜选择耐盐、耐淹、耐污能力较强的乡土植物。

6.5.3.4 城市道路建设指引

城市道路径流雨水应有组织地汇流与转输，经截污等预处理后引入道路红线内、外绿地内，并通过设置在绿地内的以雨水渗透、储存、净化等为主要功能的低影响开发设施进行处理。

低影响开发设施的选择应因地制宜、方便易行，如结合道路绿化带和道路红线外绿地优先设计下凹式绿地、生物滞留带、雨水湿地等。

主要措施指引如下：

1）人行道和非机动车道应采用透水铺装，非机动车道还应考虑其抗拉抗压的强度。

2）在人行道绿化带、分车带以及红线外绿地内设置生态滞留设施，使路面径流先汇入各生态滞留设施，在进水口处设置截污消能设施，在生态滞留设施内设置雨水溢流设施，超量径流溢流入市政雨水收集系统。

3）城市径流雨水行泄通道及易发生内涝的道路、下沉式立交桥等区域的雨水调蓄设施，应配建警示标识及必要的预警系统。

6.5.3.5 城市水系建设指引

城市水系海绵性设计内容包括水域形态保护与控制、河湖调蓄控制、生态岸线、排水口设置，以及与上游城市雨水管道系统和下游水系的衔接关系。

主要措施指引如下：

1）规划建设新的水体或扩大现有水体的水域面积，应与低影响开发雨水系统的控制目标相协调，增加的水域宜具有雨水调蓄功能。

2）应处理好城市滨水绿地、水面和周围用地之间的竖向高程关系，便于雨水进入水体。

3）应结合城市滨水绿地设置植被缓冲带等截污滞蓄设施，防止城市水系污染。

4）可结合现状条件，建设亲水性的生态驳岸，并根据要求，选择当地适宜的湿生和水生植物。

6.6 规划衔接

城市排水防涝综合规划、城市水系规划、城市绿地系统规划、城市道路交通规划等相关规划需与海绵城市规划衔接，融入海绵城市理念、指标及用地控制等要求。

6.6.1 城市排水防涝综合规划

城市排水防涝综合规划在满足相关标准规范的前提下，海绵城市的建设目标与建设内容包含以下 5 个方面的内容：

(1)明确年径流总量控制目标与指标

通过对排水系统总体评估、内涝风险评估等,明确年径流总量控制目标,落实城市总体规划中海绵城市建设目标,并与海绵城市专项规划进行衔接。

(2)确定径流污染控制目标及防治方式

通过评估、分析径流污染对城市水环境污染的贡献率,根据城市水环境的要求,结合 SS 等径流污染物控制要求,确定多年平均径流总量控制率,同时明确径流污染控制方式并合理选择海绵设施。

(3)明确雨水资源化利用目标及方式

根据水资源条件及雨水回用需求,确定雨水资源化利用的总量、用途、方式和设施。

(4)源头海绵设施应与城市雨水管渠系统或超标雨水径流排放系统相衔接,共同发挥作用

最大限度地发挥源头径流减排雨水系统对雨水径流的渗滞、调蓄、净化等作用。

(5)优化海绵设施的平面布局与竖向控制

应利用城市绿地、广场、道路等公共开放空间,在满足各类用地主导功能的基础上,合理布局海绵设施。

6.6.2　城市水系规划

城市水系规划应在水系保护、水系利用、水系新建等方面落实海绵城市规划建设的相关要求。

水系保护方面,依据城市总体规划的水面率目标,明确受保护水域的面积和基本形态。保护水体完整性,进行蓝线划定,并提出控制要求。

水系利用方面,统筹水体、岸线和滨水区之间的功能,在促进城市水系多功能复合利用的同时,尽量保护与强化其对雨水径流的自然渗透、净化与调蓄功能,优化城市河道、湖泊和湿地等水体的布局,并与其他相关规划相协调;岸线利用应体现保护优先的原则,划定生态岸线,并对受破坏的岸线进行生态修复;在生产性、生活性岸线周边,应结合地块开发功能及建设形态,合理布局植被缓冲带,优先采用自然岸线。

水系新建方面,应兼顾城市排水防涝及景观功能,并考虑周边地块的雨水径流控制要求。

6.6.3　城市绿地系统规划

城市绿地系统规划应明确海绵城市开发的控制目标,在满足生态、景观、游憩、安全等功能的基础上,通过合理的竖向设计,优化布局海绵设施,实现复合生态功能,一般包含 3 个方面的内容:

（1）提出不同类型绿地的海绵建设控制目标和指标

根据绿地的类型和特点，明确公园绿地、生产绿地、防护绿地、附属绿地、其他绿地等各类绿地的规划建设目标、控制指标（如年径流总量控制率、年径流污染控制率和调蓄容积等）和适用的海绵设施类型。

（2）合理确定城市绿地系统海绵设施的规模和布局

统筹水生态敏感区、生态空间和绿地空间布局，落实海绵设施的规模和布局，充分发挥绿地的渗滞、调蓄和净化功能。

（3）应与周边汇水区域有效衔接

在满足绿地核心功能的前提下，合理确定周边汇水区域汇入水量（客水），提出客水预处理、溢流衔接等安全保障措施。通过平面布局、竖向控制、土壤改良、选配植物等多种方式，将海绵设施有机融入到绿地景观塑造中，以优美的景观外貌发挥绿地滞留、消纳、净化雨水径流的作用。

6.6.4 城市道路交通规划

在城市道路交通规划中要在保障交通安全和通行能力的前提下，尽可能通过合理的横、纵断面设计，结合道路绿化分隔带，充分滞蓄和净化雨水径流，一般包含 3 个方面的内容：

（1）确定各等级道路源头径流控制目标

充分利用城市道路自身及周边绿地空间落实海绵设施，结合道路横断面和排水方向，利用不同等级道路的中分带、侧分带、人行道和停车场建设下凹式绿地、植草沟、雨水湿地和透水铺装等海绵设施，通过渗滞、调蓄和净化等方式，实现道路源头径流控制目标。

（2）协调道路与周边场地竖向关系

充分考虑道路红线内外雨水汇入的要求，通过建设下凹式绿地、透水铺装等海绵设施，提高道路径流污染及总量等控制能力。

（3）提出各等级道路源头海绵设施类别、基本选型及布局等内容

合理确定源头径流减排雨水系统与城市道路设施空间衔接关系。

6.7 海绵城市近期建设规划

6.7.1 近期重点建设范围确定

6.7.1.1 确定原则

（1）解决痛点问题

以问题为导向，海绵城市建设将重点针对内涝问题、水环境问题较紧迫、较集中的建成区。

（2）满足面积要求

根据《国务院办公厅关于推进海绵城市建设的指导意见》（国办发〔2015〕75 号）总体目标要求，到 2020 年，城市建成区 20％以上的面积达到目标要求；到 2030 年，城市建成区 80％以上的面积达到目标要求。

6.7.1.2　问题突出区域识别

（1）内涝风险区识别

内涝风险区的划定一般采用模型法，须收集规划区内下垫面、水系断面以及城区市政雨水管网、历史积水点等基础资料；建立高精度数字高程模型，模拟计算内涝防治标准下区域涝水情况，并结合现状和规划情况，考虑区域重要性和敏感性，最终划定区域的内涝风险区。

城市内涝风险区的评估标准主要体现在地表积水深度上，一般可通过提取地面积水深度过程数据，参照《城镇防涝规划标准》（DB33/T 1109—2020）提出的积水深度与持续时间要求（表 6-3）。

表 6-3　　　　　　　　　　　　　　内涝风险等级划分标准

防涝风险等级	重要程度	积水时间 t/h	积水深度 h/cm
内涝高风险区	中心城区重要地区	＞0.5	h＞50(30)
	中心城区	＞1.0	
	非中心城区	＞1.5	
	住宅小区底层住户进水，工商业建筑的一楼进水		
内涝中风险区	中心城区重要地区	＞0.5	30(15)＜h≤50(30)
	中心城区	＞1.0	
	非中心城区	＞1.5	
内涝低风险区	中心城区重要地区	＞0.5	15(8)＜h≤30(15)
	中心城区	＞1.0	
	非中心城区	＞1.5	

注：1. 积水深度的控制要求城镇干道至少双向各一条车道积水深度不超过限值。

2. 括号内为积水流速超过 2m/s 的地面积水深度控制要求。

3. 积水深度与时间控制同时满足。

（2）水污染区域识别

须先识别污染水体分布，重点关注劣Ⅴ类水体及城市黑臭水体，根据汇水分区线确定污染水体对应汇水区域。

1）污水水体判断。

水污染是指人类活动排放的污染物进入水体，其数量超过了水体的自净能力，使水的理化特性和水环境中的生物特性、组成等发生改变，从而影响水的使用价值，造成水质恶化，乃至危害人体健康或破坏生态环境的现象。水体质量主要依据《地表水环境质量标准》(GB 3838—2002)进行判定，当水体质量低于水环境功能区划要求时即认为出现水污染现象。

依据《地表水环境质量标准》(GB 3838—2002)，地表水可分为五类：

Ⅰ类：主要适用于源头水、国家自然保护区；

Ⅱ类：主要适用于集中式生活饮用水地表水源地一级保护区、珍稀水生生物栖息地、鱼虾类产场、仔稚幼鱼的索饵场等；

Ⅲ类：主要适用于集中式生活饮用水地表水源地二级保护区、鱼虾类越冬场、洄游通道、水产养殖区等渔业水域及游泳区；

Ⅳ类：主要适用于一般工业用水区及人体非直接接触的娱乐用水区；

Ⅴ类：主要适用于农业用水区及一般景观要求水域。

2)黑臭水体识别。

《城市黑臭水体整治工作指南》对城市黑臭水体给出了明确定义：一是明确范围为城市建成区内的水体，也就是居民身边的黑臭水体；二是从"黑"和"臭"两个方面界定，即呈现令人不悦的颜色和(或)散发令人不适气味的水体，以百姓的感观判断为主要依据。

识别方法：根据住房城乡建设部《城市黑臭水体整治工作指南》，黑臭水体的识别根据主管部门掌握的水体污染和投诉情况，对于可能存在争议的河道对周边社区居民、商户或随机人群开展问卷调查，进一步判别水体黑臭情况，进而对初步选定的水体进行水质检测，判定黑臭水体区段。

分级标准：根据黑臭程度的不同，可将黑臭水体细分为"轻度黑臭"和"重度黑臭"两级。水质检测与分级结果可为黑臭水体整治计划制定和整治效果评估提供重要参考。城市黑臭水体分级的评价指标包括透明度、溶解氧(DO)、氧化还原电位(ORP)和氨氮(NH_3-N)，可比照表 6-4 所列城市黑臭水体污染程度分级标准，进行黑臭水体级别判断。

表 6-4 城市黑臭水体污染程度分级标准

特征指标	透明度/cm	溶解氧/(mg/L)	氧化还原电位/mV	氨氮/(mg/L)
轻度污染	25～10	0.2～2.0	−200～50	8.0～15
重度污染	<10	<0.2	<−200	>15

注：水深不足 25cm 时，该指标按水深的 40% 取值。

6.7.1.3 建成区面积测算及达标比例要求

建成区是指城市实际已成片开发建设、市政公用设施和公共设施基本具备的区域，一般由规划或国土部门定期公布数据。对于核心城市，它包括集中连片的部分以及分散的若干个已经成片建设起来、市政公用设施和公共设施基本具备的区域；对于一城多镇，它由几个连片开发建设起来的、市政公用设施和公共设施基本具备的地区组成。

近期期末建成区面积建议按如下公式推算：

$$近期期末建成区面积＝期初建成区面积×(1＋\alpha×\beta)^n$$

式中：α——城市历年建成区面积复合增长率；

　　　β——修正系数；

　　　n——期末年份减期初年份。

达标比例建议可根据 2020 年 20％及 2030 年 80％面积比例达标要求内插得到。

6.7.2　项目库及计划

结合区域近期发展需求及海绵近期建设目标，对水生态提升、水环境整治、水安全治理及水资源综合利用等方案进行多目标统筹，提出近期建设项目清单及项目分布图，明确项目名称、主要工程内容、工程量、投资估算和建设时序。

6.7.2.1　近期建设项目筛选原则

围绕近期建设目标的顺利实现，可按照"系统优先、解决问题、目标可达"的原则筛选近期建设项目。

系统优先：近期开展污水干管完善工程、水系综合整治工程、厂站新建及扩建工程等类型的项目，保证不出现较大的系统问题。

解决问题：重点以解决顽固性渍水和水环境问题为导向，须开展渍水点改造、混错接改造等项目。

目标可达：为保证片区年径流总量控制率、面源污染削减率达到规划目标，巩固治理成效，开展相关源头改造、初雨调蓄工程。

6.7.2.2　项目分类及打包

（1）分类

为实现多目标体系下的工程融合，采用合理的方法综合统筹各部分方案中的工程措施，确定各个项目的改造内容和要求，并按照源头、过程控制和系统建设项目进行分类，最终形成综合项目清单和项目分布图。

源头类项目包括源头地块改造、地块雨污分流改造及混错接改造等；过程控制类项目包括排水管网建设、排水泵站建设、排水管网修复等；系统建设类项目包括水系整治、污水厂建设、初雨及合流制溢流处理厂建设、调蓄池建设等（图 6-1）。

（2）打包

海绵建设所涉及的项目类型众多，为了便于开展工作，需要对海绵建设的各类工程进行时间或空间上的整合聚类，在保证建设内容不变且不重复的前提下，将项目数量进行适当打包简化，主要依据包括实施年度、所在片区、责任单位等。第一步须根据规划方案确定的实施内容初步安排每个项目的实施年度；第二步确定每个年度海绵城市建设达标的片区，达标片区内的项目实施应统一为达标的年度;第三步须依据汇水分区、实施年限和责任单位的不同对项目进行打包。城建计划单独列项,不再进行打包。

结合上述打包原则,最终项目清单按照源头减排、过程控制和系统治理进行分类,包括排水分区、项目名称、项目类型、主要工程措施、工程量、投资估算等内容;项目分布图可根据项目类型进行绘制。

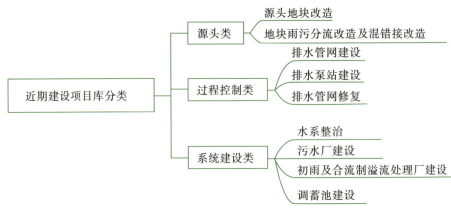

图6-1　近期建设项目库分类

6.7.2.3　时序安排原则

主要根据资金、实施周期、项目目的等来进行项目库时序安排:

(1)资金

项目资金来源、筹措难易程度是项目优先级划定的首要考虑因素。本地财政能力可以满足建设投资,或者项目类别符合专项建设基金等低息贷款政策,以及社会投资感兴趣的具有一定收益率及回报率的项目,可以优先考虑实施。

(2)实施周期

项目实施周期及效果呈现时间也是项目实施优先级的考虑因素。一般来说,实施周期短、效果明显的项目建议优先实施,但是一些重大项目实施周期长、效果呈现时间长,综合其他因素也可以优先考虑实施。

(3)项目目的

海绵建设项目的目的一般包括民生改善、环境提升以及考核达标几类。以民生改善为目的的项目,例如黑臭水体治理、渍水点消除等应为优先实施项目。环境提升等项目按照重要性区别对待。对于为达到国家考核指标而实施的项目,在资金不足的情况下,可以暂缓实施。

6.8　海绵城市建设保障措施

为保证规划落地,顺利推进规划区海绵城市建设工作,一般可从组织管理、资金保障、能力建设、公众参与、运维管护等多个方面提出相应保障措施。

组织管理是针对海绵城市建设管理部门的相关管理体制、工作机制等提出措施与建议，从体制机制方面扫清海绵城市工作开展的障碍。

资金保障可考虑从加大政府财政支持和鼓励社会资本参与两个方面提出相应措施，鼓励融资手段创新，为海绵城市工程开展建立资金来源保障。

能力建设主要从提高技术能力和增强应急能力等方面开展，提升海绵城市相关部门的建设管理、应急防灾专业能力水平。

公众参与主要从积极开展科普宣传和强化推行公众监督等方面推动公众参与海绵城市建设，发挥群众智慧，顺应群众需求，保证海绵城市建设方案合理性和可行性，将海绵城市建设理念植入群众内心。

运维管护主要从落实海绵设施运维责任和加强市政排水管网管理等方面强化海绵城市基础市政设施运维管理，并提升海绵智慧监测设施管理维护水平，确保海绵设施长效发挥作用。

第7章　相关规划中海绵城市专项内容编制

7.1　城市总体规划中海绵城市专项编制

海绵城市部分是城市总体规划的重要组成部分,应从宏观上指导全市的海绵城市建设,与总体规划中的其他规划内容进行配合,协调水系、绿地、排水防涝和道路交通等专项与低影响开发的关系,落实海绵城市建设目标。

城市总体规划中海绵城市部分应包括以下基本内容:

1)应明确海绵城市建设的总体思路、总体目标和基本途径。

2)根据需要开展与海绵城市相关的专题研究,划分海绵城市的规划分区。

3)针对每个规划分区的特点,提出不同分区的海绵城市建设目标和主要控制指标。

4)协调其他专项或专业规划,提出各类专项或专业规划需要控制的内容。

5)明确海绵城市重大设施的空间布局和规模。

6)提出海绵城市低影响开发非工程措施方案。

7)提出海绵城市低影响开发的分期建设方案。

编制技术要求:

1)从水资源、水生态、水环境和水安全等4个方面,系统分析海绵城市建设的主要方向。

2)海绵城市的规划分区宜结合排水系统及其受纳水体的特征进行,同一排水系统宜按照系统内水系分布特点划分二级分区。

3)各规划分区的海绵城市建设目标应与该系统的用地布局、受纳水体环境目标和环境容量、排水系统服务水平、内涝风险等相适应,满足海绵城市建设总体目标要求。

4)城市总体规划中的用地布局规划、绿地系统规划、交通系统规划、水系规划、排水防涝规划是海绵城市需要协调的重点。

5)有条件的,宜在城市总体规划编制前,完成海绵城市专项规划编制或研究工作。

7.2　详细规划中海绵城市专项编制

详细规划阶段海绵城市专项规划与方案设计基本一致,根据对象可分为建筑与小区、城市道路、城市绿地与广场和城市水系海绵城市专项设计。

7.2.1　建筑与小区

建筑与小区海绵性设计内容包括场地设计、建筑设计、小区道路设计、小区绿地设计和低影响设施专项设计，一般在设计时应充分考虑以下因素：场地海绵性设计应因地制宜，保护并合理利用场地内原有的湿地、坑塘、沟渠等；应优化不透水硬化面与绿地空间布局，建筑、广场、道路宜布局可消纳径流雨水的绿地，建筑、道路、绿地等竖向设计应有利于径流汇入海绵设施；建筑海绵性设计应充分考虑雨水的控制与利用，屋顶坡度较小的建筑宜采用绿色屋顶，无条件设置绿色屋顶的建筑应采取措施将屋面雨水进行收集消纳；小区道路海绵性设计应优化道路横坡坡向、路面与道路绿地的竖向关系，便于径流雨水汇入绿地内海绵设施；小区绿地应结合规模与竖向设计，在绿地内设计可消纳屋面、路面、广场及停车场径流雨水的海绵设施，并通过溢流排放系统与城市雨水管渠系统和超标雨水径流排放系统有效衔接。当上述设计不能满足规划确定的低影响开发指标时，还应进行低影响设施的专项设计，按照所需蓄水容积或污染控制要求，合理设计蓄水池、雨水花园、雨水桶及污染处理设施。

建筑与小区海绵性设计一般需要遵循以下设计流程：

1）根据建筑与小区用地性质、容积率、绿地率等指标，对区域下垫面进行解析。

2）依据相关规划或规定，明确本地块海绵性控制指标。

3）结合下垫面解析和控制指标，因地制宜，选用适宜的海绵设施，并确定其建设规模和布局。

4）根据海绵设施的内容和规模，复核海绵性指标，并根据复核结果优化调整海绵性工程内容（图7-1）。

建筑与小区海绵性工程措施选择及设计应符合以下要求：

1）建筑与小区内海绵性工程措施应因地制宜，综合考虑功能性、景观性、安全性，应采取保障公共安全的保护措施。

2）考虑到安全因素，武汉一般新建建筑与小区中高度不超过30m的平屋顶宜采用屋顶绿化，改造建筑与小区可根据建筑条件考虑采用屋顶绿化。其中，屋顶绿化应根据气候特点、屋面形式，选择适合当地种植的植物种类，不宜选择根系穿刺性强的植物种类和速生乔木和灌木植物，屋顶绿化内的乔木应根据建筑荷载适当选用，应栽植于建筑柱体处，土壤深度不够可选用箱栽乔木。

3）屋面雨水宜采取雨落管断接或设置集水井等方式将屋面雨水断接并引入周边绿地内小型、分散的低影响开发设施，或通过植草沟、雨水管渠将雨水引入场地内的集中调蓄设施。

4）建筑与小区道路两侧及广场宜采用植被浅沟、渗透沟槽等地表排水形式输送、消纳、滞留雨水径流，减少小区内雨水管道的使用。

5）小区道路两侧、广场以及停车场周边的绿地宜设置植草沟，植草沟与其他措施联合运行，可在完成输送功能的同时满足雨水收集及净化处理要求。

6)不鼓励采用灰色雨水调蓄设施,雨水管渠沿线附近的天然洼地、池塘、景观水体可作为雨水径流高峰流量调蓄设施。若天然条件不满足,可建造雨水调蓄设施,调蓄设施需要同步考虑污染物削减的问题。

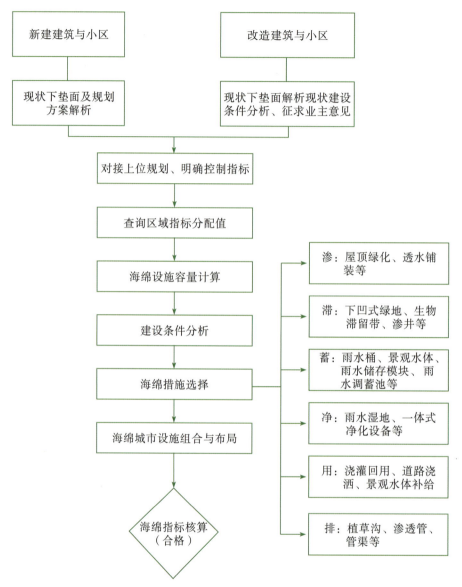

图 7-1 建筑与小区海绵性设计流程

建筑与小区海绵工程措施组合之间应充分考虑雨水径流关系:降落在屋面(普通屋面和绿色屋面)的雨水经过初期弃流,可进入高位花坛和雨水桶,并溢流进入下凹式绿地,雨水桶中雨水宜作为小区绿化用水;降落在道路、广场等其他硬化地面的雨水,应利用可渗透铺装、下凹式绿地、渗透管沟、雨水花园等设施对径流进行净化、消纳,超标雨水可就近排入雨水管道。在雨水口可设置截污挂篮、旋流沉沙等设施截留污染物;处理后的雨水,一部分可下渗或排入雨水管,进行间接利用,另一部分可进入雨水池和景观水体进行调蓄、储存,经过滤消毒后集中配水,用于绿化灌溉、景观水体补水和道路浇洒等。

建筑与小区海绵措施衔接关系见图7-2。

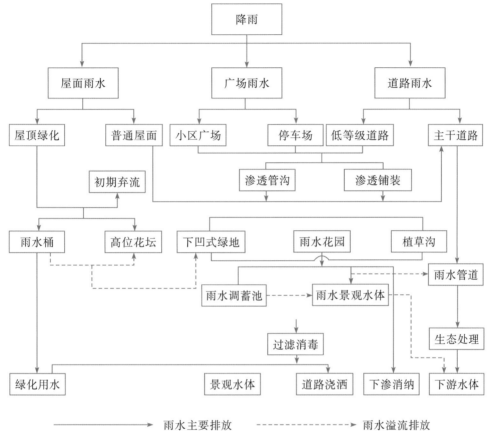

图7-2 建筑与小区海绵措施衔接关系

7.2.2 城市道路

城市道路海绵性设计内容包括道路高程设计、绿化带设计、道路横断面设计、海绵设施与常规排水系统衔接设计。

城市道路海绵性设计一般需要遵循以下设计流程:工程场地现状及项目设计条件分析;确定项目低影响开发控制规划目标及指标要求;海绵体方案设计;技术选择与设施平面布置;汇水区雨水分析;海绵体水文、水力计算,土壤分析;项目海绵设施规模确定;城市道路标准横断面竖向设计,绿地(绿化带)内竖向设计;项目方案比选,技术经济分析。

道路海绵性设计的关键在于优化道路横坡坡向、路面与道路绿化带及周边绿地的竖向关系等,便于路面径流雨水汇入低影响开发设施。一般不同路面结构交接带及道路外侧宜设置绿化带,便于海绵设施布置及路面雨水收集排放。新建、改扩建城市道路设计车行道、人行道横坡优先考虑坡向海绵体绿地、绿化带。

城市道路低影响开发设施的选用,应根据项目总体布置、水文地质等特点进行,可参照选用如下:

(1)渗透设施

1)透水砖铺装;

2)下凹式绿地;

3)简易型、复杂型生物滞留设施(如生物滞留带、雨水花园、生态树池等);

4)透水水泥、沥青混凝土路面;

5)渗井等。

(2)储存设施

1)雨水湿地;

2)湿塘等。

(3)调节设施

1)调节塘;

2)调节池等。

(4)转输设施

1)植草沟(干式、湿式、转输型);

2)渗管、渗渠等。

(5)截污净化设施

1)植被缓冲带;

2)初期雨水弃流设施(池、井)。

城市道路绿化带宜采用下凹式绿地、生物滞留设施、植草沟等。面积、宽度较大的绿化带、交通岛、渠化岛等区域可依据实际情况,采用雨水湿地、雨水花园、湿塘、调节塘、调节池等设施。城市道路典型横断面海绵设施布置方式见图7-3至图7-6。

道路海绵性设计时需要注意:设计道路路面雨水宜首先汇入道路红线内绿化带,一般采用路缘石开口,排至下凹式绿地、植草沟等;人行道雨水通过表面径流、透水铺装排至下凹式绿地、渗管(渠)等。采用渗排管、渗管(渠)时应采用透水土工布外包处理,防止管渠堵塞。大型立交绿地内宜采用下凹式绿地、雨水湿地、雨水花园、湿塘、调节塘、植草沟等设施,立交路段内的雨水应优先引导排到绿地内。城市道路绿化带内低影响开发设施(如下凹式绿地、雨水湿地、雨水花园、湿塘、植草沟),应采取必要的防渗措施,防止径流雨水下渗对道路路面及路基的强度和稳定性造成破坏。当城市道路车行道部分采用透水路面结构时,其砾石排水层应设渗排(管)设施,并接入排水系统。低影响开发设施应通过溢流排放系统(雨水口、溢流井、渗管等)与城市雨水管渠系统相衔接,保证上下游排水系统的顺畅。

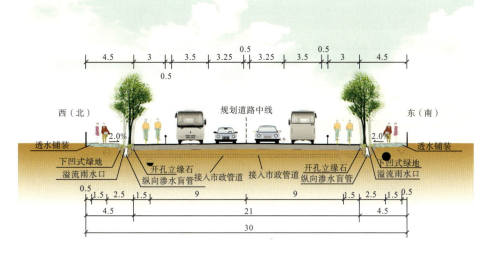

图 7-3　城市道路典型横断面海绵设施布置(一)(单位:m)

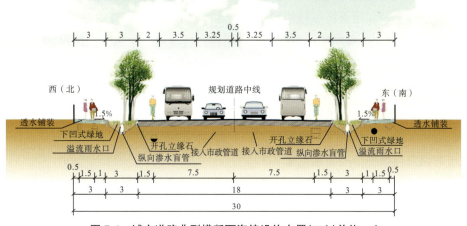

图 7-4　城市道路典型横断面海绵设施布置(二)(单位:m)

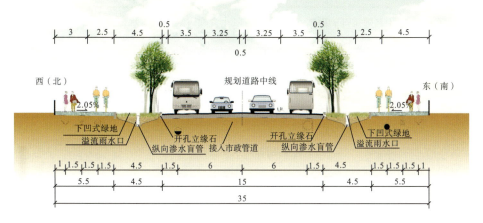

图 7-5　城市道路典型横断面海绵设施布置(三)(单位:m)

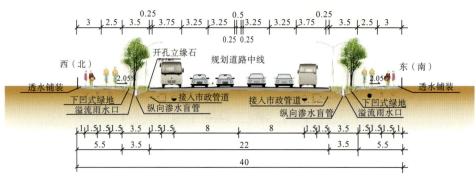

图 7-6 城市道路典型横断面海绵设施布置(四)(单位:m)

路面排水可利用道路及周边公共用地的地下空间设计调蓄设施。当红线内绿地空间不足时,可由政府主管部门协调,将道路雨水引入道路红线外城市绿地内的低影响开发设施进行消纳。当红线内绿地空间充足时,也可利用红线内低影响开发设施消纳红线外空间的径流雨水。规划作为超标雨水径流行泄通道的城市道路,其断面及竖向设计应满足相应的设计要求,并与区域排水防涝系统相衔接。城市道路经过或穿越水源保护区时,应在道路两侧或雨水管渠下游设计雨水应急处理及储存设施。雨水应急处理及储存设施的设置,应具有截污与防止事故情况下泄漏的有毒有害化学物质进入水源保护地的功能,可采用地上式或地下式。低影响开发设施内植物宜根据绿地竖向布置、水分条件、径流雨水水质等,选择耐盐、耐淹、耐污等能力较强的本土植物。

城市道路海绵措施衔接关系见图 7-7。

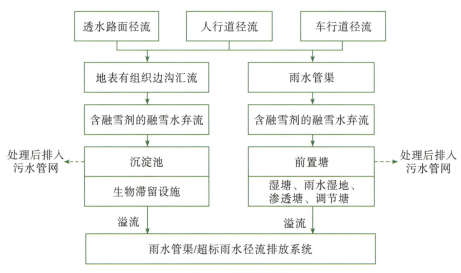

图 7-7 城市道路海绵措施衔接关系

7.2.3　城市绿地与广场

城市绿地与广场海绵性设计对象包括公园绿地、防护绿地及广场用地。城市绿地与广场海绵性设计内容包括：公园绿地的海绵性措施选择应以入渗和减排峰为主，以调蓄和净化为辅；防护绿地的海绵性措施选择应以入渗为主，净化为辅；广场用地的海绵性措施选择应以入渗为主，调蓄为辅。

城市绿地与广场海绵性设计一般遵循以下流程：依据上位规划明确项目的海绵性控制指标；对用地范围内的现状和规划下垫面进行解析；根据控制指标和下垫面解析结果，确定城市绿地内海绵措施的规模和雨水利用总量（图 7-8）。结合上述分析，因地制宜，选用适宜的海绵设施，确定其建设形式和布局；根据海绵设施的内容和规模，复核海绵性指标。

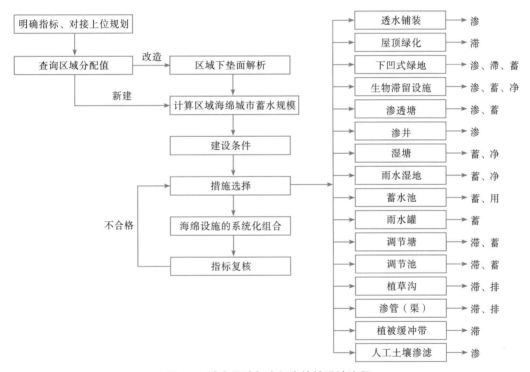

图 7-8　城市绿地与广场海绵性设计流程

城市绿地与广场海绵性设计应在满足相关设计规范及自身功能的条件下，选择适宜于城市绿地的海绵措施及设施，各类设施选择需要注意：

（1）透水铺装

城市绿地内的硬化地面应采用透水铺装入渗，根据土基透水性可采用半透水和全透水铺装结构；城市绿地中的轻型荷载园路、广场用地和停车场等可采用透水铺装，人行步道必须采用透水铺装。非透水铺装周边应设有收水系统或渗井。

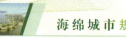

（2）绿色屋顶

根据整体景观风格和建筑构造确定是否建设绿色屋顶。

（3）下凹式绿地

下凹式绿地设计,宜选用耐渍、耐淹、耐旱的植物品种,同时与硬化地面衔接区域应设有缓坡处理。

（4）生物滞留设施

1）根据应用位置的不同,生物滞留设施又分为雨水花园、高位花坛、生物滞留带和生态树池等。

2）生物滞留设施的蓄水深度应根据植物耐淹性和土壤渗透性确定。

3）生物滞留设施内应设有溢流设施,可采用溢流竖管、盖篦、溢流井和渗井等。

公园绿地内生物滞留设施应根据地形、汇水面积确定规模和形式。生态树池的超高高度可做适当调整。防护绿地内的生物滞留设施应根据防护类型合理选用。广场用地的生物滞留设施规模应根据汇水面积确定,对于含道路汇水区域的生物滞留设施应选用植草沟、沉淀池等对径流雨水进行预处理。污染严重区域应设置初雨弃流设施,弃流量根据下垫面旱季污染物状况确定。

（5）水体

城市绿地中的水体应具有雨水调蓄和水质净化功能。公园内的水体可根据需要适当收纳周边地块的地表雨水,但收纳车行道区域的雨水须进行预处理,对于污染严重的区域必须设有初期雨水弃流设施。水体周边应根据水流方向、速度和冲刷强度,合理设置生态驳岸。公园绿地内景观水体的补水水源,应通过植草沟、生物滞留措施等对径流雨水进行预处理。

（6）蓄水池

1）无地表调蓄水体且径流污染较小的城市绿地,可设置蓄水池。

2）根据区域降雨、地表径流系数、地形条件、周边雨水排放系统等因素,确定调蓄池的容积。根据土壤渗透率和下垫面比例合理选用蓄水池形式。塑料蓄水模块蓄水池适用于土壤渗透率较高的区域。封闭式蓄水池适用于土壤渗透率较低或硬化地面区域,但应设有净化设施。

（7）植被缓冲带

植被缓冲带适用于公园绿地、防护绿地的临水区域;公园绿地内临水区域绿地与水面高差较小,植被缓冲带宜采用低坡绿地的形式,以减缓地表径流;防护绿地内临水区绿地与水面高差较大,植被缓冲带宜采用多坡绿地的形式,以减缓地表径流。

城市绿地与广场海绵措施衔接关系见图7-9。

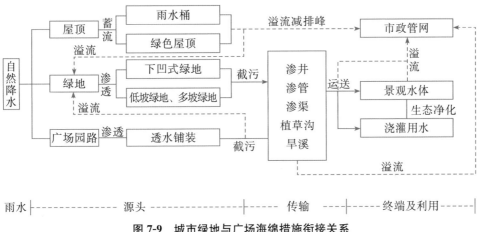

图 7-9　城市绿地与广场海绵措施衔接关系

7.2.4　城市水系

城市水系海绵性设计的对象包括城市江河、湖泊、港渠。城市水系海绵性设计内容包括水域形态保护与控制、河湖调蓄控制、生态岸线、排水口设置，以及与上游城市雨水管道系统和下游水系的衔接关系。

城市水系海绵性设计一般遵循以下流程：

（1）资料收集

收集水文条件、水质等级、水系连通状况、水系利用状况、岸线与滨水带状况等资料。

（2）流域分析

在流域洪水风险分析、水量平衡分析、纳污能力污染分析的基础上，重点进行城市水系海绵性分析。

（3）总体布局

确定平面总体布局，重点分析水域与绿化、道路、广场、建筑物等其他配套要素的竖向关系。

（4）工程规模

根据调蓄、排水、生态、景观、航道、雨水利用等功能需求，确定工程规模，重点论证调蓄量、生态流速、污染削减量等。

（5）方案设计及选择

进行湖港岸线设计、排水口设计、水质净化设计，以及滨水带的绿化景观、临水建筑物等设计，并在设计过程中应优先选用具有生态性、海绵性的措施。

（6）目标核算及方案调整

对方案设计进行海绵性指标核算，对于不满足要求的，应进行方案调整。

城市水系水域保护设计应符合下列要求：系统评估区域水域保护状况，对湖泊蓝线、绿线控制状况，周边建设状况对水域占用进行评估；对城市港渠红线控制状况、周边建设对水域占用状况进行评估；对设计对象水系或区域内水面率指标进行计算，对非达标区域提出补偿措施，如增加调蓄水位控制、增加超标暴雨可调蓄空间控制措施等。

城市水系调蓄调控是水系涉及的核心内容之一，具体设计时须利用模型法、经验公式法等对城市湖泊、港渠进行水量平衡计算，主要明确不同设计标准下源头海绵措施控制后入湖入港调蓄量、外排水量、蒸发水量、河湖补水量、入渗量等。为增强水系作为排涝调蓄空间的功能，城市湖泊整治设计须进行多级水位复核，主要包括：

（1）生态控制水位

由最低生态水位通过河道生态环境需水量，断面设计进行确定。

（2）汛前预降水位

结合现有规划对湖泊的正常水位进行规定，通过不同降雨、水位组合，结合湖泊水下地形、周边建设、出口泵站运行等状况，合理确定汛前预降水位，并评估达到该水位的排放时间。

（3）最高控制水位

按照 30～50 年一遇降雨核算水系内水位过程，确定湖泊最高控制水位。

（4）超标调蓄水位

按照 100 年一遇降雨核算水系内水位过程，确定湖泊超标调蓄水位。

城市水系海绵性工程措施选择及设计应符合以下要求：

（1）滨水带

滨水带绿地空间宜选择湿塘、雨水湿地、植被缓冲带等措施进行雨水调蓄、削减径流及控制污染负荷；滨水带步行道与慢行道应满足透水要求；滨水带内的管理建筑物应符合绿色建筑要求。

（2）驳岸

江河、湖泊、港渠的岸线平面曲线应具有自然性与生态性；城市江河宜选用安全性和稳定性高的护岸形式，如植生型砌石护岸、植生型混凝土砌块护岸等，对于流速较缓的河段可选用自然驳岸；城市湖泊、港渠设计流速小，岸坡高度小的岸坡，应采用生态型护岸形式或天然材料护岸形式，如三维植被网植草护坡、土工织物草坡护坡、石笼护岸、木桩护岸、乱石缓坡护岸、水生态植物护岸等。

（3）排水口

城市水系禁止新增污水排水口，新增雨水排水口应采取面源控制措施。城市水系排水口应采用生态排水口（包括一体式生态排水口、漫流生态排水口等）；港渠、湖泊现有合流、混流排水口整治设计中,应结合汇水范围内的源头海绵性改造措施,采取初期雨水调蓄池、截污管涵等工程措施进行末端污染控制。

（4）水体

规划新建的水体或扩大现有水域面积,应核实区域低影响开发的控制目标,并根据目标进行水体形态控制、平面设计、容积设计、水位控制及水质控制。对于城市水体水质功能要求较高、排涝高风险区,可利用现有子湖等水域设计自然水体缓冲区等,缓冲区作为湿塘、前置塘、湿地、缓冲塘、渗透塘等。根据区域排水量、污染控制目标,确定缓冲区的面积、容积;根据上游排水口标高、下游水体水位明确缓冲区水域竖向标高。自然水体缓冲区应设置水质污染风险防范措施,以防止上游污染对主水域的水质破坏。

城市水系海绵措施衔接关系见图 7-10。

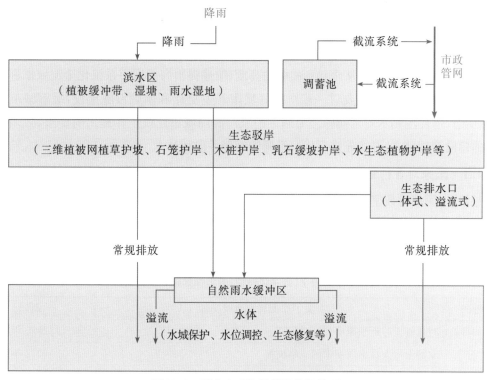

图 7-10　城市水系海绵措施衔接关系

第8章 智慧海绵规划内容

智慧海绵规划属于海绵城市规划中的重要专项内容,根据需要可单独编制成册。

8.1 智慧海绵概念

8.1.1 相关政策及规范要求解读

在新的历史时期,国家从全局和战略的高度,明确提出海绵城市系统化全流域推进的工作思路,要求相关管理部门要进一步统筹好城市开发更新和基础设施建设,缓解城市水资源、水生态、水环境和水安全问题。为满足国家对海绵城市建设工作提出的要求,必须改进原有的建设管理模式,寻找先进、科学、系统的管理手段和技术。

8.1.1.1 国家对各行业提出"数字转型"要求

近年来,国家对数字化建设高度重视,对于城市基础设施建设和管理提出了新的工作方向,数字中国、智慧城市、新型基建等理念正融入城市的方方面面,各行各业也都在探索自身的数字化转型之路,大大推动了国内数字行业的发展与建设(表8-1)。

表8-1　　　　　　　　近几年国家关于"数字化转型"的工作部署和政策文件

关键词	有关工作部署和政策文件	时间
数字中国	时任省长习近平提出"数字福建"	2000年
	党的十八大做出数字中国战略决策	2012年
	习近平总书记在第二届互联网大会强调数字中国建设	2015年
	《国家信息化发展战略纲要》加快推进数字中国建设	2016年
	数字中国建设写入党的十九大报告	2017年
	习近平总书记在数字中国建设峰会上强调加快建设	2019年
	数字中国建设在疫情中作用显著	2020年
	《国务院关于加强数字政府建设的指导意见》	2022年

关键词	有关工作部署和政策文件	时间
智慧城市	《关于国家智慧城市试点暂行管理办法》	2012 年
	《关于促进智慧城市健康发展的指导意见》	2014 年
	《关于组织开展新型智慧城市评价工作 务实推动新型智慧城市健康快速发展的通知》	2016 年
	《新型智慧城市评价指标(2018 年)》	2018 年
	《智慧水利总体方案》《加快推进智慧水利的指导意见》	2019 年
新型基建	中央经济工作会议	2018 年
	全国两会政府工作报告、中央经济工作会议	2019 年
	国务院常务会议、中央全面深化改革委员会第十二次会议、中央政治局常务委员会会议	2020 年
	《国民经济和社会发展第十四个五年规划和 2035 年远景目标纲要》	2021 年

8.1.1.2　海绵城市建设标准中明确数据的支撑作用

海绵城市建设效果评估与海绵设施日常运维管理离不开数据信息的支撑,在国家和部分地区的海绵城市建设标准中也对数据建设、平台建设提出了明确的要求。

(1)《海绵城市建设评价标准》

随着海绵城市由试点转向扩面,海绵城市建设项目数量日益增大,为进一步规范海绵城市建设效果的评价标准,住房城乡建设部于 2018 年底在试点验收工作的基础上制定并发布了一项国家标准,即《海绵城市建设评价标准》(GB/T 51345—2018)。该标准包含总则、术语和符号、基本规定、评价内容、评价方法 5 部分内容。

基本规定中,3.0.4 条和 3.0.5 条分别规定"海绵城市建设评价应对典型项目、管网、城市水体等进行监测,以不少于 1 年的连续监测数据为基础,结合现场检查、资料查阅和模型模拟进行综合评价","对源头减排项目实施有效性的评价,应根据建设目标、技术措施等,选择有代表性的典型项目进行监测评价。每类典型项目应选择 1～2 个监测项目对接入市政管网、水体的溢流排水口或检查井处的排放水量、水质进行监测"。

评价方法中,年径流总量控制率及径流体积控制、源头项目实施有效性、路面积水控制与内涝防治、城市水体环境质量、地下水埋深变化趋势、城市热岛效应缓解等部分均对监测工作提出了进一步的要求。

数据是真实客观反映当地海绵城市建设成效的重要依据,《海绵城市建设评价标准》(GB/T 51345—2018)的颁布,让各地愈发重视海绵城市评价工作中监测数据的应用,更加注重"数据意识"的培养。

(2)开封市《海绵城市建设技术规范》

为了规范开封市海绵城市建设工作,2021 年 7 月开封市城管局发布了《海绵城市建设技术规范》(DB4102/T 023—2021)。该规范包含范围、规范性引用文件、术语和定义、建议目标、规划、设计、施工和验收、运行维护、监测控制等 9 个章节内容。其中监测控制中第 9.2.1 条至第 9.2.3 条提出了海绵城市建设应开展监测和控制提供数据支持,宜建立海绵城市数字信息平台支撑业务应用等要求。

(3)湖北省《海绵城市建设技术规程》

湖北省住建厅在武汉市试点建设及全省海绵城市推进的工作基础上,于 2022 年 6 月发布了《海绵城市建设技术规程》(DB42/T 1887—2022)。该规程包含范围、规范性引用文件、术语和定义、基本规定、设计、施工、质量验收等 7 个章节内容。其中,在第 5.6 小节中,提出了 7 条有关海绵城市监测的规定,对监测点位、指标、方法、频次和注意事项进行了明确。

8.1.2　智慧海绵的概念

宏观来说,智慧海绵是新时期、新背景下国家对海绵城市建设工作提出的新理念、新要求,旨在通过信息化技术体现海绵城市智慧管理,催生新的智慧产业建设模式。具体来说,是以海绵业务与相关数据双驱动为核心,充分利用新一代信息与工业互联网技术,深入挖掘和广泛运用海绵信息资源,通过海绵信息采集、传输、存储、处理和服务,全面提升海绵城市建设管理的效率和效能,实现更及时的感知、更主动的服务、更全面的资源、更科学的决策、更自动的控制和更及时的应对。

智慧海绵主要特点可概括为自动化、信息化、数字化、智慧化。其中,自动化是指机器设备或系统能够按照人的经验和要求,实现自动检测、信息处理、分析判断、操纵控制等目标;信息化是指能够将业务管理过程和产生成果转变为标准化的、可共享和储存的信息资源,支撑具体的功能应用;数字化是在信息资源整合的基础上,通过强化数据感知、采集、计算和分析能力,赋能数据价值,助力精细化管理水平和效率的提升;智慧化是指基于人工智能、大数据等技术,实现业务系统自感知、自学习、自决策、自执行和自适应。

8.1.3　智慧海绵与智慧水务的关系

海绵城市是新一代城市雨洪管理概念,强调综合采取"渗、滞、蓄、净、用、排"的措施来实现对雨水的全过程管控,这与城市传统市政管理工作之一的水务管理高度重合。而在智慧城市理念的倡导下,智慧水务也成为了新时期水务行业的重点建设任务。因此,智慧海绵与智慧水务建设必然存在相似之处,但由于二者建设层级和工作业面的不同,这两个平台在设计和开发中也有所侧重。

整体来说,智慧海绵和智慧水务在实现路径上是一致的,都是利用新一代的信息化技术去实现各类工作的业务需求;所关注的重点是一致的,都是侧重于对功能应用场景和数据资源的建设;需要实现的最终目的是一致的,都是为了提升业务管理水平和效率,增强应急处理处置能力;平台的主要建设内容是一致的,都包含监测体系、基础环境、数据库、支撑平台、业务应用平台、终端展示环境、相应的管理制度及保障体系建设。具体异同点主要从以下几个方面分析。

8.1.3.1　平台用户

海绵城市建设管理需要统筹城区开发更新和基础设施新改扩建工程,其工作涉及面相对较广,建设层级相对较高,因此智慧海绵平台的用户较多。除了城建部门作为核心用户以外,一般还包括城市规划、水务、园林、水利、城管等政府部门和相关项目施工单位。此外,智慧海绵平台也可以在一定程度上向社会公众开放,作为宣传普及海绵城市理论知识和建设成效的重要渠道。城市水务管理工作主要围绕城市供水、污水和雨水等方面开展,智慧水务平台用户相对智慧海绵平台来说较为单一,以水务管理部门为主,同时当地的水务集团、排水公司和社会公众也可作为平台的关联用户,通过平台来办理相关业务。

8.1.3.2　功能应用场景

功能应用场景的设计和开发主要是根据业务管理工作的实际需求来确定。对于智慧海绵平台来说,其管理功能整体偏向宏观,主要功能应用场景包括海绵城市过程管控、相关项目过程管理、海绵城市建设成效评估、海绵资产动态管理、海绵设施运行维护、海绵产业技术交流以及海绵知识宣传普及等。而智慧水务平台的应用场景一般包含防洪排涝指挥调度、排水设施建设及维护、城市排水系统问题诊断优化、排水许可证管理、城市污水收集与处理、河湖港渠巡查监管、河湖水环境及水生态治理与修复、区域水资源统筹调度以及城市供水安全管理等。

8.1.3.3　数据资源建设

数据资源从来源上主要分为三类:一是由数据整编入库的;二是在平台使用过程中产生的;三是通过物联感知设备采集入库。其中,第一类主要包括路网、水系、行政区划等基础资料,政策文件、技术标准、设计方案等文档资料以及设施设备位置、数量、规模等资产资料。第二类主要包括业务办理成果文件、设施运维记录、项目过程管理文件、突发事件处理信息等。第三类主要为雨量、液位、流量、水质、工况等传感器采集数据和现场监控视频数据。智慧海绵和智慧水务均需要以这三类数据作为支撑平台功能应用的基本条件,但由于两者具体管理工作内容不同,对数据资源需求的侧重点也有所不同。

8.2　智慧海绵建设需求与任务

8.2.1　需求分析

在国家政策的引导下,在新一代信息化技术的支撑下,在内部管理压力的驱动下,智慧海绵成为新时期海绵推进工作中不可或缺的重要任务。由于不同地区海绵城市建设管理现状和管理部门体制与职责不同,各地对智慧海绵的需求理解也不完全一致,但结合当前海绵

城市建设管理存在的普遍问题和新形势要求,智慧海绵城市的主要需求可概括如下。

8.2.1.1 总体需求

(1)支撑海绵城市建设目标管理与评估

现阶段海绵城市建设由试点探索转向了全面推进,海绵城市理念已经深入人心,而随着项目不断落地,海绵城市建设目标评估成为了关注重点。目前大部分地区尚未形成系统的物联感知网络,对数据的应用形式也相对单一,无法较好地支撑目标评估工作。因此,通过智慧海绵城市建设,实现持续采集数据、自动评估成效、动态更新片区达标率是当前的迫切需求。

(2)辅助提升管理人员效率和水平

海绵城市建设管理链条长、流程多,在传统管理模式下,各部门之间的信息传递效率不高,难以形成良好的联动与共治机制。通过智慧海绵城市建设,打通各个部门、各个区域、各个项目之间的信息壁垒,全面汇聚和共享数据资源,不断优化海绵城市建设管理业务流程,从而显著提升海绵城市管理的效率和水平。

(3)促进海绵城市产业可持续发展

海绵城市是一项长期的国家战略,需要社会力量的广泛参与,而目前线上即时的海绵技术交流和社会公众宣传渠道尚未形成,一些好的案例和经验得不到有效宣传和推广,示范效应难以发挥。通过智慧海绵建设,打造良好的公众交流平台,将海绵城市最新政策要求及时宣贯,将优秀海绵建设案例及时宣传,将海绵城市新型技术、工艺、设备及时推介,不断推动海绵产业的健康良性发展。

8.2.1.2 具体需求

(1)汇聚梳理海绵城市文档及设施资产数据

目前,海绵设施基础资料(如地理空间资料、规划资料、设计图纸、验收文档等)的管理较为零散,信息化程度不高,各种格式数据并存,相关文档和设施资产不能及时更新和维护,海绵信息的延续性、有效性、共享性有待加强。因此,在智慧海绵的建设过程中,首先需要建立信息格式统一、满足各种业务需要的综合数据库,然后结合海绵城市的实际变化进行持续维护和更新。同时,在海绵资产入库前,需要按照数据特性、时空关系分类进行文档数据、空间数据、资产数据、历史变化数据的汇聚和梳理,以满足海绵资产管理系统的需求,为海绵城市智慧管理提供良好的数据基础,也为系统功能的设计和开发提供必要的数据条件。

(2)构建海绵城市系统化全层级监测体系

进入"十四五"时期,数字化成为当前时代的主旋律,各行各业都在围绕如何产生数字、分析数字和应用数字开动脑筋。随着监测硬件技术和网络传输技术的发展,各类海绵设施运行状态数字化成为可能。部分海绵设施常年敷设于地下,隐蔽性较强,利用常规管理手段难以及时和有效地发现设施运行过程中存在的问题。为全面掌握设施运行状态,分析设施数据变化情况,客观评估海绵城市建设成效,需要从源头、过程、末端各个层级系统地构建物联感知体系,针对不同设施的特点选择适宜的监测设备,采集雨量、流量、液位、水质等关键数据信息,为海绵城市设施管理奠定良好的数据基础。

（3）提高海绵城市全业务全流程管理能力

新的历史时期,海绵城市建设管理工作者无疑面临着更大的压力和挑战,原有碎片化、低效率的管理方式急需转变,可以利用新一代信息技术,围绕管理部门具体职责和工作需求,从行政办公、过程管控、项目推进、成效评估、设施运维、技术交流、宣传普及等方面实现全业务信息化管理,从海绵城市项目规划、设计、施工、运维等各个阶段实现全流程一体化管理,全面提升海绵城市建设管理工作的效率和水平,让管理过程更清晰,信息反馈更及时,管控效果更明显。

（4）优化海绵城市数据信息的呈现方式

海绵城市是一项复杂的系统工程,在建设推进过程中会产生大量的数据和信息,而查阅这些数字并通过信息转换获得清晰的结论并不是一件容易的事。人类大脑对视觉信息的处理优于对复杂文本的处理,因此使用图表、图形和设计元素把数据进行可视化,可以帮助用户更容易地解释数据模式、趋势、统计规律和相关性,而这些信息在原有呈现方式下可能很难被发现。围绕海绵城市数据信息特性,结合先进分析方法和可视化技术,不断优化数据呈现方式,准确而高效、精简而全面地给管理者传递信息和知识,帮助管理者更好地寻找数据规律、分析推理、预测未来趋势,创造更多的数据价值。

（5）提升数字化应用及智能分析能力

随着大数据、人工智能、模型算法技术的发展,用软件系统代替人的智力和脑力劳动,发挥计算机强大计算能力和数据分析能力成为行业所关注的重点。智慧化的特点是具有记忆思维能力、学习能力、自适应能力以及行为决策能力,也就是能够存储感知到的外部信息及由思维产生的知识,利用已有的知识对信息进行分析、计算、比较、判断、联想、决策,并且能够不断地学习积累,使自己适应环境变化,针对不同场景形成决策并传达相应的信息。在积累了丰厚的海绵城市建设管理数字资源之后,进一步利用这些资源,自动、自主地产生价值,是智慧海绵最终的建设要求。

8.2.2　建设任务

智慧海绵是提升海绵城市精细化管理水平,提高海绵城市建设成效和促进形成"海绵共治、成效共享"良好氛围的重要手段。其建设任务总体分为 3 个方面:一是智慧海绵综合信息管理平台建设,二是平台建、管、用体制机制完善,三是相关保障措施建立(图 8-1)。

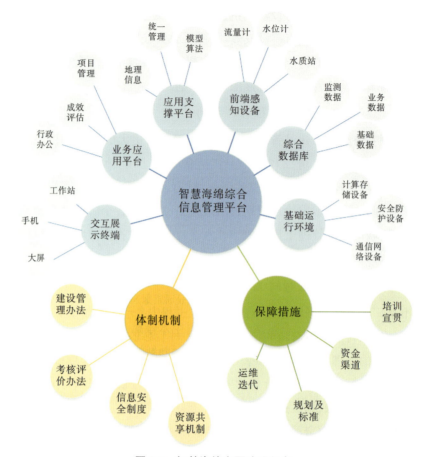

图 8-1 智慧海绵主要建设任务

（1）智慧海绵综合信息管理平台

综合信息管理平台是实现海绵城市智慧管理的重要载体和关键工具，其主要建设内容包括：

1）构建一张覆盖海绵城市建设区域的物联感知网络。根据海绵城市规划设计方案和项目实施情况，系统梳理海绵城市监测对象和监测要素，按照源头项目、管控分区、末端水体 3 个层级，建设海绵城市全过程、全天候的物联感知网络。围绕海绵设施管理和成效评估要求，根据各类海绵设施特点和安装环境，选取合适的布点位置、监测指标、监测频率和设备型号，持续稳定地采集和传输设施状态数据，为海绵城市的建设和管理提供基础数据条件。

2）搭建一个保障平台安全稳定的基础运行环境。平台基础设施主要包括存储设备、计算设备、网络通信设备、安全防护设备和密码应用设备，是平台系统安全稳定运行的基础保障。随着信息化工作的推进和数据安全的重视，大部分地区组建了信息化主管部门，统筹管理政府信息化系统的建设。对于已建政府机房的地区，其信息化项目原则上不再单独新建基础运行环境，由信息化主管部门统一提供资源服务。

3）建设一个开放共享的海绵综合数据库。数据库通俗来讲就是存储数据的仓库，数据库的建设是为了将各类规划数据、设计图纸、地理信息、业务信息等数据转化为计算机语言后，顺序合理、分门别类地存放在相应硬件介质上。数据库具有调取内容方便、快捷以及具备较高扩展性和独立性的优点，是平台建设中一项至关重要的工作。在具体建设过程中，应紧密围绕"海绵数据"的特性，有针对性地进行资料收集、数据转换、数据编辑、数据质检和数据入库。

4）集成一个资源与服务调用的应用支撑平台。支撑平台是将分散、异构的应用和信息资源进行聚合，通过统一的访问入口，实现结构化数据资源、非结构化文档和互联网资源、各种应用系统跨数据库、跨系统平台的无缝接入和集成，提供一个支持信息访问、传递、协作的集成化环境，实现个性化业务应用的高效开发、集成、部署与管理。根据海绵城市建设和管理的需求，开发访问关键业务信息的安全通道和个性化应用界面，为海绵城市的各项业务工作提供支撑服务。

5）研发一套支撑海绵城市综合管理的应用系统。围绕建设管理工作的实际需求，设计并研发海绵城市核心应用场景，建设管理功能强大、使用操作便捷的业务应用系统，实现海绵城市行政办公、过程管控、项目推进、成效评估、设施运维、技术交流以及宣传普及等具体功能。

6）建设一座多功能会商的海绵城市指挥中心。指挥中心能够为智慧海绵综合信息管理平台提供一个安全稳定的应用场所和展示环境，可以有效地提高管理部门应对突发事件的处置效率。各地可以根据自身需求，建设不同规格、不同布置形式的指挥中心，建设内容主要分为土建、装修和设备（一般包括 LED 屏显示系统、音频扩声系统、数字会议系统、智能中控系统、视频会议系统及其他配套设施）的安装和调试。

（2）智慧海绵体制机制

为确保智慧海绵平台能够建得成、用得好，各地需要结合自身特点，探索一套适用于智慧海绵平台建、管、用的体制机制。在区域信息化主管部门的指导下，海绵城市主管部门需要成立专职信息化管理团队，组建海绵信息中心或相关业务科室，负责智慧海绵平台建设和管理的各项具体工作。同时，要进一步梳理智慧海绵平台在建设、管理、使用、运维等各个环节的工作内容，压实责任主体，强化绩效考核，形成"人人参与、人人使用、人人受益"的良好氛围，争取让每一次过程管控、每一个项目实施、每一轮成效评估、每一项技术交流都实时更新到智慧海绵平台中来，不断积累平台数据，赋能价值，发挥智慧海绵建设效益的最大化。

（3）智慧海绵保障措施

为了确保智慧海绵平台建设和运维工作的顺利开展，需要制定并实施系统保障措施，具体包括：编制智慧海绵平台顶层规划，系统研究建设内容和任务，制定科学、可行的建设路线，分步分期推进实施；制定一套涵盖平台设计、开发、运维等各个阶段的智慧海绵技术标准，提供全过程、全周期的技术指导；稳定资金渠道，为智慧海绵平台的建设和运维工作提供资金保障；组建专业化运维团队，提升运维水平和运维质量，持续推进平台优化迭代；加强宣传培训,提高智慧海绵平台普及力度。

8.3 智慧海绵信息平台规划方案编制内容

智慧海绵信息平台规划方案编制应从实际需求出发,同时符合国家和行业现行标准规范要求,一般包含规划概述、智慧海绵发展趋势、智慧海绵建设现状与挑战、智慧海绵需求分析、规划目标与原则、智慧海绵总体框架、海绵物联感知系统、ICT 基础设施(信息与通信技术基础设施)、海绵大数据平台、应用支撑能力平台、海绵业务管理系统、分期规划等。

8.3.1 规划概述

规划概述是智慧海绵城市规划方案的整体介绍,一般包含规划背景、规划范围、规划期限、规划依据、技术路线等。

8.3.2 智慧海绵发展趋势

宏观层面的智慧海绵城市发展趋势分析是影响方案内容设计的重要因素,该部分主要介绍国内外智慧海绵城市的发展历程,现阶段智慧海绵城市的建设情况以及在国内相关政策和规划指导下未来时期智慧海绵城市的重点发展方向和领域。

8.3.3 智慧海绵建设现状与挑战

分析当前智慧海绵建设现状是方案设计的基础性工作,有助于摸清区域智慧海绵城市建设的薄弱环节。一般包含海绵城市建设制度文件、建设项目分布、海绵设施资产分布及规模、物联感知体系建设、网络通信建设、支撑软硬件建设、业务应用系统建设、展示终端建设、智慧海绵城市机制保障等现状的调研、梳理与分析。

8.3.4 智慧海绵需求分析

8.3.4.1 用户定位分析

智慧海绵城市平台的用户可分为核心用户和关联用户,其中核心用户一般为当地海绵城市建设的主管部门,关联用户又可分为行政管理部门(规划、水务、园林、城管等)、项目建设单位、规划水单位、施工单位、运维单位以及社会公众等。不同部门、不同用户在海绵城市建设中起到的作用不同,因此需要对各用户间的业务层级和业务流程进行梳理。

8.3.4.2 业务需求分析

对不同用户开展走访和调研,收集用户对信息平台的建设需求。一般业务需求包含日常行政办公、海绵城市过程管控、海绵城市项目建设管理、海绵城市建设成效评估、海绵城市设施运维、优秀案例交流和技术推广以及海绵城市理念宣传普及等。

8.3.4.3 其他需求分析

除业务需求外,还应对影响方案内容设计的其他需求进行分析,如海绵城市数据汇聚、数据治理、系统性能、信息安全、标准统一、网络及系统运行环境、接口服务、设备迁移与维护、指挥中心建设等需求。

8.3.5 规划目标与原则

根据国家、各地政策以及上位规划要求,结合区域实际,制定规划总体目标和分期建设目标。同时,提出科学合理的规划原则,如统一规划分步实施、需求为先、数据牵引、集约共享、安全高效、实用为主、适度超前等。

8.3.6 智慧海绵总体框架

8.3.6.1 总体架构设计

智慧海绵城市总体架构是描绘海绵城市信息平台的总体蓝图,介绍构成平台系统的各类要素以及各个要素之间的相互关系。总体框架应围绕海绵城市建设和管理的各项工作,全面汇聚项目区域内的海绵业务数据,强化实际业务应用,一般包含标准规范、信息安全和统一运维三大体系以及物联感知、ICT 基础设施、大数据平台、支撑平台和业务系统等五大层级。

8.3.6.2 核心功能场景

核心功能场景是响应平台各类用户实际需求的功能场景设计及描述,是智慧海绵城市规划方案中承上启下的一项重要内容,平台设计方案应当能够支撑核心功能场景中的各项模块和具体功能的实现。核心功能场景应至少包含目标管理与评估、海绵城市业务信息管理以及海绵城市知识库管理等。

8.3.7 海绵物联感知系统

物联感知系统是平台的"眼睛",是支撑平台各项功能应用最前端的数据来源,应结合海绵城市各个环节和各类设施的特性和监测需求进行设计,构建多层级、全天候的立体海绵城市物联感知网络。在规划方案阶段,应至少明确监测设备类型、布点原则、设备数量、监测指标和监测方式等。

8.3.8 ICT 基础设施

ICT 基础设施,即信息与通信技术基础设施,主要包含通信网络、计算、存储、安全防护等设施设备,是满足平台正常运转的基础条件。ICT 基础设施在服务资源能力充沛的条件下,可以同时支持多个平台运转,具有较高的共享性。因此在规划设计时,应充分摸清现状设备资源,评估剩余的服务能力,在此基础上进一步完善和补充 ICT 基础设施建设。

8.3.9　海绵大数据平台

数据库是"电子化的文件柜",是按照数据结构来组织、存储和管理数据的仓库,而大数据平台是在数据库概念上的进一步延伸,引入了数据治理、数据运维、数据共享交换等理念。海绵大数据平台设计应紧密围绕海绵数据特性和规则,一般包含大数据平台架构设计、数据汇聚分类、数据治理、数据标准等内容。

8.3.10　应用支撑能力平台

应用支撑能力平台是一个信息集成环境,是将分散、异构的应用和信息资源进行聚合、集成、部署与管理,以满足用户个性化业务应用需求。根据智慧海绵城市功能应用场景,涉及支撑能力的包含视频管理支撑、统一门户支撑、统一用户管理支撑、地理信息支撑、BIM 服务支撑、AI 能力支撑、物联网支撑等。

8.3.11　海绵业务管理系统

业务管理系统是围绕用户需求和功能场景应用进行开发建设并用于人机交互的"窗口"。海绵业务管理系统可分为海绵城市目标管理与评估系统、海绵城市业务信息管理系统、海绵城市知识库管理系统等三大子系统。其中,海绵城市目标管理与评估系统应具备管控分区目标分解、管控分区基本情况查询、海绵城市建设成效评估(区域层级)、项目建设成效评估(项目层级)等功能。海绵城市业务信息管理系统应具备海绵城市项目全生命周期信息以及海绵城市设施资产信息的增删改查功能。海绵城市知识库管理系统应面向公众,并支持相关政策、标准发布,优秀海绵城市案例宣传以及新技术新设备交流等相关功能应用。

8.3.12　分期规划

相比于传统工程项目,智慧海绵信息平台建设内容种类多、技术范围广,且不同地区的信息化基础水平、技术积累程度以及业务信息化需求各不相同,因此在规划方案中需要结合实际情况对平台建设内容进行合理分期。分期原则可遵循基础设施先行、数据标准先行、急迫业务先行等,通过近期平台建设来提升区域基础设施水平,不断积累海绵城市相关数据与信息化管理经验,为后续全面应用和智慧拓展提供条件。

8.4　智慧海绵信息平台实施关键技术

智慧平台是一个跨专业、多学科的系统性工程,在建设过程中需要集成和耦合多种技术与手段,以实现用户对平台的功能需求。平台开发和建设涉及的关键技术包括物联网技术、大数据技术、云计算技术、人工智能技术、GIS(地理信息系统)技术、5G(第 5 代移动通信)技术、BIM(建筑信息模型)技术、数字孪生技术以及排水模型技术等。

8.4.1 物联网技术

（1）技术介绍

物联网（IoT，Internet of Things），即"万物相连的互联网"，是指通过信息传感设备，按约定的协议，将任何物体与网络相连接，物体通过信息传播媒介进行信息交换和通信，以实现智能化识别、定位、跟踪、监管等功能（图8-2）。

图 8-2　物联网技术概念图

物联网是新一代信息技术的重要组成部分，也是"信息化"时代的重要发展阶段。传感器技术、RFID标签、嵌入式系统技术是物联网应用中的三大关键技术，通过RFID、二维码、NFC等方式对静态属性物体进行标识，动态属性物体（如水质监测仪）由传感器实时传感技术进行探测，结合传感技术将模拟信号转换成数字信号统一传输至信息处理平台，基于云计算平台和智能网络，可以依据传感器网络用获取的数据进行决策，改变对象的行为进行控制和反馈。

（2）在智慧海绵中的应用

智慧水务建设就是充分利用局部网络或互联网等通信技术把传感器、控制器、机器、人和物等通过新的方式联在一起，形成人与物、物与物相联，实现信息化、远程管理控制和智能化的网络，形成全数据自动采集上传分析决策，并通过自动化控制或远程控制进行及时有效的处理。因此，智慧海绵离不开物联网感知控制能力建设。

在智慧海绵建设中利用物联网技术，可以获取区域降雨和末端河湖的水雨情数据，获取下凹式绿地、蓄水模块、绿色屋顶、透水铺装等源头设施和排水管网的流量、液位、水质数据，同时能够实现排水泵站、闸站、调蓄池、污水处理厂等设施设备的远程控制。

8.4.2 大数据技术

8.4.2.1 技术介绍

"巨量资料"是指所涉及的资料量规模巨大到无法通过目前主流软件工具,在合理时间内达到撷取、管理、处理并成为帮助企业或政府进行管理的资讯,而利用大数据(Big Data)技术能够从大量的不同类型的数据中快速获得有价值信息,为管理者提供决策依据。当前,大数据领域已经涌现出了包括大数据采集、大数据预处理、大数据存储及管理、大数据分析及挖掘、大数据展现和应用在内的一些新技术,它们成为大数据采集、存储、处理和呈现的有力武器(图 8-3)。

图 8-3 大数据技术概念图

8.4.2.2 在智慧海绵中的应用

随着海绵城市建设的全面推进,在日常建设和管理中,会累积大量的业务数据,造成信息堆积。从这些数据中,管理者无法快速了解海绵城市建设现状,也无法针对性地进行分析和决策。大数据技术能够帮助管理者从海量的监测数据和业务数据中发现规律,系统诊断问题,优化管理措施,从而确保海绵城市建设质量和成效。

8.4.3 云计算技术

8.4.3.1 技术介绍

云计算(Cloud Computing)是由硬件资源、部署平台和相应的服务等方便使用的虚拟资源构成的一个巨大资源池。根据不同的负载,所有用户所需的资源都在资源池中进行实时动态的调配。透过这项技术,网络服务提供者可以在数秒之内,处理数以千万计甚至亿计的信息,达到和超级计算机同样强大效能的网络服务。最简单的云计算技术在网络服务中已经随处可见,例如搜寻引擎、网络信箱等,使用者只要输入简单指令就能得到大量信息(图 8-4)。

服务可租用

服务性能强

资源利用率高

性价比优势大

图 8-4　云计算技术概念图

8.4.3.2　在智慧海绵中的应用

当前,大部分地区在信息化主管部门的统筹下,已经新建了政务云计算中心,能够为城市信息化管理的大量业务提供资源支撑。在智慧海绵平台的建设过程中,建设方提出资源申请后,由信息化主管部门统一调配,为智慧海绵平台各类应用场景提供强大的计算服务。

8.4.4　人工智能技术

8.4.4.1　技术介绍

人工智能(Artificial Intelligence,AI)是研究、开发用于模拟、延伸和扩展人类智能的理论、方法、技术及应用系统的一门新技术,它试图了解智能的实质,并生产出一种新的能以人类智能相似的方式做出反应的智能机器,是计算机科学的一个分支。人工智能系统具有自主学习、推理、判断的能力,语言识别、图像识别、自然语言处理和专家系统等是人工智能的重要发展方向,主要应用在优化设计、故障诊断、智能检测、系统管理等领域(图 8-5)。

8.4.4.2　在智慧海绵中的应用

基于人工智能视觉分析技术,可以帮助管理人员实时识别雨天或洪水路面积水情况,严重积水时立即报警,提醒管理人员排水疏通,设立警告标志,避免人车安全事故;可以识别水体污染和排水口偷排事件,及时发现问题,处理问题;可以识别对海绵设施的人为破坏行为,保障海绵设施正常稳定运行。

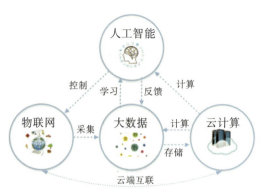

图 8-5　人工智能技术概念图

基于深度学习技术,通过对水面数据集的训练,神经网络能够自主判读水尺,利用5G将检测结果传回指挥中心,通过与泵站的控制系统联动,能智能控制泵站出水,达到智慧调节排水量的功能。深度学习技术还能应用于判断大范围内水面高度,若水面淹没到报警位置,则推送预警信息。

人工智能技术应用在海绵城市领域的场景会越来越丰富,给智慧海绵的建设带来更多的创新和革命性能力。

8.4.5　GIS 技术

8.4.5.1　技术介绍

GIS(Geographic Information Systems,地理信息系统)技术,是多种学科交叉的产物,它以地理空间为基础,采用地理模型分析方法,实时提供多种空间和动态的地理信息。GIS技术管理的对象是多种地理空间实体数据及其相互关系,在计算机软件和硬件的支撑下,GIS以地理空间数据库为基础,对整体或部分空间中的地理分布相关数据进行采集、储存、管理、分析、模拟、显示和描述。GIS还可以采用地理模型分析的方法,通过提供多方面的地理空间动态信息,为各个学科提供相关的地理研究和决策服务,建立科学系统的计算机技术支持体系(图 8-6)。

8.4.5.2　在智慧海绵中的应用

利用GIS技术,能够在海绵城市各类信息的基础上赋予地理空间属性,将海绵资产、建设项目、片区评估以及各种监测数据等信息在地图上反映出来,实现海绵城市"一张图"管理,并可以根据海绵城市信息要素类型,进一步定制开发各类专题图,帮助管理者清晰掌握建设现状,实现高效决策。

图 8-6　GIS 技术概念图

8.4.6　5G 技术

8.4.6.1　技术介绍

5G 技术(5th Generation Mobile Communication Technology),即第五代移动通信技术,是具有高速率、低时延和大连接特点的新一代宽带移动通信技术,是实现人机物互联的网络基础设施。

5G 技术提供的网络有以下几个特点:

1)低延迟(URLLC):5G 可以使网络延迟从 4G 的 10～50ms 降低为 1ms,且用户在高速移动的情况下,依然可以保持低延迟效果。

2)广连接(mMTC):5G 技术可以连接的设备数为 100 万/km²,而 4G 的连接数仅为 1万/km²。5G 网络最大的改进之处是它能够灵活地支持各种不同的设备。除了手机和平板外,5G 还支持各式各样的物联网设备。

3)超高速(EMBB):对比 4G,5G 的峰值速率从 1Gbit/s 提升到 20Gbit/s,能满足实时8K 视频、VR/AR、云渲染、大数据处理等诸多大数据流量应用。

最重要的是,5G 技术能支持通信运营商将入网设备、节点和基础服务设施,按照客户需求通过网络切片的方式为不同垂直行业、不同客户、不同业务,提供相互隔离、功能可定制的网络服务,是一个提供特定网络能力和特性的逻辑网络。简而言之,5G 可以为用户提供高可靠、低时延、广联接、便宜、安全、独立、超快的专网(图 8-7)。

图 8-7　5G 技术概念图

8.4.6.2　在智慧海绵中的应用

海绵城市相关资产分布面广,设施基数大,在线监测、巡检、监控、指挥等功能都需要稳定、可靠、安全、独立、高速、联接广泛的专网,无论是近期还是远期都只有通过 5G 技术才能实现。同时,在设施远程控制中也可通过 5G 的 URLLC 切片技术,实现与指挥中心和控制室的直连,其低时延、高可靠的特性将有效保障控制系统的稳定性。

此外,物联监测设备和移动办公设备通过移动互联网接入,在通过手机查看监控实时视频、运用 AR 技术进行可视化巡检,以及在建工程运用 BIM 技术指导施工时,5G 的 EMBB 切片技术可以提供稳定高速、大带宽的连接,提高大流量数据应用的体验保障。

8.4.7　BIM 技术

8.4.7.1　技术介绍

BIM(Building Information Modeling),即建筑信息模型,是对建筑工程物理特征和功能特性信息的数字化承载和可视化表达。其核心是在工程建造前,预先在计算机中模拟建立 1∶1 富含各类信息的三维数字建筑信息模型,工程项目设计方、建造方、后期运营方可以借助 IT 技术在不同阶段使用建筑信息模型进行沟通协作,大幅度提高协同效率,节约资源,提升施工质量。BIM 作为建筑行业信息化实施的基础,已经在全球工程建设领域获得了广泛认可(图 8-8)。

图 8-8　BIM 技术概念图

8.4.7.2　在智慧海绵中的应用

　　BIM 技术可以支撑智慧海绵平台中关于三维专题图的建设,实现海绵城市源头设施、地下排水管网、泵闸站、调蓄池等三维可视化,辅助管理人员做好智慧海绵空间管理、设施管理、隐蔽工程管理和应急管理等工作。其中空间管理主要是海绵城市设施的空间定位,把原来编号或文字表示变成三维图形位置,直观形象且方便查找;设施管理主要包括设施安装、空间规划和维护操作,利用 BIM 技术提供协调一致、可计算的信息;隐蔽工程管理主要是地下设施的可视化处理,便于隐蔽设施维修、设备更换和位置定位;应急管理主要是将突发事件转化为三维信息,帮助管理人员及时高效地掌握周边情况,从而及时疏散人群和处理灾情。

8.4.8　数字孪生技术

8.4.8.1　技术介绍

　　数字孪生(Digital Twins)是充分利用物理模型、传感器更新、运行历史等数据,集成多学科、多物理量、多尺度、多概率的仿真过程,在虚拟空间中完成映射,从而反映相对应的实体装备的全生命周期过程。

　　数字孪生城市通过对物理世界的人、物、事件等所有要素数字化,在网络空间再造一个与之对应的虚拟世界,形成物理维度上的实体世界和信息维度上的数字世界同生共存、虚实交融的格局。物理世界的动态,通过传感器精准、实时地反馈到数字世界。数字化、网络化实现由实入虚,智能化、智慧化实现由虚入实,通过虚实互动,持续迭代,实现物理世界的最佳有序运行(图 8-9)。

8.4.8.2　在智慧海绵中的应用

　　利用数字孪生多模态多尺度空间数据智能提取技术和深度学习自动建模技术,结合BIM 技术和物联网技术的应用,全方位、全要素地搭建城市三维底板,能实现设施运行状态变化、河湖水位变化、河湖水质反演、城市淹没区域反演和各类设施断面分析等功能，以及其他海绵城市信息的三维可视化。

图8-9　数字孪生技术概念图

8.4.9　排水模型技术

8.4.9.1　技术介绍

数值模型技术（Numerical Modeling Techniques）亦称"数值模拟决策技术"，是为研究解决某一实际决策问题，先根据各类学科原理，建立一定范围的数值模型，通过设置不同的边界条件，对模型进行动态模拟试验，按其运行结果进行评价和优选的决策技术。排水模型技术是数值模型技术的一种。

排水模型技术可以给决策者提供虚拟的"实验室"，能够重复多次试验以研究单个变量或参数的变化对实际问题总体系统的影响，且结果输出简单易懂、展示直观，能够显著降低实际工作开展的试错成本（图8-10）。

图8-10　排水模型技术概念图

8.4.9.2　在智慧海绵中的应用

海绵城市的建设管理离不开流域排水模型的搭建和应用。排水模型能够模拟源头出流量、管网过流量、地面积水量以及水体污染量等内容的变化情况,可以有效支撑海绵城市建设成效评估和海绵设施优化调度工作的开展。目前,行业内已有一些成熟的模型软件可供技术人员使用,这些软件是基于现代水文学、水力学的原理进行开发设计的,能够大大增加模型搭建的效率。

8.5　智慧海绵信息平台案例介绍

8.5.1　武汉海绵城市监测评估平台

8.5.1.1　项目概述

武汉市是第一批国家海绵城市建设试点城市。2016 年,武汉市为加速海绵城市的建设进程,保障海绵城市的持续运营,提高海绵城市建设和运营的科学性、可评价性和可持续性,开始了智慧海绵平台的探索之路,成为国内最早完成海绵城市平台建设和使用的城市之一。

武汉市海绵城市监测评估平台以信息资源规划、数据资源整合、数据交换共享、数据共享服务为宗旨,充分运用数据治理思想和业务应用建模理念,初步建设涵盖数据采集、存储、交换、共享、应用、规范及安全等内容的"五层两保障"的逻辑体系,形成包括"一个中心、三个平台、六大业务系统、N 端信息整合"等建设成果,从海绵成效考核评估、海绵项目建设管控、海绵信息共享服务等层面有效提升武汉市海绵城市监测评估能力,促进武汉市海绵城市向智慧海绵方面发展(图 8-11)。

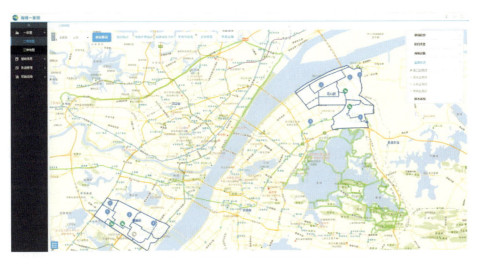

图 8-11　武汉市海绵城市监测评估平台操作界面

8.5.1.2　总体架构

系统建设总体分为数据层、中间层和应用层 3 部分内容,以及数据交换外部数据接口,采用 B/S 架构设计。

该系统采用统一技术框架构建后台,业务功能模块化(组件)开发模式。保障系统各层间在高效衔接的前提下,针对业务应用需求进行前台功能的模块化封装,提供便捷的功能重组以及与现有系统集成的通道。模块化开发模式满足了后期用户需求的变化及业务本身变化对软件使用的要求。用户可根据业务的临时变更,对软件局部进行修改或者重新定制,组装新的业务应用系统,提升本系统软件应对应用变化的健壮性和生命力(图 8-12)。

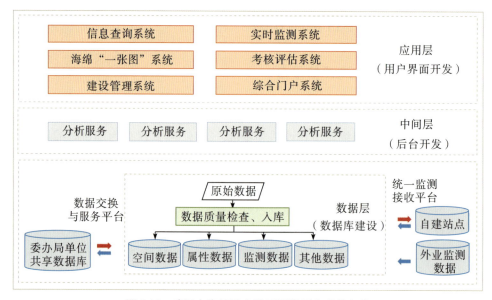

图 8-12 武汉市海绵城市监测评估平台总体架构

8.5.1.3 主要功能

（1）信息查询

海绵城市建设会产生大量数据信息,海绵城市监测评估平台以列表的形式,按建设项目、海绵设施、监测数据等分类进行高效信息检索和动态数据查询。

（2）实时监测

对前端水位监测、流量监测、视频监测、雨量监测、温度监测、水质监测等设备采集数据进行查询、展示、汇总,同时为该平台中其他需要展示的系统提供数据源。

（3）海绵"一张图"

该系统在接入武汉市规划研究院底图的基础上,制作多种海绵专题图,建立适宜的分层配图体系,为用户提供良好的展现效果,并根据业务需求建立科学查询服务,方便用户进行分类信息查看。海绵"一张图"实现了多位一体的展示方式:采取地图、文字、表单、图像、视频、示意图等多种手段进行综合展示;实现了多空间层次的 GIS 展示方式:分别在示范区、海绵工程项目和海绵设施 3 个层次进行展示。

（4）考核评估

考核评估系统能提供考核评估管理和考核结果展示功能。考核评估管理功能可以对各类考核对象(示范区、区块/子汇水区、海绵设施等)的海绵城市建设情况进行考核评估、考核对象管理、考核指标管理、考核结果审核与发布以及考核结果管理。考核结果展示功能采用地图和列表相结合的方式,展现已审核发布的武汉市对于示范区、区块/子汇水区以及各类海绵设施的考核结果(各指标目标值、实际值、各指标是否达标等)。

（5）建设管理

在系统中规范化、标准化申报、审批业务流程,并固化执行过程的数据元素和职责权限,通过系统实现各类单据流转审批,实现流程管理的网络化,提高工作效率,节约沟通成本。在工程建设过程中实现资料的实时归集,直接形成竣工验收要求的基础资料,减少后期资料整理的工作量。通过统一的数据采集入口,进行项目数据归类、统计、分析,提供决策者需要的数据形式和决策依据。

8.5.2　上海临港海绵城市智慧管控平台(一期)

8.5.2.1　项目概述

2016 年,上海入选第二批海绵城市建设试点城市,是全国面积最大的海绵城市试点地区,试点区位于临港新片区,属于典型的平原河网地区,试点面积 79km²,包括 100 余项具体工程。为科学、有效地指导海绵城市建设,积极响应国家海绵城市试点要"建立有效的暴雨内涝监测预警体系"的要求,有效提高城市管理水平,实现高效能治理,临港新片区于 2018 年着手开展临港海绵城市智慧管控平台建设,力求做到科学、高效、规范(图 8-13)。

图 8-13　上海临港海绵城市智慧管控平台(一期)操作界面

8.5.2.2　总体架构

临港海绵城市智慧管控平台集硬件监测设备和软件系统为一身,包括集成站、岸边站、管网流量计、雨量计、在线监测系统、项目管理系统、运维管理系统、绩效考核系统、决策支持系统、公众服务系统等。管控平台在系统建设过程中融合"水弹性城市"理念,主要使用物联网、大数据、云计算等新一代信息化技术,以云计算虚拟化平台为基础,以海绵城市数据中心为核心,结合 GIS+物联感知网络构建海绵城市智慧管控平台,多角度全方位实时监测海绵城市建设过程及运行情况。通过多源数据融合技术及数据分析技术,实现对海绵城市从规划建设到运行管理的闭环精准管理,实现海绵城市各区域、各部门、各系统、各设施的高效联动,让海绵城市功能得到充分、长效发挥(图 8-14)。

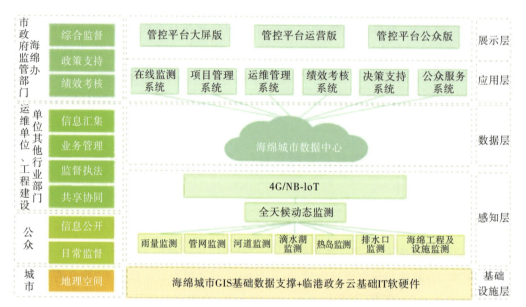

图 8-14 上海临港海绵城市智慧管控平台(一期)总体架构

8.5.2.3 主要功能

通过对海绵城市业务职能的分析,临港海绵城市智慧管控平台需要实现对海绵建设成果的评估,构建以实时监测加统计分析为主、计算机仿真模型为辅的考核评估计算方法体系;实现对项目建设的全生命周期管理,落实规划、设计、施工、运维衔接;实现对项目建设流程审批及资金、进度、图档的电子化管理;实现对建设成效的长效管理,建立海绵设施及监测设备日常维护机制,减少运维成本;实现海绵城市运行数据全天候管理,及时发现水生态、水安全、水环境、水资源的问题,采取有效措施处理处置,进行预警应急的决策与指挥;实现海绵城市建设成果展示及与公众互动交流,提供海绵建设展示窗口与互动交流平台。

2019 年 8 月,为应对台风"利奇马"的影响,根据台风预报情况,采用平台进行应急预案演练,以图、表、动画的形式进行展示,直观表达出防洪排涝调度方案,辅助调度人员进行调度方案的制定。临港地区根据调度方案开闸排水,对河道和湖泊进行预降水位,增加调蓄容积。台风前后,通过管控平台数据可以看出,临港地区河道、湖泊水位变化较小,被控制在稳定的范围内。

8.5.3 北京市海绵城市建设管理平台

8.5.3.1 项目概述

自 2019 年开始,北京市利用两年时间完成了海绵城市基础数据库构建、海绵城市监测平台及模拟平台开发,实现了 3000 个排水分区,涉及 4000 余处海绵城市建设项目、近万处源头海绵设施数据信息汇聚。2021 年,北京市编制了《智慧水务 1.0 总体设计方案》,其中海绵城市管理平台是北京市智慧水务"取供用排"协同监管应用系统中"排"的重要组成部分。按照总体设计方案,北京市将之前完成的基础数据库、监测平台和模拟平台进行了集成,形成了北京市海绵城市建设管理平台(图 8-15)。

图 8-15　北京市海绵城市建设管理平台操作界面

8.5.3.2 总体架构

北京市海绵城市建设管理平台所有信息面向"政企民"开放。其中,"政"包括市区两级海绵城市管理人员、市领导和其他委办局以及行业主管部门住房城乡建设部和水利部相关人员;"企"则是指排水集团;"民"则是社会公众。北京市海绵城市管理平台是智慧水务中的重要组成部分,同时又是有机衔接水旱灾害防御应用的协同系统(图 8-16)。

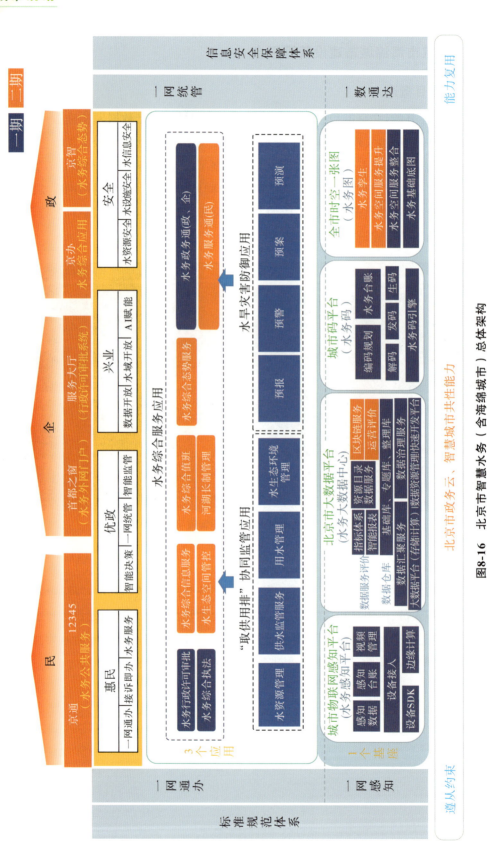

图8-16 北京市智慧水务（含海绵城市）总体架构

8.5.3.3　主要功能

（1）成效"一张图"

践行"开放"理念，在一张图上展示全市海绵城市建设基本情况，包括国家不同阶段考核目标，全市以及各区年度达标面积及比例，达标区域的位置，海绵项目数量、类型以及海绵设施的类型及规模。在一张图上展示全市积水内涝点治理情况，包括积水点与风险点两类。支撑全市积水点动态清零。

（2）资产"一个库"

践行"共享"理念，依托"区级填报—市级汇总—抽样校核—整理入库—分级使用"的模式，逐步将分散于各区、各单位的海绵建设项目汇总起来，进行大量数字化分析，形成全市海绵城市资产库和各区海绵城市的矢量资产库，并动态更新。

（3）监测"一张网"

践行"协同"理念，针对国家对北京市以及北京市对各区年度考核的要求，采用"协同与自建相结合，以协同为主"的建设模式，构建海绵城市信息感知端。对于非独有信息，通过与其他平台相协同获取；对于海绵专属数据，实现从源头到过程到入河口的全过程流量及水质监测，支撑场次降雨海绵效益简报发布及海绵绩效评估。

（4）考核"一套表"

践行"智慧"理念，将复杂的年度考核工作，浓缩成一套表格，并借助模型算法实现信息上报，同时得出考核结果。借助海绵平台，提供集中导入和在线填报两种信息上报手段，满足各区海绵管理人员多样化需求。

（5）建设"一盘棋"

通过市区联动功能，各区可以查看全市海绵城市建设基本情况以及本区海绵城市在全市的排位，通过清管行动与海绵信息上报模块，实现在日常业务中市区有机衔接，并逐步更新补充本区海绵城市的基础信息库。

第 9 章 海绵城市规划编制技术方法

海绵城市规划技术方案的编制主要包括现状分析、方案制定、效果评估 3 个部分。其中,对现状的准确分析是方案制定的基础,而对效果的精准评估则是衡量方案优劣及优化方案的必备步骤。为了尽可能让工程方案具有针对性且效果显著,通常会最大程度地借助定量化的技术手段来确保现状分析和效果评估的精准度。根据海绵城市规划编制的相关要求,通常需要进行分析评估的内容包括地形高程、城市下垫面、现状用地情况、排水系统、内涝风险、水体水环境质量以及水生态性,涉及的专业应用软件有 Office、Auto CAD、Arc GIS 以及各种水力模型软件等。

9.1 基础调查

9.1.1 作用

基础调查是开展海绵城市规划编制的前置性基础工作,是制定各项海绵城市规划方案及建设项目库的本底依据,只有清楚详尽地掌握了规划区域的各方面基础情况,才能找准问题、对症下药,制定出切实可行的规划方案,为规划区解决各种现存问题、达到相关上位规划目标提供可靠且有效的实施路径。

9.1.2 调查内容

一般而言,海绵城市规划编制的基础调查工作内容包括自然地理、社会经济、水体水系、用地及道路建设现状、雨污水系统现状、供水及防洪体系现状等。

自然地理又包括气象、水文、地形地貌、地质、土地利用现状及规划等。社会经济方面应充分调查规划区域人口、社会经济发展现状及产业分布、有关发展规划等。

规划区域的主要水体是其最重要的自然禀赋,同时也是编制海绵城市规划最需要考虑的基础情况。水体包括江、河、湖、泊及港渠等,水体的位置、断面、水位、岸线及排水口、调蓄容量、水质现状及标准、环境容量、汇流范围等基本情况深度影响规划区域的供水、排水防涝、水污染治理、水生态修复、海绵城市等各类相关工程的建设,是基础调查中非常重要的一项工作内容。

供水及防洪都属于海绵城市规划中的水安全板块。其中，供水系统包括水源地、自来水厂及供水管网 3 个方面，其现状情况主要会影响供水方案的优化和完善。防洪体系则包括防洪标准、堤防现状、水库现状、蓄滞洪区及非工程保障体系等方面，对规划方案的防洪方案制定具有指导性意义。

雨污水系统是整个海绵城市规划中最重要的组成部分，因此雨污水系统现状也是基础调查工作中最重要的内容(图 9-1)。雨水系统现状主要包括城市排水分区、雨水管网建设及走向情况(雨水系统图)、排水闸站及调蓄池等设施建设情况及区域渍水现状等。污水系统现状则包括区域排水体制、污水系统分区、污水管网建设及走向情况、污水泵站及处理厂等设施建设情况、管网混错接情况及中水回用情况等。清楚掌握规划区雨污水系统现状情况是制定海绵城市规划中雨污水系统建设及其他海绵城市相关建设方案的重要基础，同时也是制定规划项目库的重要依据，因此是基础调查工作的重中之重。

图 9-1　某区域雨水(左)、污水(右)系统现状

9.2　地形高程分析

9.2.1　作用

海绵城市主要是通过加强城市规划建设管理，充分发挥建筑、道路和绿地、水系等生态系统对雨水的吸纳、蓄渗和缓释作用，以有效控制雨水径流，因此在海绵城市规划编制过程中要充分考虑并利用城市现有的自然地形条件，使雨水能够尽量通过地表汇集至低洼绿地处,降低排水管网负荷,从而实现雨水在城市区域的自然积存、自然渗透及自然净化。

此外,针对城市内涝的问题,通过对地形高程的分析还能快速识别城市低洼点,判断出可能的渍水高风险区域,从而为后续水安全保障方案的制定提供指导。

9.2.2 分析方法

针对规划区域的地形高程分析主要采用 CAD 和 GIS 等软件。通常情况下,规划设计人员获取的地形高程数据为 CAD 格式,少数情况下也能获得数据库格式的地形资料。倘若原始资料为 CAD 中的高程点形式,那么就涉及数据格式的转换和处理。首先,CAD 中的高程点通常存在两种情况:一是以点的形式出现,但其属性中含有高程数据;二是直接以高程数字的形式出现。第一种情况下,将 CAD 中的高程点直接导入 GIS 即可得到 GIS 中的高程点文件,在其属性表中可查询得到点的高程数据(Z 坐标)。而在第二种情况下,同样首先将 CAD 中的高程数字以文字标注的形式导入 GIS,然后在 GIS 中采用"要素转点"工具将文字标注转换成点文件,高程数据(Z 坐标)会自动录入其属性表。倘若原始资料为数据库格式,则可直接导入 GIS 获得高程点文件。

得到 GIS 的高程点文件之后,在其属性表中分别新增 X 和 Y 字段,利用"计算几何"功能计算得到高程点的 X、Y 坐标,如此便得到了高程点的完整坐标信息(图 9-2)。

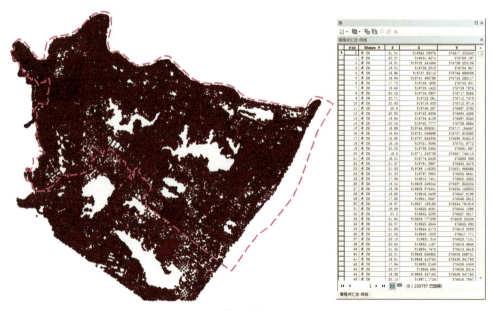

图 9-2 某区域高程点信息

单纯的高程点不便于分析,因此为了更直观便捷地识别区域地形特征,可以利用高程点数据建立地面 TIN 模型。通过在 GIS 中采用"创建 TIN"工具,在"输出 TIN"中选择保存路径,在"输入要素类"中将高程点文件导入,然后在"高度字段"中选择 Z 坐标,即可输出规划区域的地面 TIN 模型。TIN 模型建立效果见图 9-3。

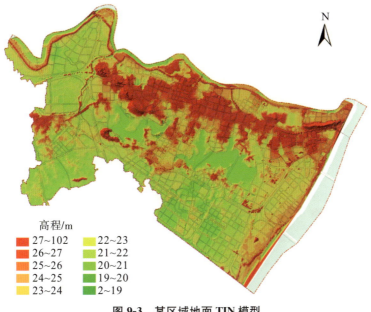

高程/m

▧ 27~102	▧ 22~23
▧ 26~27	▧ 21~22
▧ 25~26	▧ 20~21
▧ 24~25	▧ 19~20
▧ 23~24	▧ 2~19

图 9-3　某区域地面 TIN 模型

9.3　城市下垫面分析

9.3.1　作用

对海绵城市规划区域的下垫面进行解析，可以得到规划区域下垫面的类别和面积占比等信息，这对于海绵城市规划编制而言是一项重要的本底数据。借助规划区域的下垫面解析情况，规划设计人员可以清楚地了解该区域的生态基底条件，评估其现状年径流总量控制率，为后续规划区域相关指标的制定提供一定的指导价值，同时也为规划后评估的结果提供一个参照对象，以评价规划实施的效果。

9.3.2　分析方法

下垫面解析需要 GIS 和 EXCEL 等软件来辅助进行。下垫面的原始数据通常来自遥感卫星的扫描，数据格式为 shp 文件，可直接导入 GIS 进行识别。下垫面解析结果大致分为裸地、建筑屋面、硬质铺装、市政道路、城市绿地、水面等类别（不同情况可能存在差异），每一类均包含对应的面积数值，见图 9-4。

将下垫面的属性表导出成"dBASE 表"格式的文件，该文件可以用 EXCEL 打开并编辑，在 EXCEL 中使用"SUMIF"函数可以快速针对不同类别的下垫面进行求和计算，统计出各类下垫面总面积和占比情况并制作相应的图表（表 9-1、图 9-5）。

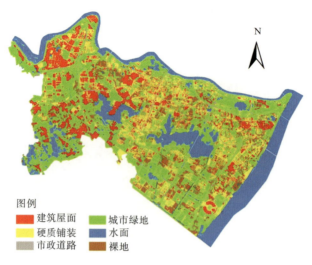

图 9-4　某区域下垫面解析

表 9-1　　　　　　　　　　　　某区域下垫面统计

下垫面类型	面积/km²	占比/%
裸地	7.08	7
建筑屋面	13.67	13
硬质铺装	15.8	16
市政道路	5.94	6
城市绿地	37.79	38
水面	19.73	20

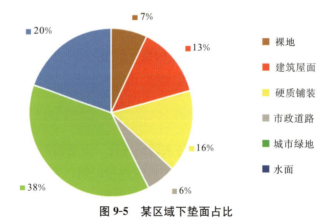

图 9-5　某区域下垫面占比

9.4　现状用地情况分析

9.4.1　作用

　　现状用地分析可以反映规划区域的城市用地分布及建设情况,主要包括用地类型及分布和建设状态两方面的内容,其中用地类型涉及居住用地、工业用地、公用设施用地及绿地农田等,而建设状态则包含已建(新建/老旧)、未建、在建、拟更新等。

同城市下垫面类似,现状用地也是海绵城市规划编制的重要本底数据。海绵城市应结合区域现状实际因地制宜地推进建设,因此通过对该数据进行分析,规划设计人员可以知道规划区域的土地用途和建设状态。前者不仅可用于指导规划设计人员根据区域的用地特点来制定相适应的年径流总量控制率等海绵城市建设指标,其分布情况还能为后续的污水管网模型提供较为精确的人口分布数据,而后者则可以在筛选源头海绵改造项目时提供参考性意见。

9.4.2　分析方法

现状用地的分析主要依靠 CAD 和 GIS 等软件。一般提供的用地资料主要是 CAD 格式数据,少数情况下也有数据库格式。数据库格式同前文一样,可以直接导入 GIS 识别,此处不再赘述。CAD 格式的用地资料通常以闭合的多段线呈现,不同的用地类型和建设状态通过不同的图层进行区分。

CAD 格式资料往往存在各种问题,例如地块重合、多段线未闭合等,因此在导入 GIS 之前需要先在 CAD 中对数据进行检查,确保无误后将 CAD 数据作为面文件导入 GIS 即可得到现状用地的 shp 文件,其属性表中包含用地类型或建设状态的字段,通过前述“计算几何”的方法便能得到各地块的面积数据(图 9-6、图 9-7)。

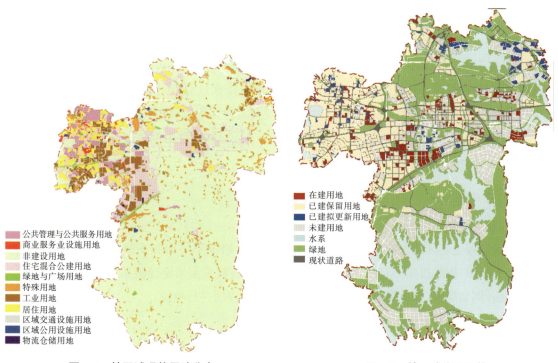

公共管理与公共服务用地
商业服务业设施用地
非建设用地
住宅混合公建用地
绿地与广场用地
特殊用地
工业用地
居住用地
区域交通设施用地
区域公用设施用地
物流仓储用地

在建用地
已建保留用地
已建拟更新用地
未建用地
水系
绿地
现状道路

图 9-6　某区域现状用地分布　　　　　　图 9-7　某区域建设现状

9.5 排水系统评估

9.5.1 作用

一般情况下,海绵城市规划编制通常涉及水安全、水环境、水生态和水资源四大板块内容,其中水安全规划的重要目的就是解决城市排水和城市建设之间的矛盾,因此对城市排水系统的分析评估便成了海绵城市规划编制的一个核心内容。

排水系统的评估重点针对管网系统、泵站设施及排涝港渠等,其目的主要是通过分析管网系统过流能力、泵站抽排能力以及港渠排涝能力是否满足规划区域的排涝需求,判断区域排水系统进行升级改造的必要性。此外,通过对改造后的系统进行再评估,也可辅助分析改造效果,以指导方案的进一步优化,从而提高规划方案编制的科学性和精准性。

9.5.2 评估方法

目前,针对城市排水系统的评估分析有两种比较常用的技术方法:一种是传统的水力计算表分析法,另一种则是近些年来逐渐成为主流的水力模型法。由于水力计算表分析法作为一种沿用已久的传统管道水力计算方法早已为规划设计人员所熟悉,因此本节不再赘述,仅对水力模型法作着重介绍。

9.5.2.1 水力模型简介

雨洪模拟研究起源于20世纪四五十年代的西方发达国家,经过70多年的发展演进,目前已经诞生了几款相对比较成熟的水力模型软件,包括英国Wallingford公司的InfoWorks ICM、丹麦DHI的MIKE以及美国环境保护署研发的开源模型SWMM等。而在海绵城市规划中,用于评估排水系统的水力模型软件需要模拟排水过程中可能出现的各种复杂的水动力过程、实现不同流态的计算分析,此外还需要具备包括水质模拟在内的海绵城市评估相关的其他功能,因此多采用InfoWorks ICM软件,下面以该软件为例来进行说明。

9.5.2.2 模型构建

（1）理论基础

1）产汇流模型。

产流过程主要和地表的下垫面有关,下垫面包含透水下垫面和不透水下垫面两大类。不透水下垫面,例如道路、屋顶、硬质铺装等降雨产流直接采用固定径流系数法进行赋值;透水下垫面,例如绿地、裸地等降雨产流采用Horton下渗法进行模拟。

Horton下渗法计算公式如下:

$$f_t = f_c + (f_0 - f_c) e^{-kt} \tag{9-1}$$

式中:f_t——t时刻的下渗强度,mm/h;

f_0——初始下渗强度, mm/h;

f_c——稳定下渗强度, mm/h;

t——时间, h;

k——下渗衰减系数, 1/h。

上述 Horton 下渗法是在充分供水条件下的下渗能力随时间变化的经验公式, 下渗强度随时间增加而逐步递减, 并最终趋于稳定。

汇流过程是指落到地面的降雨径流汇集到出水口控制断面(如管道)或直接排入河道的过程。该模型软件汇流模拟采用 SWMM 非线性水库法, 即采用有限差分法近似求解连续方程和曼宁方程来模拟降雨径流的地面汇流过程。

SWMM 非线性水库法计算公式如下:

$$Q = W \frac{1.49}{n} (d - d_p)^{5/3} S^{1/2} \tag{9-2}$$

式中: W——子集水区宽度, m;

d——水库水深, m;

d_p——洼蓄水深, m;

S——坡度;

n——曼宁粗糙系数。

水库水深 d 随着时间不断更新, 其深度根据子流域的水量平衡方程得出。

2)水动力模型。

地表雨水径流进入雨水管网系统或生活及工业污水进入污水管网系统后, 在排水管网中的流动状态较为复杂。该模型软件采用非恒定流数值模拟, 利用动力波法离散差分求解圣维南方程组, 动态模拟管网和河网的复杂水动力运动(包括重力流、压力流、逆向流和往返流等), 适用范围广。

(2)数据基础

1)降雨数据。

降雨数据是水力模型评估中的一个最基础的数据, 通常包括长历时(24h)降雨数据和短历时(3h)降雨数据。在评估排水系统能力时, 通常采用短历时降雨数据来评估管网系统的过流能力, 而泵站和港渠的排涝能力则通常采用长历时降雨数据来评估。降雨数据可直接采用实际监测数据或根据当地的暴雨强度公式及雨型研究成果等推导得出。以下即为武汉市地方标准《武汉市暴雨强度公式及设计暴雨雨型》(DB4201/T 641—2020)制定的武汉市中心城区暴雨强度公式。

$$i = \frac{9.686(1 + 0.887 \lg P)}{(t + 11.23)^{0.658}}$$

$$q = \frac{1614(1 + 0.887 \lg P)}{(t + 11.23)^{0.658}} \tag{9-3}$$

式中：i——设计暴雨强度，mm/min；

q——设计暴雨强度，L/(s·hm²)；

P——重现期，a；

t——降雨历时，min；

适用范围：5min≤t≤1440min，2a≤P≤100a。

2）排水设施数据。

同降雨数据一样，排水设施数据也是排水系统模型评估的一项基础数据，主要包括管线、闸门、泵站等，其中最主要的便是管线数据。管线数据通常来自当地规划部门的勘测资料，CAD格式居多，偶尔也会有数据库格式。通过整理与核实，将管线数据转化为模型可识别的格式，并且包含管型、宽度、高度及上下游底高程等必要的属性（图9-8、图9-9）。

图9-8　某区域勘测管线拓扑图

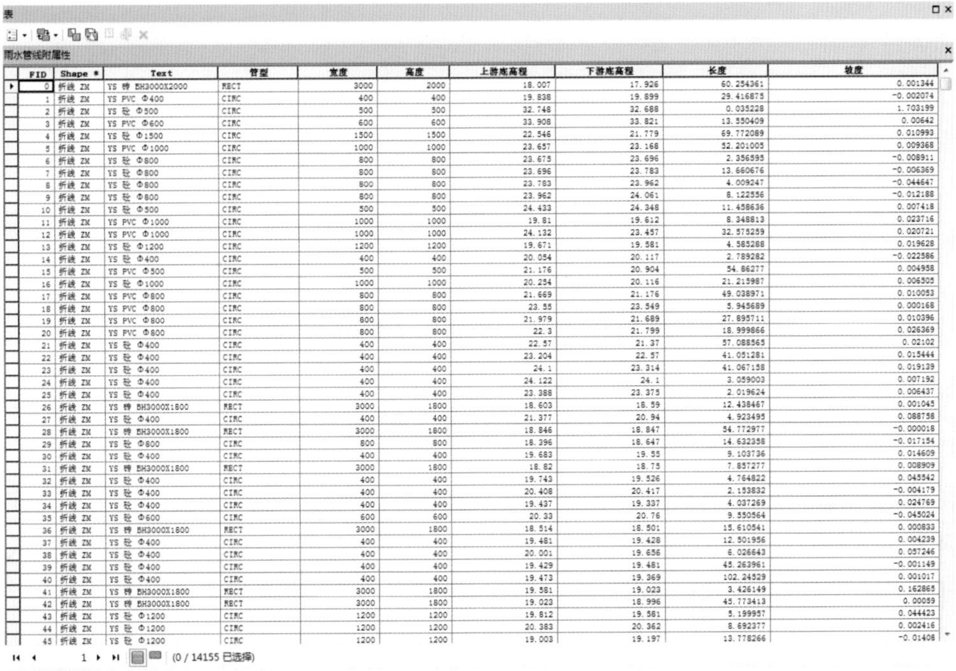

表

雨水管线附属性

FID	Shape*	Text	管型	宽度	高度	上游底高程	下游底高程	长度	坡度
0	折线 ZM	YS 特 BH3000X2000	RECT	3000	2000	18.007	17.926	60.254361	0.001344
1	折线 ZM	YS PVC Φ400	CIRC	400	400	19.838	19.899	29.416875	-0.002074
2	折线 ZM	YS PVC Φ500	CIRC	500	500	32.748	32.688	0.035228	1.703199
3	折线 ZM	YS PVC Φ600	CIRC	600	600	33.908	33.821	13.550409	0.00642
4	折线 ZM	YS Φ1500	CIRC	1500	1500	22.546	21.779	69.772089	0.010993
5	折线 ZM	YS PVC Φ1000	CIRC	1000	1000	23.657	23.168	52.201005	0.009368
6	折线 ZM	YS Φ800	CIRC	800	800	23.675	23.696	2.356595	-0.008911
7	折线 ZM	YS Φ800	CIRC	800	800	23.696	23.783	13.660676	-0.006369
8	折线 ZM	YS Φ800	CIRC	800	800	23.783	23.962	4.009247	-0.044647
9	折线 ZM	YS Φ800	CIRC	800	800	23.962	24.061	8.122556	-0.012188
10	折线 ZM	YS Φ500	CIRC	500	500	24.433	24.348	11.458636	0.007418
11	折线 ZM	YS PVC Φ1000	CIRC	1000	1000	19.81	19.612	8.348813	0.023716
12	折线 ZM	YS PVC Φ1000	CIRC	1000	1000	24.132	23.457	32.575259	0.020721
13	折线 ZM	YS 钢 Φ1200	CIRC	1200	1200	19.671	19.581	4.585288	0.019628
14	折线 ZM	YS 钢 Φ400	CIRC	400	400	20.054	20.117	2.789282	-0.022586
15	折线 ZM	YS PVC Φ500	CIRC	500	500	21.176	20.904	54.86277	0.004958
16	折线 ZM	YS Φ1000	CIRC	1000	1000	20.254	20.116	21.215987	0.006505
17	折线 ZM	YS Φ800	CIRC	800	800	21.669	21.176	49.038971	0.010053
18	折线 ZM	YS Φ800	CIRC	800	800	23.55	23.549	5.945689	0.000168
19	折线 ZM	YS PVC Φ800	CIRC	800	800	21.979	21.689	27.895711	0.010396
20	折线 ZM	YS Φ800	CIRC	800	800	22.3	21.799	18.999866	0.026369
21	折线 ZM	YS 钢 Φ400	CIRC	400	400	22.57	21.37	57.088565	0.02102
22	折线 ZM	YS 钢 Φ400	CIRC	400	400	23.204	22.57	41.051281	0.015444
23	折线 ZM	YS 钢 Φ400	CIRC	400	400	24.1	23.314	41.067158	0.019139
24	折线 ZM	YS 钢 Φ400	CIRC	400	400	24.122	24.1	3.089003	0.007192
25	折线 ZM	YS 钢 Φ400	CIRC	400	400	23.388	23.375	2.019624	0.006437
26	折线 ZM	YS 特 BH3000X1800	RECT	3000	1800	18.603	18.59	12.438467	0.001045
27	折线 ZM	YS 钢 Φ400	CIRC	400	400	21.377	20.94	4.923495	0.088758
28	折线 ZM	YS 特 BH3000X1800	RECT	3000	1800	18.846	18.847	54.772977	-0.000018
29	折线 ZM	YS 钢 Φ800	CIRC	800	800	18.396	18.647	14.632358	-0.017154
30	折线 ZM	YS 钢 Φ400	CIRC	400	400	19.683	19.55	9.103736	0.014609
31	折线 ZM	YS 特 BH3000X1800	RECT	3000	1800	18.82	18.75	7.857277	0.008909
32	折线 ZM	YS 钢 Φ400	CIRC	400	400	19.743	19.526	4.764822	0.045542
33	折线 ZM	YS 钢 Φ400	CIRC	400	400	20.408	20.417	2.153832	-0.004179
34	折线 ZM	YS 钢 Φ400	CIRC	400	400	19.437	19.337	4.037269	0.024769
35	折线 ZM	YS Φ600	CIRC	600	600	20.33	20.76	9.550564	-0.045024
36	折线 ZM	YS 特 BH3000X1800	RECT	3000	1800	18.514	18.501	15.610541	0.000833
37	折线 ZM	YS 特 BH3000X1800	RECT	400	400	19.481	19.428	12.501956	0.004239
38	折线 ZM	YS 钢 Φ400	CIRC	400	400	20.001	19.656	6.028663	0.057246
39	折线 ZM	YS 钢 Φ400	CIRC	400	400	19.429	19.481	45.263961	-0.001149
40	折线 ZM	YS 钢 Φ400	CIRC	400	400	19.473	19.369	102.24529	0.001017
41	折线 ZM	YS 特 BH3000X1800	RECT	3000	1800	19.581	19.023	3.426149	0.162868
42	折线 ZM	YS 特 BH3000X1800	RECT	3000	1800	19.023	18.996	1.199957	0.00099
43	折线 ZM	YS Φ1200	CIRC	1200	1200	19.612	19.581	5.199957	0.044423
44	折线 ZM	YS Φ1200	CIRC	1200	1200	20.383	20.362	8.692377	0.002416
45	折线 ZM	YS Φ1200	CIRC	1200	1200	19.003	19.197	13.778266	-0.01406

1 ▶ ▶| 💾 🔤 (0 / 14155 已选择)

雨水管线附属性

图 9-9　某区域勘测管线数据

3) 其他本底数据。

模型构建所需的其他基础数据还包括前文所提到的下垫面数据、现状用地数据以及和排水系统相关的自然水体的断面尺寸、水位等数据。

（3）建模步骤

通过搭建一维管网模型即可对排水系统进行评估，一维管网模型搭建主要由以下步骤构成。

1) 要素概化。

要素概化包括管线设施及自然水体。首先通过数据导入中心将处理好的模型可识别的管线数据直接导入模型网络概化为管道，同时检查核实管道的各种属性参数，管道连接处的检查井则被概化为具有一定储水能力的节点。在评估排水系统能力的一维管网模型中，节点的洪水类型默认设为 Stored，即节点溢水不会漫至地面，而是虚拟储存在节点上方。其他设施如泵站、闸门等采用连接对象进行概化，对象的运行参数在属性表中进行输入或利用 RTC 自动控制模块进行设置。局部管线设施的概化成果见图 9-10。

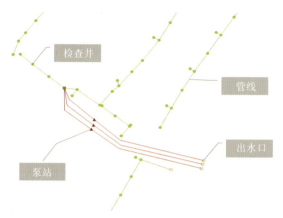

图 9-10　局部管线设施概化成果

　　除管线设施外，模型中所涉及的自然水体也须进行概化。其中，湖泊由建立了对应关系的漫滩蓄洪区和调蓄型节点共同概化，漫滩蓄洪区范围内的降雨直接汇入该节点，排入湖泊的管道也与该节点直接相连。而河流、港渠等则概化为河段，排入河流港渠的管道也直接与河段节点相连。湖泊、河段等水体的断面数据在其属性表中编辑输入。含水体的局部一维管网模型概化成果见图 9-11、图 9-12。

　　2）子集水区划分。

　　划分子集水区是为了定义每个检查井的收水范围，保证该收水范围内的降雨汇至指定的检查井中。首先根据该排水系统所在区域的排水专项规划等资料划分区域的汇水分区，将其作为多边形导入模型，然后针对上述多边形按照泰森多边形规则划分各检查井的子集水区，使每一个子集水区均对应至特定的节点。

图 9-11　一维管网模型局部概化成果

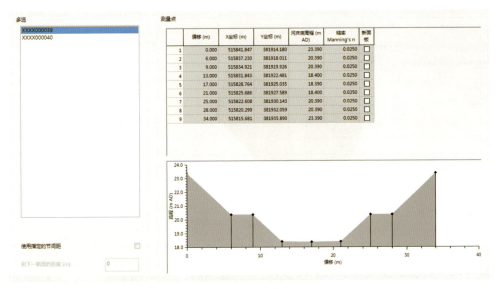

	偏移 (m)	X坐标 (m)	Y坐标 (m)	河床底高程 (m AD)	糙率 Manning's n	新面板
1	0.000	515841.847	381914.180	23.390	0.0250	☐
2	6.000	515837.230	381918.011	20.390	0.0250	☐
3	9.000	515834.921	381919.926	20.390	0.0250	☐
4	13.000	515831.843	381922.481	18.400	0.0250	☐
5	17.000	515828.764	381925.035	18.390	0.0250	☐
6	21.000	515825.686	381927.589	18.400	0.0250	☐
7	25.000	515822.608	381930.143	20.390	0.0250	☐
8	28.000	515820.299	381932.059	20.390	0.0250	☐
9	34.000	515815.681	381935.890	23.390	0.0250	☐

图 9-12　河道断面数据

泰森多边形法就是在选定多边形内(上述汇水分区),根据检查井的位置自动构建三角网格,然后作这些三角形各边的垂直平分线,将每个三角形的三条边的垂直平分线的交点(也就是外接圆的圆心)连接起来得到一个多边形。这个自动生成的泰森多边形内只包含 1 个检查井,这个多边形就是该检查井的子集水区(图 9-13、图 9-14)。

3)下垫面处理。

处理下垫面是为了模拟每一个子集水区的产汇流过程。在前文规划区域下垫面解析的基础之上,在 GIS 中将各类下垫面的面文件与划分好的子集水区面文件进行"标识"操作,从而获得同时具备子集水区编号、下垫面类型及对应面积这几种属性的面文件。之后同下垫面解析的方法类似,将该面文件的属性表导出成"dBASE 表"格式的文件,然后在 EXCEL 中采用"SUMIFS"函数统计出每个子集水区所包含的各类下垫面的面积,最后将该子集水区—下垫面表格数据导入模型即可(图 9-15)。

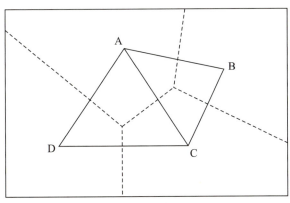

图 9-13　泰森多边形法示意图

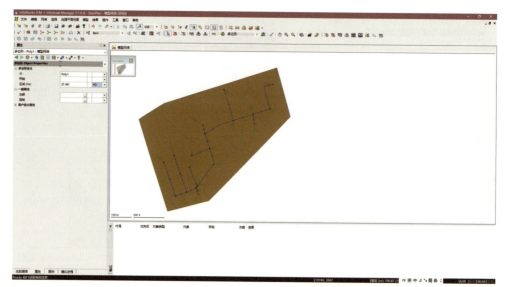

图 9-14　子集水区划分结果示意图

F2　　fx =(SUMIFS(C:C,A:A,E2,B:B,"vegetation"))/10000

子集水区Id	Class_name	Shape_Area
1	build	65.64
1	build	133.48
1	build	264.00
1	build	269.16
1	build	316.00
1	build	254.74
1	build	1276.00
1	build	1116.00
1	build	168.00
1	build	404.00
1	build	965.30
1	build	748.00
1	build	231.80
1	build	4259.19
1	build	5.04
1	build	12749.89
1	build	84.80
1	pavement	331.40
1	pavement	138.40
1	pavement	14758.39
1	pavement	3905.29
1	urban_road	413.52
1	urban_road	3895.66
1	vegetation	11.44
1	vegetation	5316.52
1	vegetation	5726.65

子集水区Id	vegetation(ha)	bare(ha)	build(ha)	water(ha)	urban_road(ha)	pavement(ha)	合计
1	1.105460806	0	2.33110302	0	0.43091816	1.913348076	5.780830062
2	0.014038215	0.1467475	0.14509207	0	0.044358371	1.053592288	1.403828491
3	15.61861849	3.0158489	8.02956308	1.3831928	3.956996891	13.40577681	45.40999694
4	0.528067751	0	0.41479835	0	0.0674934	0.261613009	1.271972512
5	0.157454535	0	0.05820594	0	0.199120104	0.161019566	0.57580014
6	0	0	1.64906651	0	0.15843251	0.272167002	2.079666026
7	0.645747719	1.0260012	0.20371272	0	0.155277533		2.030739156
8	4.975706938	1.8721519	4.5366605	0	1.12430242	4.881094536	17.38991631
9	0.895861959	0.0192	0	0.5080698	0	0.0680414	1.491173171
10	0.850086889	0	0	0.052213	0	0.223590723	1.125890592
11	0.082267048	0	2.42388603	0	0.773310474	2.141319483	5.420783031
12	0.360680594	0	0.38266056	0	0.11015797	0.3774703	1.230969423
13	3.335095899	0	8.98798888	0	0.7062956	1.599315268	14.62869565
14	0	0	3.10753837	0	0.18888192	0.169365969	3.465786257
15	0.04542308	0	1.74091732	0	0.16928746	0.497291039	2.452918898
16	1.07775921	0	0.32326116	0	0.122529283	1.224577947	2.748127596
17	4.456112544	0.427259	1.39226597	0	0.2617752	0.859916657	7.397329396
18	1.057846679	1.4323761	2.10909596	0	0.283956481	2.062813889	6.946089129
19	0.124537288	0	1.53001403	0	0.343773805	0.058362577	2.056687698
20	0.691386153	0	1.5669494	0	0.05014236	1.279158633	3.587636546
21	0	0	0.5197083	0	0.136884027	0.195527154	0.852119483
22	0.090570637	0.7735467	0.91961452	0	0.125520378	1.093076386	3.002328577
23	0.045795564	0	0.32667844	0	0.399226345	0.055668352	0.8273687
24	0.078317937	0.0008	0.23559982	0	0	0.570402544	0.885120304
25	2.923530299	0	0.17177579	0	0.90945323	2.455049583	6.459808899
26	0.957304868	0	0.38378445	0	0.101322052	0.597580632	2.039992004

图 9-15　子集水区分类统计示意图

4)运行条件设置。

模型搭建完成后还需要对运行条件进行设置(图9-16),包括但不限于降雨事件的选择、水位事件或流量事件的设置以及相关的初始条件设置等,这些运行条件的设置都是为了尽可能真实地模拟排水系统的运行状况,从而更准确地对其进行评估。

(4)模型率定

在用水力模型进行正式评估之前,还需要对搭建的模型进行率定验证,以确保模型模拟的准确性和稳定性。

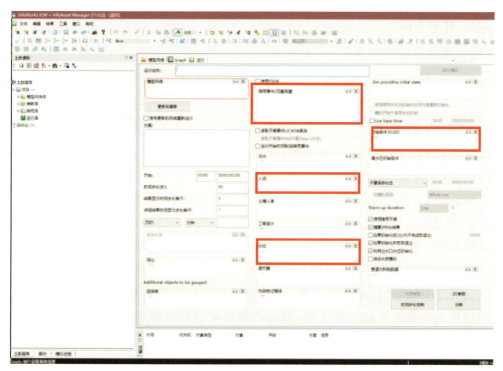

图9-16 模型运行设置示意图

率定方法为纳什效率系数法,即选择模型网络中的几个重要节点,调取上述几个重要节点在某场实际降雨下的水位或流量监测数据,与在该实际降雨条件下模拟的结果进行比较,采用纳什效率系数(Nash-Sutcliffe Efficiency,NSE)作为模型率定的主要评价指标,判断模型是否达到要求,一般将 NSE 大于等于 0.5 作为最低要求。同时,利用最高水位差作为辅助判断依据,衡量模型质量的优劣。NSE 具体计算公式如下:

$$\text{NSE} = 1 - \frac{\sum_{i=1}^{n} (Q_s - Q_m)^2}{\sum_{i=1}^{n} (Q_s - \overline{Q_s})^2} \tag{9-4}$$

式中:Q_m ——模型模拟值;

Q_s ——实际观测值;

$\overline{Q_s}$ ——实际观测平均值;

n ——观测数据个数。

NSE 表示实测值与模拟值之间的偏离程度,取值范围为$(-\infty, 1)$,NSE 越接近于 1,说明模拟值与实测值的偏离程度越小,模拟效果越好,模型越准确;NSE <0,表示模型可信度低;NSE >0.5,表示模拟效果较好。

率定完成且达标后,为了避免率定结果的偶然性,须另外选取一场实际降雨,重复上述率定过程来验证模型的稳定性,验证完成后即可利用该模型进行评估分析。

9.5.2.3 评估方法

（1）管网过流能力评估

如前文所述，在评估管网过流能力时通常采用短历时设计降雨（1年一遇、2年一遇、3年一遇及5年一遇的3h设计降雨）数据。根据模拟降雨过程中的最不利条件下管道是否承压来作为判断管道的排水能力是否不足的标准，以下两个条件满足其一即可判定管道承压：

1）管道上游井口水位高于管道上游管顶高程；

2）管道下游井口水位高于管道下游管顶高程。

只要在模拟过程中出现管道承压，即判断管道排水能力不能满足重现期降雨工况下的排水需求，就意味着管道过流能力不足。

降雨过程中管道过流状态见图9-17，可分为3种情况。管道未满流对应图9-17（a），管道承压（满流）则对应图9-17（b）、图9-17（c）两种情况。对于图9-17（b），管道水力坡度小于或等于管道坡度，此种状态下，管道承压主要是下游高水位的顶托造成的，管道自身过流能力不足并不是主要原因，因此增加管道直径或管道坡度并不能提升雨水排放效率；而对于情况图9-17（c），管道的水力坡度大于管道坡度，这种情况表示管道自身管径或坡度过小而导致排水能力不足，因此需要增加管径或增大管道坡度来提升管道过流能力（图9-18）。

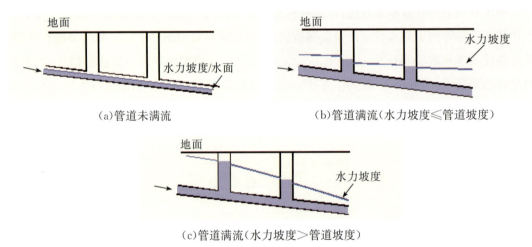

（a）管道未满流　　　　　　　　（b）管道满流（水力坡度≤管道坡度）

（c）管道满流（水力坡度＞管道坡度）

图 9-17　管道承压示意图

图 9-18　管网过流能力评估示意图

注：P 为雨水管渠设计暴雨重现期，单位是年。

图例
$P<2$
$2\leqslant P<3$
$3\leqslant P<5$
$5\leqslant P<10$
$P\geqslant 10$

（2）泵站抽排能力评估

目前，泵站抽排能力暂时没有一个通用的评判标准，结合实际可操作性，通常采用流量比较法来评估泵站设施的抽排能力。根据规划区域的排水防涝专项规划所制定的防涝标准，在该标准的降雨条件下进行雨洪模拟，通过对比泵站的现状实际规模与泵站进水管的模拟峰值入流量，即可在一定程度上判断泵站的抽排能力。若泵站进水管的模拟峰值入流量高于泵站的现状规模，则可认为泵站存在一定程度的抽排能力不足问题。

（3）港渠排涝能力评估

同泵站抽排能力的评估一样，港渠排涝能力也没有统一的判定标准。港渠排涝能力的评估采用水位评估法，即根据规划区域的排水防涝专项规划所制定防涝标准，在该标准的降雨条件下进行模拟，对比港渠的设计水位和模拟水位之间的关系，若模拟水位超过了港渠设计水位，则可间接判断港渠排涝能力不满足该防涝标准降雨条件下的排涝需求。

9.6　内涝风险评估

9.6.1　作用

为了合理且有针对性地制定水安全规划方案，须对规划区域的城市内涝风险进行评估，以找出现状存在的各种渍水问题，同时结合排水系统评估分析问题原因，从而指导水安全规

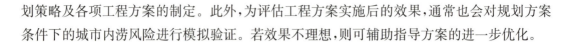

划策略及各项工程方案的制定。此外,为评估工程方案实施后的效果,通常也会对规划方案条件下的城市内涝风险进行模拟验证。若效果不理想,则可辅助指导方案的进一步优化。

9.6.2 评估方法

鉴于传统手段仅能辅助计算管道尺寸,无法有效评估城市内涝风险,因此,目前主要采用水力模型评估法来对区域内涝风险进行评估。但与排水系统评估所使用的一维管网水力模型不同,区域内涝风险评估所使用的的是二维洪涝模型,二者之间的区别就在于后者需要嵌入规划区域的地面模型,同时各类要素如检查井、湖泊、河道等会与地面发生洪水交互,以保证模型能够模拟雨水落到地面或从井口及水体溢出后随地形所产生的地面动态漫流过程,进而反馈地面积水的淹没范围、淹没深度及淹没时长等信息,帮助评估区域内涝风险。

9.6.2.1 模型构建

二维洪涝模型构建与一维管网模型构建大体相似,其理论基础相同,数据要求方面也仅仅是多了一项地形高程数据,因此下文将重点介绍二者的差异。

由于二维洪涝模型需要考虑地形因素对雨水在地面漫流的影响,因此在搭建过程中,需要根据规划区域的地形高程数据在模型网络中构建地面 TIN 模型,其构建方法多种多样,但基本都是以前文所述处理好的高程点数据为基础。地面模型构建完成后,将其嵌入模型网络,同时将节点的洪水类型改为 2D,保证雨水能从检查井溢出地面,包含地面模型的模型网络见图 9-19。

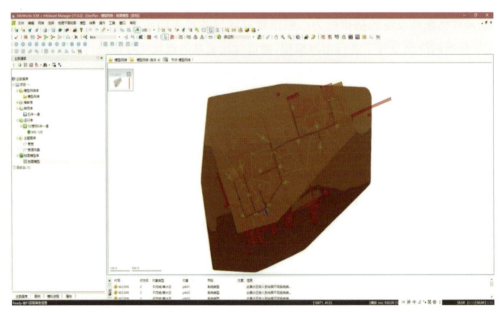

图 9-19　二维内涝模型网络概化示意图

随后,在地面模型范围内绘制 2D 区间,建立各要素与该 2D 区间的连接关系并对 2D 区间进行网格化处理。处理结果见图 9-20。

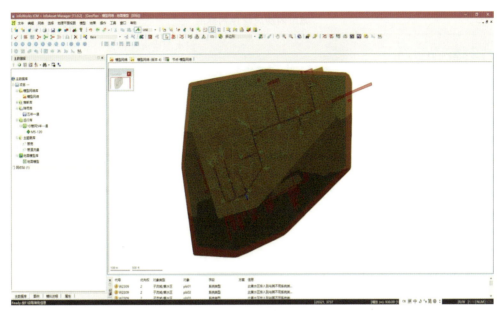

图 9-20　2D 区间网格化处理

完成网格化处理的 2D 区间范围即为可以实现在二维洪涝模拟的区域内,雨水在地面随地形漫流演进,检查井、湖泊、河道等可以与地面进行雨水径流的交互。但在此区域外,则同一维管网模型一样只能实现管道的水动力模拟。

9.6.2.2　评估方法

内涝风险的评估应当根据规划区域当地制定的相关排水防涝标准,采用相应标准条件下的长历时(10 年一遇、20 年一遇、30 年一遇及 50 年一遇等)降雨数据进行模型模拟。通过综合考虑模拟结果中规划区域的渍水深度及积水时长来评价界定不同地区的城市内涝风险。

以武汉市为例,《武汉市排水防涝系统规划》将内涝防治的标准分为 3 层:轻微积水、轻微内涝、严重内涝,对这 3 层内涝风险标准的界定见表 9-2。

表 9-2　　　　　　　　　　　　　武汉市内涝风险标准

分类	特性	最大积水深度 d/cm	积水时间 t/h
轻微积水	有影响但能维持基本功能	$d \leqslant 15$	$t < 1$
轻微内涝	功能丧失或不出现 室内积水现象	一般室外地面 $15\text{cm} < d \leqslant 40\text{cm}$ 下穿立交路面 $15\text{cm} < d \leqslant 70\text{cm}$	$1 \leqslant t < 2$
严重内涝	对生命安全有威胁或室内积水	一般室外地面 $d > 40\text{cm}$ 下穿立交路面 $d > 70$	$t \geqslant 2$

参考该规划,同时结合其他规范标准,城市内涝风险评判标准可按表 9-3 制定。

表 9-3 城市内涝风险评判标准

积水时长 t/h	积水深度 h/m		
	$0.15 \leqslant h < 0.3$	$0.3 \leqslant h < 0.5$	$h \geqslant 0.5$
$t < 0.5$	低	中	高
$0.5 \leqslant t < 1$	低	中	高
$1 \leqslant t < 2$	低	中	高
$t \geqslant 2$	中	高	高

利用模型软件的统计模板功能及 EXCEL 辅助功能,可按上述标准提取模拟范围内所有的渍水风险区域,将之导入 GIS 处理,形成规划区的内涝风险图(图 9-21)。

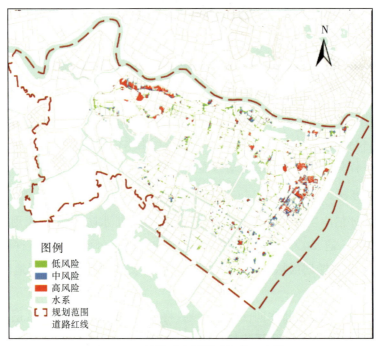

图 9-21 某地区内涝风险评估示意图

9.7 水体水环境质量评估

9.7.1 作用

水环境治理规划作为海绵城市规划中的一个重要组成部分,历来受到规划编制人员的高度重视。因此,为了制定科学合理、切实可行的水环境提升方案,有效改善规划区的水环境质量,须对规划区内自然水体的水质现状进行详尽的调查和审慎的评价,对输入水体的各类污染物来源及其总量进行分析,计算水体的环境容量,推演水体水质的变化趋势,找出影响水体水环境的主要因素。

此外,为评价水环境提升工程方案的成效,通常还会对规划条件下的水体水质开展评估,以指导工程方案的优化。

9.7.2 评估方法

9.7.2.1 污染物来源计算

根据初步分析,通常水体的污染物来源于城镇生活污染、农村生活污染、农业种植污染、畜禽养殖污染、水产养殖污染及城市径流污染等。以武汉地区为例,各类污染物来源的计算方法如下。

(1)城镇生活污染

城镇居民生活污水是人们日常生活中产生的各种污水的混合液。其中包括厨房、洗涤室、浴室等排出的污水和厕所排出的含粪便污水等。

依据《第一次全国污染源普查城镇生活污染源排放系数》第一分册,城镇居民生活污水及污染物产生量和排放量可通过以下公式进行计算。

$$G_C = 3650 \times N \times F_C \tag{9-5}$$

$$G_P = 3650 \times N \times F_P \tag{9-6}$$

式中:G_C、G_P——居民生活污水或污染物年产生量和排放量,其中污水量单位:t/a,污染物量单位:kg/a;

N——居民常住人口,万;

F_C、F_P——居民生活污水或污染物产生系数和排放系数,其中污水量系数单位:L/(d·人),污染物系数单位:g/(d·人)。

参考《2022 年武汉市水资源公报》用水指标数据,全市城镇居民生活人均用水量为 178L/d。污染物的排放系数及计算方法参照《第一次全国污染源普查城镇生活源产排污系数手册》第一分册城镇居民生活污水部分,具体见表 9-4。

表 9-4　　　　　　　　　　　　居民生活污水排污系数

序号	污染物指标	排污系数/(g/(d·人))
1	COD	65
2	TP	0.77
3	NH₃	8.6
4	TN	10.7

参照《全国水环境容量核算技术指南》中的核算方法,根据集镇与湖泊距离和排放方式,入湖排放系数取 0.62。

(2)农村生活污染

估算农村生活污水采用《全国水环境容量核定技术指南》推荐的方法,公式如下:

$$生活综合排水量＝人数×排放系数$$
$$生活污染物量＝生活污水平均浓度×乡镇生活综合排水量$$

参照《2022 年武汉市水资源公报》用水指标数据,武汉市农村居民生活人均用水量 115L/d。生活污水平均浓度按照 COD 300mg/L,NH_3-N 28mg/L,TN 35mg/L,TP 4mg/L 进行核算。农村生活污水入湖系数参照《全国水环境容量核定技术指南》中的核算方法,取值 0.62。

(3)农业种植污染

根据《全国水环境容量核算技术指南》要求,对汇水区农业面源负荷进行估算。根据标准农田(单位:亩,15 亩＝$1hm^2$)进行折算,标准农田源强系数为 COD 取 10 千克/(亩·年),NH_3-N 取 2 千克/(亩·年),TN 取 3.64 千克/(亩·年),TP 取 0.5 千克/(亩·年);标准农田指的是平原、种植作物为小麦、土壤类型为壤土、化肥施用量为 25～35 千克/(亩·年),降水量在 400～800mm 的农田。

对于非标准农田,其产生的污染负荷是不相同的,各个污染指标的源强系数与农田的化肥施用量、土地坡度、土壤和农作物的类型、降雨量等相关。一般来说,污染物的源强系数与化肥的施用量、降雨量成正比。因此,对非标准农田,需要对污染物源强系数进行修正,其相关修正系数根据《全国水环境容量核定技术指南》来确定,计算公式如下:

$$M_{污染物} = m_{源强} × S × \beta_{修正} \tag{9-7}$$

式中:$m_{源强}$——COD、NH_3-N、TP 的产生系数;

S——农田面积;

$\beta_{修正}$——修正系数,由坡度修正、土壤类型修正、化肥施用量修正、降水量修正统一确定。

1)坡度修正:土地坡度在 25°以下,流失系数为 1.0～1.2;25°以上,流失系数为 1.2～1.5。蔡甸区、武汉经济技术开发区耕地坡度大部分在 25°以下,坡度修正系数取 1.0。

2)土壤类型修正:将农田土壤按质地进行分类,即根据土壤成分中的黏土和砂土比例进行分类,分为砂土、壤土和黏土。以壤土为 1.0;砂土修正系数为 1.0～0.8;黏土修正系数为 0.8～0.6。

3)化肥施用量修正:化肥亩施用量在 25kg 以下,修正系数取 0.8～1.0;施用量在 25～35kg,修正系数取 1.0～1.2;施用量在 35kg 以上,修正系数取 1.2～1.5。

4)降水量修正:参考中国环境规划院编制的《全国水环境容量核算技术指南》,年降雨量在 400mm 以下的地区流失系数为 0.6～1.0;年降雨量在 400～800mm 的地区流失系数为 1.0～1.2;年降雨量在 800mm 以上的地区流失系数为 1.2～1.5。

汇水区的农田污染物随初期雨水冲刷,进入周边沟渠、池塘或低洼处,再通过地表径流进入湖泊。入湖过程由于水体沉降、自净、水生植物吸收等,污染物损失率较大。参考《中国地表水水质评价》有关长江流域非点源污染的入河系数,农业面源污染的入河系数取 0.2。

（4）畜禽养殖污染

按照《湖北省水源地环境保护规划基础调查》中要求，畜禽养殖污染物估算程序如下：

1）核定区域内畜禽养殖量；

2）根据全国水环境容量核定要求，将畜禽换算成猪，换算关系如下：30只蛋鸡折合为1头猪，60只肉鸡折合为1头猪，3只羊折合为1头猪，1头牛折合为5头猪；

3）按猪产生的污染物的源强系数计算污染产量。

按照《全国"十二五"主要污染物总量减排核算细则》确定的污染物排放系数，每头猪生长期内排放的COD平均为36kg，TP平均为0.05kg、TN平均为3.4kg，NH_3-N平均为1.80kg。

（5）水产养殖污染

在水产养殖生产过程中，由于向养殖水体（藻类及贝类等不需要投饵的养殖品种除外）中投入饵料、渔用药物等物质，大量残饵和水生动物排泄物对水环境的影响较大。鄂家湖水产养殖污染主要为湖泊内养殖污染和湖泊周边精养鱼塘养殖废水排入污染。

湖泊内水产养殖污染物产生情况参照《第一次全国污染源普查水产养殖业污染源产污系数手册》中淡水池塘养殖产污系数，其中COD为40.05g/kg、NH_3-N为3.38 g/kg、TN为4.23g/kg、TP为0.72 g/kg。

湖泊周边精养鱼塘所产生的污染负荷参照《苕溪流域农业面源污染综合评价》中精养鱼塘的排污系数计算，其中COD为7450kg/m^2、NH_3-N为8080kg/m^2、TN为10100kg/m^2、TP为1100kg/m^2。

（6）城市径流污染

参考《全国水环境容量核定技术指南》中推荐的标准城市法。标准城市的定义为：地处平原地带，城市非农业人口在100万～200万，建成区面积在100km^2左右，年降水量在400～800mm，城市雨水收集管网普及率在50%～70%的城市。

城市地表径流污染负荷计算方法如下（以COD为例）。

$$P_{COD} = A \cdot \mu \cdot \lambda \tag{9-8}$$

式中：P_{COD}——污染物年负荷，t/a；

A——城市面积，km^2；

μ——标准源强系数，t/(a·km^2)；

λ——修正系数。

标准源强系数参考《全国水环境容量核定技术指南》，建议采用COD 50 t/(a·km^2)，NH_3-N 5 t/(a·km^2)，TP 1 t/(a·km^2)，TN 8 t/(a·km^2)。

修正系数按以下要求取值：

1）地形修正系数。

平原城市取地形修正系数为1；山区城市取修正系数为3.8；丘陵城市取修正系数为2.5。

2）人口修正系数。

100 万以下取人口修正系数为 0.3；100 万～200 万取修正系数为 1；200 万～500 万修正系数为 2.3；500 万以上修正系数为 3.3。

3）面积修正系数。

75km² 以下面积修正系数为 0.5；75～150km² 修正系数为 1；150～250km² 修正系数为 1.6；250km² 以上面积修正系数为 2.3。

4）降雨修正系数。

400mm 以下降雨修正系数为 0.7；400～800mm 降雨修正系数为 1；800mm 以上降雨修正系数为 1.4。

5）管网修正系数。

雨水收集管网覆盖率在 30% 以下管网修正系数为 0.6；覆盖率在 30%～50% 的管网修正系数为 0.8；覆盖率在 50%～70% 的管网修正系数为 1；覆盖率在 70% 以上的管网修正系数为 1.2。

由于雨水在产生径流的过程中会有一定损失，实际计算径流量时应扣除该部分损失，径流量折减系数按照《室外排水设计标准》(GB 50014—2021)综合径流系数选取。

9.7.2.2　水环境容量计算

水环境容量是指在给定水域范围和水文条件内，规定排污方式和水质目标的前提下，单位时间内水体最大允许纳污量，反映流域水环境系统功能在可持续正常发挥前提下水域接纳污染物的能力。

按照污染物降解机理，水环境容量可划分为稀释容量($W_{稀释}$)和自净容量($W_{自净}$)两部分(图 9-22)。稀释容量是指在给定水域的来水污染物浓度低于出水水质目标时，依靠稀释作用达到水质目标所能承纳的污染物量。自净容量是指由于沉降、生化、吸附等物理、化学和生物作用，给定水域达到水质目标所能自净的污染物量。在其他条件不变的情况下，污染物排放方式的改变(如排放口位置的不同)将影响水域的环境容量，因此水环境容量往往是一组数值。实际的水环境容量确定，是在分析稀释容量与降解容量的基础上，根据排污方式的限定与环境管理的具体需求，即在不改变排污口位置和水质目标等情况下，确定水域的环境容量(W)。

水环境容量一般根据水域水质目标、一定的水文水动力学条件、排污排放空间布局等，采用合适的水环境模型确定。不同污染物本身具有不同的物理化学特性和生物反应规律，不同类型的污染物对水生生物和人体健康的影响程度不同。因此，不同的污染物具有不同的环境容量，但具有一定的相互联系和影响，提高某种污染物的环境容量可能会降低另一种污染物的环境容量。因此，对单因子计算出的环境容量应作一定的综合影响分析。较好的方式是联立约束条件，同时求解各类需要控制的污染物质的环境容量。自然水体水环境中主要常规污染物为 COD、TN 和 TP，本书选取此 3 项指标作为评价环境容量的计算指标。

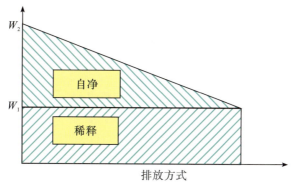

图9-22　水环境容量概念示意图

（1）COD计算模型

在国内，绝大部分封闭型、半封闭型水体的水质模型都是以"混合反应器"为假设而建立的。据湖泊物质平衡方程，可建立的水质模型如下：

$$V(\frac{\mathrm{d}C}{\mathrm{d}t}) = Sc - K \times C \times V - C \times Q \tag{9-9}$$

式中：Sc——湖泊污染物的出湖量，g/d；

C——湖水污染物浓度，mg/L。

为保持湖水在任何时间有机污染物浓度不超过湖水的水质标准，取 $\mathrm{d}C/\mathrm{d}t=0$，则其湖泊水域环境容量为：

$$W = C_s(365K \times V + Q_出)/1000000 \tag{9-10}$$

式中：W——水域纳污量，t/a；

$Q_出$——年出湖水量，m³/a；

C_s——规划目标浓度，mg/L；

K——降解速度，1/d，取值参考"全国地表水水环境容量核定技术复核要点"研究成果；

V——湖泊容积，m³。

其中年出湖水量 $Q_出$ 计算公式如下：

$$Q_出 = 1000hF\varphi + 10(h_0 - H)A \tag{9-11}$$

式中：$Q_出$——年出湖水量，m³/a；

h——产生地表径流的年均降雨量，mm；

h_0——年均降雨量，mm；

F——地表径流汇水面积，km²；

φ——不透水地表径流系数；

H——年均蒸发量，mm；

A——湖泊蓝线面积，hm²。

（2）TN、TP计算模型

对于湖泊营养盐允许负荷模型，常见的有沃伦德尔、狄龙及合田健模型；其中狄龙模型主要适用于富营养化湖(库),合田健模型适用于水流交换能力弱的湖库湾等。通过水体调查分析可以看出,区域大部分湖泊富营养化程度较高,因此本书采用狄龙模型计算 TN、TP 环境容量。狄龙模型如下:

$$\frac{dC}{dt} = \frac{L(1-R)}{V} - \rho_w \cdot \varepsilon \tag{9-12}$$

式中:$\rho_w = Q_入 / V$;

假设湖泊的入流、出流与污染物的输入处于稳定状态。当 $t \to +\infty$ 时可得:

$$L = \frac{C_s \times \rho_w \times V}{(1-R) \times 10^6} \tag{9-13}$$

式中:L——水域环境容量,t/a;

A——湖水面积,m^2;

C_s——规划目标浓度,mg/L;

R——湖泊中 N、P 滞留系数;

ρ_w——水力冲刷系数,1/a;

$Q_入$——每年流入湖泊的水量,m^3/a;

V——湖泊容积,m^3。

R 为氮、磷在湖(库)中的滞留系数,无量纲,一般计算公式为:

$$R = 1 - W_出 / W_入 \tag{9-14}$$

式中:$W_出$ 和 $W_入$——年出、入湖(库)的氮、磷量(指通过各种途径带出湖体的量,包括水草打捞、捕鱼、下泄等带出的量),t/a。在无法得知年进、出湖的氮、磷量时,可按如下公式进行估算:

$$R = 0.426\exp(-0.271Q_出 / A) + 0.573\exp(-0.00949Q_出 / A) \tag{9-15}$$

式中:R——湖泊中 N、P 滞留系数;

$Q_出$——年出湖水量,m^3/a;

A——湖水面积,m^2。

9.7.2.3 水质模型评估

(1)水质模拟原理

水质模型能够对多种主要的水质指标进行模拟计算,包括 SS、BOD、COD、DO、TKN、NH_3-N、硝酸盐和亚硝酸盐、TP、pH 值、盐度、大肠杆菌等。此外,用户还能通过水质模型对污染物和分级底沙进行自定义,分别单独模拟输沙和悬浮物运动。水质模型所能模拟的物理过程包括:

1)地表污染物的累积、冲刷、侵蚀过程;

2)污染物在管道、河流、湖泊中的迁移和扩散过程;

3)污染物在水体中的转化、衰减过程等。

其中,过程 1)主要针对面源污染模拟,过程 2)和过程 3)针对点源和面源污染模拟。

针对面源污染模拟,水质模型通过在地表污染编辑器(图 9-23)中设置地表污染物的累积、侵蚀和冲刷方程来计算模拟流域表面以及雨水井中累积并经雨水冲刷最终汇入管网的污染物。沉积物以及附着在沉积物上的污染物,旱天时在流域表面不断累积,然后经降雨径流冲刷入排水管网。水质模型通过累积方程、沉积物侵蚀方程以及沉积物冲刷方程来模拟地表沉积物 SS 的污染状况,附着在沉积物上一起冲刷入管网系统的其余污染物质(COD、NH_3-N、TP 等)则利用能效因子方程进行计算。

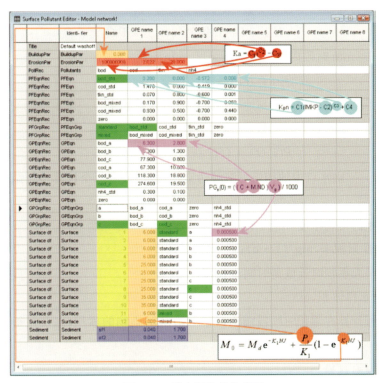

图 9-23　地表污染物编辑器

1)橘色区域为地表累积方程参数,地表累积方程为:

$$M_0 = M_d\, e^{-K_1 NJ} + \frac{P_s}{K_1}(1 - e^{-K_1 NJ}) \tag{9-16}$$

式中:M_0——累积时段结束时沉积物质量或者每个步长结束时沉积物质量,kg/hm^2;

M_d——初始沉积物质量,kg/hm^2;

K_1——衰变因子,数值大于 0;

NJ——时间步长或是模拟开始时的累计时间,d;

P_s——地表累积因子。

该方程计算了模拟开始时地表累积的沉积物质量(经过了设定的累积时间之后),或是每个计算步长结束时的沉积物质量。

2) 红色区域为地表侵蚀方程参数，地表侵蚀方程为：

$$K_a(t) = C_1 i(t)^{C_2} - C_3 i(t) \tag{9-17}$$

式中：$K_a(t)$ —— 降雨侵蚀系数；

$i(t)$ —— 有效降雨，m/s；

C_1、C_2、C_3 —— 降雨侵蚀校核系数。

该方程用于计算一场模拟中经过雨水冲刷侵蚀后留在集水区表面的沉积物以及冲刷入管网系统的沉积物。

3) 蓝色区域为效能因子方程参数，效能因子方程为：

$$K_{pn} = C_1 (\text{IMKP} - C_2)^{C_3} + C_4 \tag{9-18}$$

式中：IMKP —— 5min 时段内的最大降雨强度，mm/h；

C_1、C_2、C_3、C_4 —— 效能因子方程参数。

K_{pn} 用来将地表沉积物质量与地表污染物质量联系起来。

4) 粉色区域为雨水口方程参数，雨水口方程为：

$$PG_n(t) = ((C + MND)V_g)/1000 \tag{9-19}$$

式中：$PG_n(t)$ —— 雨水口中的初始可溶解污染物质量（或者每个计算步长结束时刻的污染物质量）；

C —— 初始污染物浓度，mg/L；

M —— 线性累积率，mg/(L·d)；

ND —— 旱天累积时长或是时间步长，d；

V_g —— 雨水口体积，m³。

利用该方程计算在累积时间段雨水口中可溶解污染物的累积，以及在每个时间步长的累积。

（2）水质模型搭建

1）网络概化。

水质模型的核心是模拟特定工况和情境下的河湖水体水质变化过程，以便评估工程项目建设后的水体水质达标情况，验证工程项目建设成效。

水质模型的搭建须建立在水文水动力模型基础之上，即在已包含管网系统、闸泵厂站、河湖港渠等各种排水系统要素的模型网络中增加对点源、面源、内源污染的概化（为避免模型过于复杂导致运行速度太慢，可根据实际情况对水动力模型进行适当简化），同时由于河湖汇水区内的点源和面源污染均是通过各类排水口进入水体，因此还要对排水口进行设置使其与湖泊的 2D 水力水质区间建立关联，确保在模型运行过程中岸上的污染物能够通过排水口进入水体并进行迁移、扩散和衰减。图 9-24 为某区域水体水质模型网络概化结果。

2）点源污染概化。

点源污染概化前需要首先对水体汇水区内的各类点源污染进行调查，确定点源分布、点源入流量及污染负荷量,然后通过对各释放点设置"污染物过程线"和"入流"事件来概化点源污染。

图 9-24 水体水质模型网络概化示意图

3)面源污染概化。

模型中地表污染累积参数是根据汇水区范围内的土地用途来进行设置的,作为汇水区面源污染计算的基础。一般情况下,评估水体汇水区内的土地用途包括居住用地、商业用地、公共设施用地、工业用地、交通用地以及非建设用地等,其中非建设用地中的绿地、农林等地表污染相对较轻,居住用地、公共设施用地、交通用地等地表污染次之;而商业用地、工业用地等地表污染相对较重。模型通过地表累积方程模拟计算地表污染物的持续累积过程,而当发生降雨时,模型则通过地表侵蚀方程、效能因子方程和雨水口方程来模拟计算地表污染物随雨水进入排水系统中的过程(图 9-25)。

	Identi- fier	Name	GPE name 1	GPE name 2	name	GPE name 4	GPE name 5	GPE name 6
Title	Default washoff param							
BuildupPar	BuildupPar	0.080						
ErosionPar	ErosionPar	100000000	2.022	29.000				
PollRec	Pollutants	bod	cod	tkn	nh4	tph		
PFEqnRec	PFEqn	bod_std	0.280	0.000	-0.572	0.000		
PFEqnRec	PFEqn	cod_std	1.470	0.000	0.419	0.000		
PFEqnRec	PFEqn	tkn_std	0.070	0.800	-0.600	0.001		
PFEqnRec	PFEqn	nh4_std	0.070	0.800	-0.600	0.001		
PFEqnRec	PFEqn	tph_std	0.023	0.800	-0.600	0.001		
PFEqnRec	PFEqn	bod_mixed	0.170	0.900	-0.700	0.050		
PFEqnRec	PFEqn	cod_mixed	0.930	0.500	-0.700	0.440		
PFEqnRec	PFEqn	zero	0.000	0.000	0.000	0.000		
PFGrpRec	PFEqnGrp	standard	bod_std	cod_std	tkn_std	zero	tph_std	nh4_std
PFGrpRec	PFEqnGrp	mixed	bod_mixed	cod_mixed	tkn_std	zero	tph_std	nh4_std
GPEqnRec	GPEqn	bod_a	6.300	2.800				
GPEqnRec	GPEqn	bod_b	15.300	1.300				
GPEqnRec	GPEqn	bod_c	77.900	0.800				
GPEqnRec	GPEqn	cod_a	67.300	10.800				
GPEqnRec	GPEqn	cod_b	118.300	18.800				
GPEqnRec	GPEqn	cod_c	274.600	19.500				
GPEqnRec	GPEqn	nh4_std	0.300	0.100				
GPEqnRec	GPEqn	tph_a	0.100	0.100				
GPEqnRec	GPEqn	zero	0.000	0.000				
GPGrpRec	GPEqnGrp	a	bod_a	cod_a	zero	nh4_std	tph_a	
GPGrpRec	GPEqnGrp	b	bod_b	cod_b	zero	nh4_std	tph_a	
▶ GPGrpRec	GPEqnGrp	c	bod_c	cod_c	zero	nh4_std	tph_a	
Surface df	Surface	1	18.000	standard	a	0.000500		
Surface df	Surface	2	18.000	standard	a	0.000500		
Surface df	Surface	3	18.000	standard	b	0.000500		
Surface df	Surface	4	18.000	standard	b	0.000500		
Surface df	Surface	5	75.000	standard	a	0.000500		
Surface df	Surface	6	75.000	standard	b	0.000500		
Surface df	Surface	7	75.000	standard	b	0.000500		
Surface df	Surface	8	75.000	standard	c	0.000500		
Surface df	Surface	9	100.000	standard	c	0.000500		
Surface df	Surface	10	100.000	standard	c	0.000500		
Surface df	Surface	11	18.000	mixed	b	0.000500		
Surface df	Surface	12	18.000	mixed	b	0.000500		
Sediment	Sediment	sf1	0.040	1.700				
Sediment	Sediment	sf2	0.040	1.700				

图 9-25 地表污染物编辑器设置示意图

4)内源污染概化。

河湖底泥会造成内源污染。底泥在水中持续释放污染物会对水体水质产生影响,因此在对内源污染进行概化前应先对评估对象的底泥污染进行调查分析,确定内源污染点分布及污染负荷量。之后,同点源污染概化类似,通过对内源污染点设置"污染物过程线"和"入流"事件的方式来概化内源污染的释放。但需要注意的是,内源污染释放仅为污染物的释放,因此"入流"事件应设置为极小流量(图9-26)。

图 9-26 湖泊内源污染概化示意图

(3)模型参数确定

1)地表污染物参数确定。

根据前述水质模拟原理,结合相关论文、研究成果及当地经验数据,该区域地表累积方程、地表侵蚀方程、效能因子方程及雨水口方程的参数设置见表9-5至表9-8。

表9-5   地表污染物累积方程参数取值

主要参数	衰变因子	地表累计因子					
		公共设施、居住用地	商业用地	工业用地	市政设施、交通用地	绿地	混合郊区
取值	0.08	75	75	100	18	18	18

表9-6   降雨侵蚀方程参数取值

主要参数	降雨侵蚀校核系数		
	C_1	C_2	C_3
取值	100000000	2.022	29.000

表 9-7   效能因子方程参数取值

污染物	效能因子系数取值			
	C_1	C_2	C_3	C_4
COD	1.470	0.000	−0.419	0.000
NH₃-N	0.070	0.800	−0.600	0.001
TP	0.023	0.800	−0.600	0.001

表 9-8   雨水口方程参数取值

用地类型	初始污染物浓度/(mg/L)			线性累积率/(mg/(L·d))		
	COD	NH_3-N	TP	COD	NH_3-N	TP
公共设施、居住用地	118.300	0.300	0.100	18.800	0.100	0.100
商业用地	274.600	0.300	0.100	19.500	0.100	0.100
工业用地	274.600	0.300	0.100	19.500	0.100	0.100
市政设施、交通用地	118.300	0.300	0.100	18.800	0.100	0.100
绿地	67.300	0.300	0.100	10.800	0.100	0.100
混合郊区	118.300	0.300	0.100	18.800	0.100	0.100

2）扩散衰减参数确定。

污染物扩散衰减系数是一个重要参数，对水质演变模拟的准确性和可靠性有较大影响。参照武汉市及其他地区对各类污染物扩散衰减系数的研究成果，水质模型中污染物扩散衰减相关参数设置见表 9-9。

表 9-9   扩散衰减参数取值

主要参数	污染物取值		
	COD	NH_3-N	TP
扩散系数/(m²/s)	1~2	1~2	1~2
衰减参数/(1/d)	0.01~0.03	0.01~0.03	0.01~0.03

（4）水质目标评价方法

基于二维水体水质模型，以污染源调查报告作为点源和内源事件的设置依据，结合相关论文及研究成果编辑地表面源污染参数，以实测数据作为水体水位、流量、水质的初始条件，根据规划设计资料来设置涵闸、泵站等水工设施的运行工况，采用武汉市典型年降雨作为水质模拟降雨背景事件，同时结合模拟范围的下垫面解析和主要污染物的降解特性进行相关参数设置，推演模拟治理工程实施前后水体水质的演变趋势和达标情况。

根据模拟结果进行统计分析，当评估对象各水质指标达标天数占比全年均大于85%时，则可认为水体水质能够长期稳定达标。图9-27为某水体在不同治理工程实施前后模拟得到的水质变化及达标情况，其中情景1为工程实施前的模拟结果，情景2至情景5为不同工程实施后的模拟结果，从图9-27中可知在情景5（实施控源截污及生态修复工程）条件下该水体各项水质指标达标天数均超过了85%，能够稳定达标。

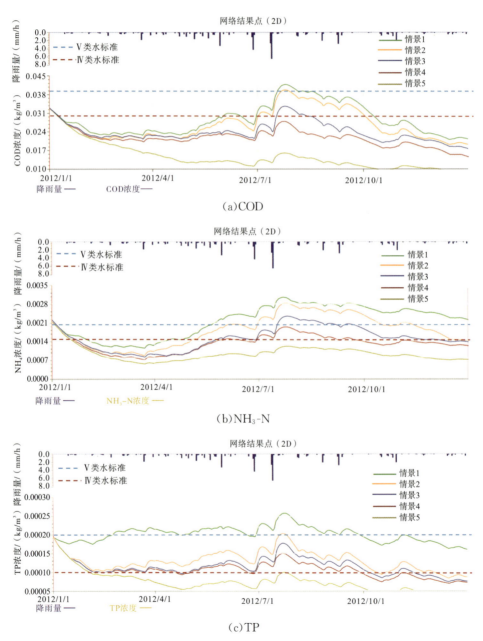

图9-27 某水体污染物浓度变化曲线对比

9.8　水生态性评估

9.8.1　作用

年径流总量控制率作为海绵城市建设评价中最重要的指标,是规划设计人员编制海绵城市规划时需要考虑的核心问题。对于老城区,海绵城市规划建设后其年径流总量控制率应优于海绵城市建设前,而对于新建区,按照海绵城市要求建设后其年径流总量控制率应符合上位规划的指标要求。通过对评估规划区域的年径流总量控制率的现状条件进行分析,可以指导海绵设施的布设和规划方案的编制,同时也能对海绵城市规划建设的效果进行评价。综上,对现状和规划条件下区域的年径流总量控制率进行评估核算尤为重要(图9-28)。

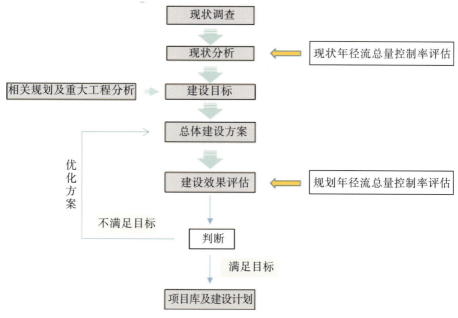

图9-28　年径流总量控制率评估总体思路

9.8.2　评估方法

年径流总量控制率的评估核算基本有两种方法:一种是简单的径流系数加权平均计算法,另一种是水文模型评估法。前者方法简单,但精度较低,后者操作复杂但精度较高,适用于不同的条件。

9.8.2.1　加权平均计算法

顾名思义,加权平均计算法就是将各个子地块的数据通过加权平均计算,来得到整个评估区域的相关数据。

由于理论上某地区年径流总量控制率和综合径流系数之间存在加和为1的规律,而径流系数又可以采用加权平均计算的方式获得,因此可通过采用间接计算综合径流系数的方式来计算该地区的年径流总量控制率。根据《室外排水设计标准》(GB 50014—2021),不同下垫面的径流系数见表 9-10。

表 9-10　　　　　　　　　　　　不同下垫面径流系数取值

地面种类	ψ
各种屋面、混凝土或沥青路面	0.85～0.95
大块石铺砌路面或沥青表面各种的碎石路面	0.55～0.65
级配碎石路面	0.40～0.50
干砌砖石或碎石路面	0.35～0.40
非铺砌土路面	0.25～0.35
公园或绿地	0.10～0.20

若采取用地类型来计算综合径流系数,以武汉市为例,可按照《武汉市海绵城市规划设计导则》进行如下取值,见表 9-11。

表 9-11　　　　　　　　　　　　不同用地类型径流系数取值

用地类别	用地类别代码	径流系数	
		二环线以内	二环线以外
居住用地	R	0.75	0.65
公共管理与公共服务用地	A	0.7	0.6
商业服务业用地	B	0.8	0.75
工业用地	M	0.8	0.7
物流仓储用地	W	0.8	0.7
交通及公用设施用地	S、U	0.85	0.8
绿地	G	0.3	0.25
其他用地		0.3	0.25

通常情况下,计算现状年径流总量控制率时根据下垫面进行径流系数取值,而核算规划年径流总量控制率时则按照用地类型来进行取值。需要说明的是,加权平均计算法虽操作简单,但计算结果相对水文模型法误差较大,且没有考虑海绵设施对于径流控制的提升作用,因此不作为推荐方法,仅建议在不具备建立水文模型条件的情况下应用。

9.8.2.2　水文模型评估法

水文模型由于只关心区域的总降雨量和总产流量,不需要管网等排水设施的参与,所有汇水区的雨水径流直接汇集至一个虚拟出口流出系统,模型网络的复杂程度远低于前文的管网内涝模型及水质模型,因此其搭建过程及评估方法均相对较为简单(图 9-29)。

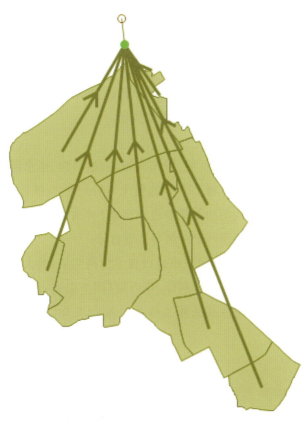

图 9-29　水文模型网络概化示意图

　　总体而言,水文模型的搭建过程可以看作内涝模型搭建的部分步骤,尤其是现状模型的搭建与管网内涝模型的相应步骤基本一致,因此不再赘述,本节仅针对规划水文模型中的 LID 设施概化相关步骤及模拟评估等内容进行简要说明(图 9-30)。

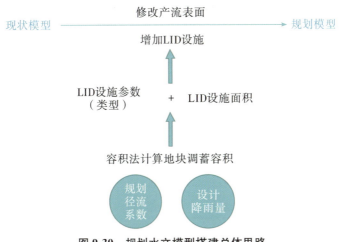

图 9-30　规划水文模型搭建总体思路

（1）LID设施概化

与现状水文模型有所差异的是，规划方案会在某些地块中设置LID设施以将汇流的雨水及自身的雨水进行下渗和调蓄后溢流排出，从而达到提高年径流总量控制率的目的。因此，为了使LID设施的模拟接近现实，需要将LID设施对雨水的控制过程进行概化，概化内容主要包括LID设施参数和LID设施面积两个方面。

1）LID设施参数。

LID设施主要有透水铺装、绿色屋顶、下凹式绿地、植草沟、雨水罐等，为了使规划方案的计算简化，结合模拟计算的需求，将LID设施概化为某一类，选择具有代表性、设计中布置灵活的下凹式绿地。下凹式绿地的功能除渗透补充地下水外，还可以削减峰值流量、净化雨水，实现径流总量、径流峰值和径流污染控制等多重目标。

下凹式绿地的结构按照《武汉海绵城市建设技术标准图集》的大样图进行设定，下凹式绿地从上至下分为3层结构：蓄水层、填料层、砾石层（图9-31）。调蓄深度 H 设为0.15m，填料层考虑为砂质黏土，武汉地区相关水文参数可按照表9-12进行设置，填料层厚度为0.5m，砾石层为0.15m。

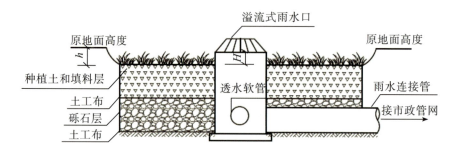

图9-31　下凹式绿地典型结构

表9-12　　常用土壤的水文参数取值

土壤种类	孔隙率	田间含水率	枯萎点	导水率/(mm/h)	吸水头/mm
砂土	0.437	0.062	0.024	120.396	49.022
壤质砂土	0.437	0.105	0.047	39.972	60.96
砂壤土	0.453	0.19	0.085	10.922	109.982
壤土	0.463	0.232	0.116	3.302	88.9
粉砂壤土	0.501	0.284	0.135	6.604	169.926
砂质黏壤土	0.398	0.244	0.136	1.524	219.964
黏壤土	0.464	0.31	0.187	10.016	210.058
粉质黏壤土	0.471	0.342	0.21	1.016	270.002

土壤种类	孔隙率	田间含水率	枯萎点	导水率/(mm/h)	吸水头/mm
砂质黏土	0.43	0.321	0.221	0.508	240.030
粉质黏土	0.479	0.371	0.251	0.508	290.068
黏土	0.475	0.378	0.265	0.254	320.04

2)LID 设施面积。

为了使 LID 设施面积的概化与未来将实施的面积接近,LID 规模采用通用的设计方法确定。《武汉市海绵城市规划设计导则》中对年径流总量控制率的评估给出了容积法计算公式,这也是设计中普遍采用的方法,可以计算每个地块不同年径流总量控制率对应的需蓄水容积:

$$V = 10H\psi F \tag{9-20}$$

式中:V——设计调蓄容积或需蓄水容积,m^3;

H——设计降雨量,mm;

ψ——场均综合雨量径流系数;

F——汇水面积,hm^2。

在该公式中,设计降雨量为与年径流总量控制率对应的参数,根据《武汉市海绵城市规划设计导则》,设计降雨量与年径流总量控制率的关系见表 9-13。

表 9-13　　　　　　　　设计降雨量与年径流总量控制率关系

年径流总量控制率/%	55	60	65	70	75	80	85
设计降雨量/mm	14.9	17.6	20.8	24.5	29.2	35.2	43.3

LID 设施面积根据评估单元所需的调蓄容积与蓄水深度计算得到,即

$$S = V/H \tag{9-21}$$

式中:S——LID 设施面积,m^2;

V——所需调蓄容积,m^3;

H——调蓄深度,0.15m。

(2)LID 设施导入

通过数据导入中心中子集水区的 SUDS 控制子表单,将包含所有 LID 设施信息的表格(CSV 格式)导入模型网络,导入表格模板见图 9-32,表格中数据自行填写。

Subcathment ID	SUDS structure ID	SUDS control ID	Control type	Area (m2)	Number of units	Area of subcatchment（%）	Unit surface width	Initial saturation（%）	Impervious area treated	Outflow to	Drain to subcatchment	Drain to node
id2	1	1	Bio-reten	3353.878	1			0	100	Outlet		
id3	1	1	Bio-reten	468.9421	1			0	100	Outlet		
id14	1	1	Bio-reten	4319.811	1			0	100	Outlet		
id17	1	1	Bio-reten	3616.587	1			0	100	Outlet		
id23	1	1	Bio-reten	3236.212	1			0	100	Outlet		
id24	1	1	Bio-reten	2273.037	1			0	100	Outlet		
id26	1	1	Bio-reten	2544.601	1			0	100	Outlet		
id30	1	1	Bio-reten	14329.67	1			0	100	Outlet		
id31	1	1	Bio-reten	14628.47	1			0	100	Outlet		

图 9-32　LID 设施导入表格模板

（3）模拟工况

水文模型的模拟工况主要指模型计算运行的降雨条件。由于评估核算的对象为区域的年径流总量控制率，因此，为了克服单场次降雨在降雨量、降雨历时、降雨峰值等雨型参数方面的偶然因素，模拟工况选取一年期的实际降雨作为模型运算的降雨条件。以武汉城区为例，由于尚没有相关标准，水文模拟所需的全年降雨数据可参考《基于武汉市海绵城市评估的典型年降雨比选研究》中的相关成果，选择典型年 2010 年的降雨数据（图 9-33），全年降雨总量为 1305.8mm。

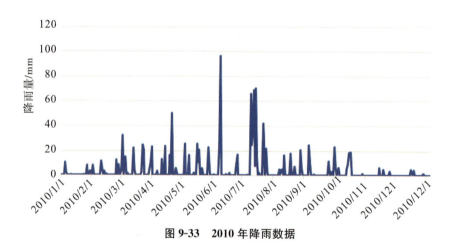

图 9-33　2010 年降雨数据

一年期的蒸发数据来源于《武汉市海绵城市规划设计导则》，见表 9-14。

表 9-14　　　　　　　　　　　　　武汉市多年平均逐月蒸发量

月份	1	2	3	4	5	6
蒸发量/mm	36.7	38	52.8	67.2	87.9	96.2

月份	7	8	9	10	11	12
蒸发量/mm	129.6	141.1	110.3	83	61	46

（4）计算评估

如前文所述，水文模型仅关心区域的总降雨量和总产流量，总降雨量可以通过降雨毫米数与区域面积的乘积计算得到,总产流量则可以通过水文模型模拟计算得到。图 9-34 中红框内数据即为各个子集水区的产流量,通过加和即可计算出整个区域的总产流量。

Attribute	Units	ID	Threshold Flow (m3/s)	Minimum Volume (m3)	Network	运行	Simulation	Exceedance count	Total duration of exceedances (mins)	Total Volume (m3)
总出流量	m3/s	sub1	0.00000	0.00000	大汉口片排水	现状(100)-20	100年一遇-24小时	1	1800.0	571.24054
总出流量	m3/s	sub1000	0.00000	0.00000	大汉口片排水	现状(100)-20	100年一遇-24小时	1	1800.0	75.94126
总出流量	m3/s	sub10000	0.00000	0.00000	大汉口片排水	现状(100)-20	100年一遇-24小时	1	1800.0	6822.55765
总出流量	m3/s	sub10001	0.00000	0.00000	大汉口片排水	现状(100)-20	100年一遇-24小时	1	1800.0	3036.36550
总出流量	m3/s	sub10002	0.00000	0.00000	大汉口片排水	现状(100)-20	100年一遇-24小时	1	1800.0	321.93467
总出流量	m3/s	sub10003	0.00000	0.00000	大汉口片排水	现状(100)-20	100年一遇-24小时	1	1800.0	8378.41715
总出流量	m3/s	sub10004	0.00000	0.00000	大汉口片排水	现状(100)-20	100年一遇-24小时	1	1800.0	6781.49768
总出流量	m3/s	sub10005	0.00000	0.00000	大汉口片排水	现状(100)-20	100年一遇-24小时	1	1800.0	1022.84772
总出流量	m3/s	sub10006	0.00000	0.00000	大汉口片排水	现状(100)-20	100年一遇-24小时	1	1800.0	550.06318
总出流量	m3/s	sub10007	0.00000	0.00000	大汉口片排水	现状(100)-20	100年一遇-24小时	1	1800.0	412.32574
总出流量	m3/s	sub10009	0.00000	0.00000	大汉口片排水	现状(100)-20	100年一遇-24小时	1	1800.0	227.01462
总出流量	m3/s	sub1001	0.00000	0.00000	大汉口片排水	现状(100)-20	100年一遇-24小时	1	1800.0	167.11670
总出流量	m3/s	sub10010	0.00000	0.00000	大汉口片排水	现状(100)-20	100年一遇-24小时	1	1800.0	434.92894
总出流量	m3/s	sub10011	0.00000	0.00000	大汉口片排水	现状(100)-20	100年一遇-24小时	1	1800.0	299.54042
总出流量	m3/s	sub10012	0.00000	0.00000	大汉口片排水	现状(100)-20	100年一遇-24小时	1	1800.0	587.55931
总出流量	m3/s	sub10013	0.00000	0.00000	大汉口片排水	现状(100)-20	100年一遇-24小时	1	1800.0	384.97297
总出流量	m3/s	sub10014	0.00000	0.00000	大汉口片排水	现状(100)-20	100年一遇-24小时	1	1800.0	4437.99050
总出流量	m3/s	sub10015	0.00000	0.00000	大汉口片排水	现状(100)-20	100年一遇-24小时	1	1800.0	991.31435
总出流量	m3/s	sub10016	0.00000	0.00000	大汉口片排水	现状(100)-20	100年一遇-24小时	1	1800.0	222.99238
总出流量	m3/s	sub10017	0.00000	0.00000	大汉口片排水	现状(100)-20	100年一遇-24小时	1	1800.0	51.67498
总出流量	m3/s	sub10018	0.00000	0.00000	大汉口片排水	现状(100)-20	100年一遇-24小时	1	1800.0	508.57085

图 9-34　总出流量图

得到上述数据后,通过下式即可计算得出区域的年径流总量控制率。

$$年径流总量控制率 = (1 - \frac{总产流量}{总降雨量}) \times 100\% \qquad (9-22)$$

第10章　海绵城市规划成果示例

10.1　海绵城市发展规划示例

海绵城市专项发展规划是以国民经济和社会发展海绵城市建设领域为对象编制的规划,是国民经济和社会发展总体规划在海绵城市建设领域的细化,是海绵城市建设在规划期内的阶段性部署和安排。以下为《武汉市"十四五"海绵城市建设规划》示例。

10.1.1　前言

(1)编制背景

"十四五"时期是武汉市城市发展建设从"增量发展"向"量质并重"的关键转型期,海绵城市建设是实施城市更新行动,推进城市高质量发展的有力抓手。为做好"十四五"期间海绵城市建设顶层设计,加强对全市"十四五"期间海绵城市建设的统筹与指导,根据市委、市政府关于"十四五"规划工作的部署,特编制《武汉市"十四五"海绵城市建设规划》,助推新一轮城市发展。

(2)规划范围

规划范围为武汉市域范围,总面积 8569.15km^2。

按行政区划分为中心城区、开发区(风景区)和新城区 3 个层面。

(3)规划期限

规划期限为 2021—2025 年,重大项目展望至 2035 年,规划基年为 2020 年。

(4)规划目的

作为武汉市城乡建设"十四五"规划体系的重要组成部分,通过顶层设计,强化海绵城市"十四五"规划引领作用,指导武汉市系统化全域推进海绵城市建设。

10.1.2　发展现状和"十三五"回顾

(1)主要成就

1)通过试点验收,特大丰水平原城市海绵城市建设模式初步形成;

2)全域推进建设,"十三五"建设任务如期完成;

3)建立体制机制,实现海绵城市全过程闭环管控;

4)编制顶层规划,配套较为完备的技术标准体系;

5)建立信息平台,为海绵城市建设提供数据支撑;

6)积极宣传推广,海绵城市理念逐步深入人心;

7)治理效果凸显,切实增强居民获得感和幸福感。

(2)存在问题

1)全市域海绵城市生态格局尚未完全建立;

2)建设成效评估制度有待完善;

3)海绵设施运维标准有待补充。

10.1.3 "十四五"建设目标及思路

(1)规划原则

1)坚持生态优先,绿色发展;

2)坚持系统治理,成片达标;

3)坚持新旧同建,全域推进;

4)坚持建管并重,统筹协调。

(2)建设目标

1)总体目标。

到 2025 年底,全市 50% 以上建成区面积达到海绵城市建设要求,构建生态优先、安全韧性、水城共融、以人为本的海绵城市新格局。

2)指标体系。

海绵城市建设达标区域指标体系见表 10-1。

表 10-1　　　　　　　　　海绵城市建设达标区域指标体系

序号	指标	现状值	"十四五"目标取值	性质
1	年径流总量控制率	—	达到专项规划目标值	约束性
2	内涝防治标准	10 年一遇	20~30 年一遇, 重点区域 50 年一遇	约束性
3	天然水域总面积保持率	100%	100%	约束性
4	可渗透地面面积比例	—	≥45%	约束性
5	新改扩建城市水体生态岸线比例 (码头等生产性岸线及防洪岸线除外)	68%	≥80%	约束性
6	年径流污染物总量控制率(以 SS 计)	—	≥50%	约束性

续表

序号	指标	现状值	"十四五"目标取值	性质
7	城市水体水环境质量	黑臭水体基本消除	不劣于海绵城市建设前水质；不出现黑臭水体	约束性
8	雨水资源化利用	—	鼓励公建、小区、水系、公园绿地等开展雨水资源化利用	预期性
9	城市热岛效应	—	得到缓解	预期性

(3)建设思路

1)加强非建设区保护力度,强化市域"北峰南泽"蓄滞功能;

2)聚焦城市建成区,以缓解城市内涝为重点,增强城市韧性;

3)系统化全域推进,形成海绵城市融合推进模式。

10.1.4 "十四五"建设任务

(1)重塑生态基底,加强生态空间格局保护(图 10-1)

1)完善海绵城市生态空间格局;

2)推进山体修复及林地建设;

3)加快水库除险加固及蓄滞洪区建设;

4)开展小流域治理及湿地建设,强化水系湿地修复治理;

5)严控城市蓝绿空间,保护河湖水系网络;

6)推进城市集中大型"海绵体"建设。

(2)分区系统推进,彰显连片效应

1)锚定"十四五"达标片区。

"十四五"期间,依托重点功能区整体更新建设,整合老旧小区改造集中的区域、水环境问题突出的区域以及内涝高风险区,以汇水区为单元,完善更新排水"骨架"系统,削减雨水径流污染,增强城市韧性。

重点开展汤逊湖、蔡甸东湖(汉阳六湖)、北湖等 14 个子流域海绵城市建设,细化分区127 个,总汇水面积 632.4km² (图 10-2)。

2)有序安排达标片区任务。

按系统建设的思路,分轻重缓急,各区并进,有序推进"十四五"达标片区海绵城市建设。

3)市区协调联动系统推进。

全市各相关部门、各相关市级平台及各区协调联动,共同推进"十四五"期间海绵城市建设。市级部门加强组织协调,统筹跨区、跨流域相关骨干项目,协同开展达标片区成效评估与考核工作;市级平台按计划完成大型排涝通道、泵站设施等市级骨干项目的建设工作,支撑"十四五"重点建设片区达标；各区人民政府（管委会）落实辖区内建设任务，实现"建设一片、达标一片、提升一片"。

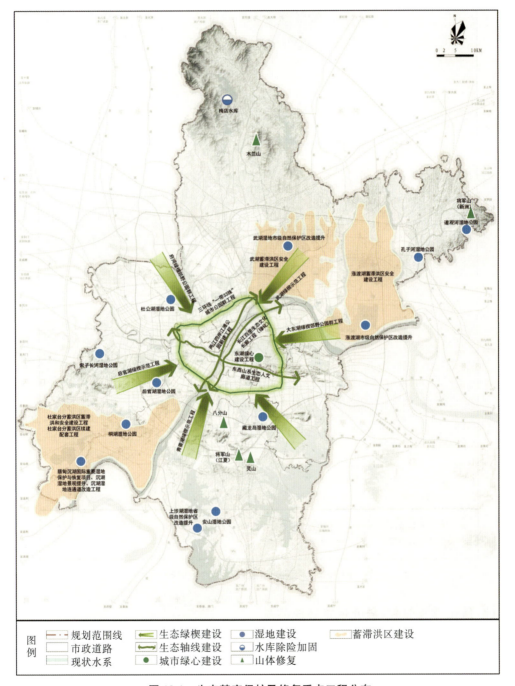

图 10-1　生态基底保护及修复重点工程分布

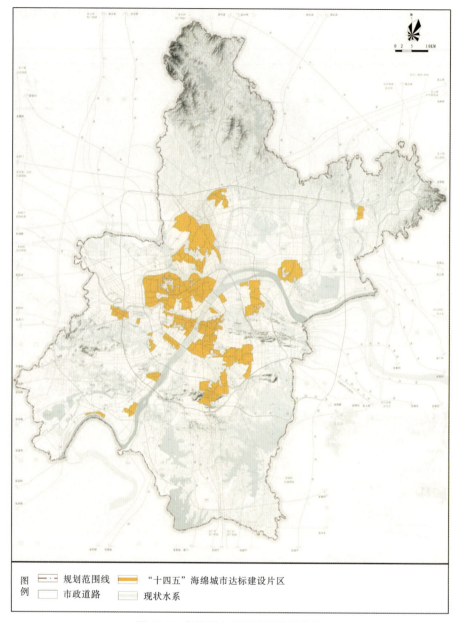

图例　⫶⫶⫶ 规划范围线　▬ "十四五"海绵城市达标建设片区
　　　▭ 市政道路　▭ 现状水系

图 10-2　海绵城市建设达标片区分布

(3)强化源头管控,提升城市功能品质

1)管控新建源头类项目。

新建源头类项目以目标为导向,满足武汉市及各区级海绵城市专项规划提出的控制性目标要求。以城市道路、建筑与小区、绿地与广场、城市水系 4 大类项目建设为抓手,市区两级主管部门,按责任分工,加强源头海绵城市建设项目特别是非政府投资类项目的管控工作,紧盯重要节点、薄弱环节,强化监督管理、服务指导,提升精细化管理水平。

2)统筹重点管控区建设。

"十四五"期间,除达标片区建设外,依托新建重点功能区建设,将其所在汇水分区纳入"十四五"重点管控区,强化片区管控与统筹。主要涉及 39 个汇水片区,重点管控功能区总面积约 368km²。

3)打造海绵城市特色片区。

坚持全域谋划、系统施策、因地制宜、有序实施的原则,准确把握各重点管控区自然特征、功能定位以及产业布局,加强对管控功能区的技术服务指导,高标准打造海绵城市特色片区。

(4)补足排涝短板,增强城市弹性和韧性

结合"十四五"海绵城市重点建设片区,以补短板、强效能为切入点,重点围绕机场河、黄孝河等直排区,东沙湖、汤逊湖、金银湖、蔡甸东湖、黄陂后湖、盘龙湖等蓄排区开展内涝防治工作,构建"源头减排、管网排放、蓄排并举、超标应急"的城市排水防涝工程体系,内涝防治能力达到 20～30 年一遇以上水平,重点区域达到 50 年一遇以上水平。

(5)统筹流域治理,削减雨水径流污染

以均衡水生态系统的生态功能、经济价值和社会服务为出发点,以面源污染控制为重点,协同陆域、水域建设,全面提升水体水质,构建健康的水生态系统。以流域为单位,统筹协调跨区水体整治责任分工及上下游水体治理时序。"十四五"期间,针对海绵城市达标建设区域,坚持雨污同治,源头建设与末端控制相结合,强化建成区面源污染及溢流污染控制,积极推进河湖生态缓冲带保护修复工作。

(6)提倡雨水利用,打造节水型城市

充分利用"百湖之市"水网密布的自然优势,开展雨水资源化利用,雨水经蓄积净化后用于农业种植、湖泊及湿地区生态涵养、补充地下水等。

(7)创新工作机制,不断推动行业发展

1)持续跟进科研技术;

2)不断完善技术标准;

3)紧跟市场推动产品研发;

4)加快构建海绵城市监测体系;

5)制定海绵城市建设成效评估办法。

10.1.5　保障措施

1)强化组织领导;

2)落实主体责任;

3)强化规划管控;

4)抓好项目建设管理；

5)做好设施运行维护；

6)健全评估反馈机制；

7)加强考核与激励；

8)深入开展宣传培训。

10.2 海绵城市专项规划示例

海绵城市专项规划是对国土空间总体规划在海绵城市建设领域的细化,实现海绵城市规划目标和指标的分解与传导,对海绵城市建设领域的功能区域做出专门的空间保护利用安排。以下为《武汉市海绵城市专项规划》和《中法武汉生态示范城海绵城市专项规划》示例,分别对应市域和区县级海绵城市专项规划。

10.2.1 武汉市海绵城市专项规划

10.2.1.1 海绵城市建设条件评估

分别从区位条件、自然地理条件、社会与经济、降雨与蒸发、水系资源与水资源、下垫面、防洪系统和排水系统等方面对武汉市海绵城市建设条件进行评估和分析,指导规划编制。

自然地理条件主要分析地形地貌、土壤分布、土壤渗透性、温度、湿度等。其中,土壤分布主要分析土层分布、土层厚度、透水性能等,以便分析不同区域的不同针对性措施。

降雨条件主要收集多年降雨数据,分析年、月、日降雨规律,特别是分析年径流总量控制率与设计降雨量对应关系、短历时降雨雨型、长历时降雨雨型,分析推荐典型年、典型日降雨过程等。

下垫面条件分析主要分析城市的透水状况、硬化程度,从改造角度整体评价海绵城市的建设难易程度。

10.2.1.2 问题识别

水资源问题:对武汉此类地表水资源丰富的城市,主要分析水资源的空间配置和利用效率。

水生态问题:主要从硬化地面增加、径流增加、水面减少、港渠改暗、水岸硬化等方面进行分析。

水环境问题:主要分析水污染的空间分布、变化趋势和国家重点整治的黑臭水体分布等。

水安全问题:结合城市近年内涝状况,辅以模型模拟的方式,筛选城市的内涝高风险区。

10.2.1.3 海绵城市建设目标指标

(1)总体目标

1)通过贯彻和推广海绵城市理念,综合运用海绵城市的各种措施和方法,完善水系生态格局,统筹解决武汉市面临的内涝及水污染问题。将武汉市建成能有效应对 50 年一遇暴雨的水安全城市,建成水清岸美的滨水宜居城市,建成人水和谐的水生态文明城市,建成南方丰水地区的海绵范例城市。

2)以示范区海绵城市建设为起点,积累经验,探索模式,在全市推进海绵城市建设。至 2020 年,实现武汉市 20％建成区达到海绵城市建设目标要求。至 2030 年,实现武汉市 80％建成区达到海绵城市建设目标要求。

（2）总体策略

1)导向。

建成区以问题为导向,针对问题,系统治理;新建区以目标为导向,高标准管控,超前建设。

2)措施。

内涝防治以常规灰色设施为基础,结合旧城改造和交通系统大建设机遇,下决心提高主干管能力,择机提升干管能力,支管随路配套扩建,必要时采取非常规的排水深隧和超标径流蓄水设施解决。发挥湖泊调蓄功能,对不承担常规降雨调蓄的湖泊,发挥其超标暴雨的调蓄能力。积极推进源头峰值径流系数的控制,结合雨污分流和内部景观提升,同步降低已建成区地块峰值径流系数。

水环境保护和黑臭水体治理以污水收集与处理设施为基础,分流区严格按分流体系进行规划建设,混流区应加快混错接改造。新建、改建、扩建项目应全面按照海绵城市要求进行建设,在分流区的已建项目应因地制宜逐步进行改造,在合流区的已建项目应结合项目改造难度和经济性尽量在源头进行面源污染控制。合流区应结合源头径流污染控制比例,通过提高截留倍数以控制溢流污染次数,并对黑臭水体采取必要的综合措施。

3)时序。

内涝重点区防涝设施和黑臭水体整治设施应优先建设,新建区域同步建设,其他区域择机建设。

（3）指标体系

为体现武汉市湖泊众多、蓄排结合的特点,并考虑海绵城市主要是针对雨水进行管理的城市建设方式,结合相关文件,将指标分为水生态、水环境、水资源和水安全四类（表 10-2）。

表 10-2　　　　　　　　　　武汉市海绵城市专项规划建设指标体系

指标类别	指标序号	指标体系	指标值		备注
			2020 年	2030 年	
水生态	1	年径流总量控制率	20％区域达标	80％区域达标	按建设分区特点确定
	2	自然湖泊水域保持率	100％	100％	
	3	生态岸线占比	≥50％	≥80％	

续表

指标 类别	指标 序号	指标体系	指标值		备注
			2020 年	2030 年	
水环境	4	地表水环境质量 达标率	80％，且无黑臭水体	95％，且 无劣 V 类水体	
	5	分流区面源污染 控制率	≥50％（以 TSS 计）	≥50％（以 TSS 计）	
	6	合流排水口溢流次数	≤10 次/年	≤10 次/年	混流排水口参照
水资源	7	雨水资源化利用率	雨水利用量不小于 自来水用量的 5％	雨水利用量不小于 自来水用量的 5％	引导性
水安全	8	防洪能力	200 年一遇	200 年一遇	按防洪标准计
	9	防涝能力	20 年一遇	50 年一遇，重点区域 或设施 100 年一遇	按防涝标准计
	10	雨前湖泊水位 控制达标率	100％	100％	
	11	出江泵站达标率	85％	100％	按抽排能力计

注：TSS 为总悬浮固体。

10.2.1.4　自然生态格局的构建与管控

（1）自然生态要素的识别

1）城市生态资源要素的空间分布与规模。

依据《武汉市山体保护办法》《武汉市中心城区湖泊"三线一路"保护规划》《武汉市城市集中式地表水饮用水水源保护区划分规定》《中华人民共和国自然保护区条例》等国家、省、市各类相关法规、规范和政府审批的规划，对都市发展区以内的山、水、林、自然保护区等全要素生态资源及其保护区进行了识别和划定（图 10-3）。

2）城市用地生态敏感性分析。

利用 GIS 技术对评价因素进行量化。将评价因子细分为地基承载力、高程、林地、园地、水资源分布、湿地分布、水体敏感性、地震地质灾害、土壤环境、土壤敏感性、水土流失和耕地、矿产资源等 17 个要素，根据环境影响因素的权重关系，进行数字化处理，然后建立数学模型，运用 GIS 的空间数据处理能力，将各要素进行叠加分析，完成生态敏感性分析（图 10-4）。

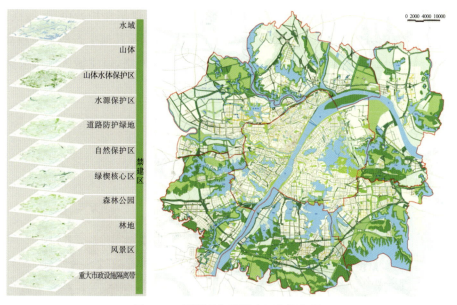

图 10-3　保护要素及缓冲区空间布局

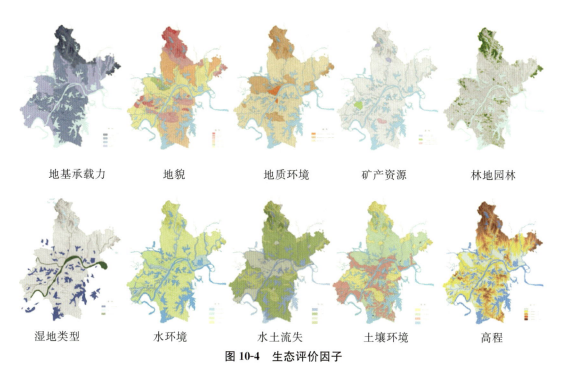

图 10-4　生态评价因子

　　按敏感性程度都市发展区可划分为生态重敏感区、生态中敏感区、生态较敏感区和城镇建设区 4 类。

（2）自然生态格局的构建

　　综合考虑都市发展区生态资源要素分布、用地生态敏感性、内涝风险及洼地系统,形成

"T轴—两环—多点—六楔"的海绵城市自然生态空间结构；严格保护城市蓝、绿线系统，以自然山体、基本农田、自然保护区、风景区、森林公园、林地，以及其他生态敏感性较高的区域组成生态底线区和生态发展区，以道路、水系等线性绿化为网络，以主城区城市公园绿地为点缀，构建点线面结合的自然生态空间格局（图10-5）。

| 图 | ⬭ 城市公园 | ▮ 湖泊水域 | ▢ 城镇集中建设区 | ▮ 生态发展区 | ▮ 生态底线区 |
| 例 | ▮ 山体 | ▢ 远景发展区 | ▦ 都市发展区范围线 | | |

图 10-5　海绵城市自然生态空间格局

10.2.1.5　海绵城市分区划分与建设指引

（1）分区划分

分区划分在一级汇水分区和二级汇水分区基础上完成，划定时以汇水关系为主线，叠加宏观下垫面类别、建设用地特征、水问题特点、行政区划特点等要素，按照有利于问题识别、有利于措施遴选、有利于过程管理与考核的要求，体现建设用地与非建设用地的差异，强化老城和新区、新建小区和老旧社区的差异，最终将都市发展区划分为 258 个建设分区。不同建设分区根据历史降雨渍水资料、黑臭水体信息及现状污水收集处理状况等因素，综合判断各建设分区面临的水问题。

（2）建设指引

海绵城市总体目标应通过系统性防涝措施建设、系统性水污染治理措施建设、以建设分区为单元的分区建设等有机协同来实现。

1）系统性防涝措施建设指引。

新建和改造地区的排水设施应达到表 10-3、表 10-4 的标准。改造难度大的建成区，其管网排放标准可适当降低。

表 10-3　　　　　　　　新建、改建地区雨水管渠设计暴雨重现期取值

汇流时间 T/min	重现期 P/a			
	一般地区及路段	地形条件调整		防护对象重要性调整
	管渠	不利地区及路段	有利地区及路段	重要地区及路段
$T \leqslant 60$	3	+2	−2	+2
$60 < T \leqslant 120$	4	+2	0	+2
$120 < T$	5	+2	0	+2

表 10-4　　　　　　　　下穿通道排水设施设计暴雨重现期取值

下穿道路等级	重现期 P/a	计算用汇流时间/min
主干道及以下等级	10	≤5
快速路、过江过湖通道	20	≤5
与地铁及地下商业设施相连的地下通道	50	≤5

对于超过城市内涝防治标准的雨水，应充分利用湖泊超高调蓄容积进行蓄存，必要时将部分城市道路作为临时通道并制定应急预案。

2）系统性水污染治理措施建设指引。

对水环境质量为 Ⅴ 类和劣 Ⅴ 类的水体，应进行综合整治，列入黑臭水体名录的水体是近期整治的重点。在系统推进污水收集处理工程的基础上，推进水体综合整治。

3）分区建设指引。

应编制分区建设规划并建立分区雨水及面源污染的管理制度，明确分区年径流总量和年面源污染排放总量。在 258 个建设分区中，有内涝问题的建设分区 62 个，这类建设分区应完善区内排水支管和支干管，强化源头峰值径流的管理，结合分区易涝点分布和特点提出具体治理方案；有污水收集处理问题的建设分区 63 个，这类建设分区应有针对性地开展污水支管建设和社区雨污分流改造，受纳水体列入黑臭水体名录的建设分区应优先建设。

10.2.1.6 海绵城市指标的分区管控方案

（1）年径流总量控制率的分解与分区管控

系统年径流总量控制率按一、二级汇水区给定，系统年径流总量控制率在60％～80％。各建设分区年径流总量控制率的基准值按每个建设分区给定，并分为新建项目和改造项目予以调整。

（2）建设项目年径流总量控制率

1）公共绿化及港渠水系建设项目的年径流总量控制率统一确定为85％。

2）建筑与小区建设项目的年径流总量控制率以所在建设分区的年径流总量控制率为基准，结合项目用地性质或道路红线宽度予以调整。调整后不足60％的按60％取值，大于85％的按85％取值。

3）城市道路在自身条件受限而难以满足年径流总量控制率指标时，建设单位可协调相邻公共绿化的管理单位，引导部分路面径流进入公共绿化用地，并利用公共绿化用地来协同建设海绵设施，共同实现年径流总量控制率达标。

（3）自然湖泊水域保持率的管控通过湖泊蓝线管控来实现

具体面积及蓝线边界通过"三线一路"保护规划确定。

（4）面源污染削减率指标的分解按各建设区受纳水体环境要求确定

受纳水体水质目标为Ⅲ类及以上标准的湖泊建设区，其面源污染削减率应不低于70％；受纳水体水质目标为Ⅳ类的湖泊建设区，其面源污染削减率应不低于60％；受纳水体为其他水体的建设区，其面源污染削减率应不低于50％。

（5）其他指标的管控

其他指标在各建设分区内均按统一的指标值进行控制，具体控制指标按全市指标体系确定。

10.2.1.7 相关专项规划衔接建议

（1）城市总体规划

1）体现海绵城市理念，增加海绵城市的系统性管控指标。

2）在新增规划建设用地时应保留自然水系，结合水系及自然汇水通道的走向进行用地布局；将城市易涝点纳入城市改造区域，增加可蓄积城市涝水的公共空间。

3）在用地建设适宜性评价中强化竖向分析内容，识别内涝高风险区，提出城市建设的竖向要求。

4）提出建设用地增加与排水设施完善之间的关联管控策略。

（2）城市控制性详细规划

1）应落实上位规划确定的水生态格局，界定河湖水系及内涝高风险区边界。

2)增加海绵城市的建设指标,将建设分区的强制性指标(主要应包括年径流总量控制率、面源污染削减率、新建项目的可生态硬化地面比例和下凹式绿地率)纳入控制性详细规划。

3)强化用地竖向控制,应将城市道路控制点高程和地块最低高程纳入控制性详细规划。

4)强化城市水系和公共绿化对内涝防治的作用,明确城市水系的水位控制要求,明确公共绿化对区域雨水的调蓄容积。

（3）其他重要专项规划

城市道路交通规划、城市防洪规划、生态环境保护规划等,均应在海绵城市专项规划中提出落实海绵城市理念的编制建议。

10.2.1.8　近期建设重点区的筛选与划定

海绵城市近期重点围绕水问题突出区域来开展,重点建设区包括四大类:海绵城市建设综合示范区、黑臭水体治理关联区、内涝治理重点区和重点湖泊水生态修复关联区。重点建设区应包括区内源头海绵化改造(含社区雨污分流)、中途蓄水设施建设和内涝点原位治理。

内涝防治的近期系统性骨干工程包括出江泵站工程、骨干通道工程和湖泊调蓄工程。水污染治理的系统性骨干工程包括污水厂新改扩建工程、污水收集系统完善工程和黑臭水体治理工程。

10.2.2　中法武汉生态示范城海绵城市专项规划

10.2.2.1　规划总则

规划范围:北抵汉江,南至马鞍山及后官湖生态绿楔,西达凤凰山产业园,东接三环线,总面积约 39km²。

规划期限:2016—2030 年,其中近期至 2020 年。

规划原则:遵循尊重自然、因地制宜、规划引领、统筹建设的基本原则,协调保护山、水、林、田、湖等重要生态要素;对已受破坏的河湖环境进行修复;根据生态城的自然地理特征、水文特点、降雨规律等合理制定发展目标并科学布局,安排符合生态城实际情况的海绵城市建设项目;根据海绵城市建设要求,对生态城进行长期系统性安排,提高海绵城市的可实施性。

10.2.2.2　规划目标及指标体系

规划目标:以海绵城市理念引领规划区建设开发,强化生态保护和水环境修复,促进经济发展,发扬文化底蕴,实现"水生态平衡、水安全保障、水环境优良"的发展战略,成为发展中国家应对环境保护问题的可持续发展示范区,生态优先、绿色发展的宜居新城典范。至2020 年,近期建设区域达到海绵城市建设要求,无严重渍水现象发生;规划区内水环境恶化趋势得到根本遏制。至 2030 年,规划建设区达到海绵城市建设要求,实现水生态系统自平衡、水安全系统不影响居民生活及工业生产,营造生态适宜的健康休闲水环境。

中法武汉生态示范海绵城市建设指标体系由水生态、水环境、水安全及水资源系统等指标构成(表10-5)。

表 10-5 　　　　　　　　　　中法武汉生态示范海绵城市建设指标体系

类别	项	指标		近期目标取值	远期目标取值	性质	备注
水生态	1	年径流总量控制率		≥70%(近期建设区域)	规划建设区年径流总量控制率≥75% 区域年径流总量控制率≥85%	约束性	
	2	水体	水面率	河湖水面保持率100%	河湖水面保持率100%	约束性	
			生态岸线率	≥90%	≥90%		
	3	城市热岛效应		—	热岛得到缓解	鼓励性	
水环境	4	水环境质量		遏止水体水质恶化趋势,并逐年好转	地表水水质达到水质管理目标	约束性	
	5	城市污染控制	污水控制	污水收集处理率100%(近期建设区域)雨污水管网无混错接	污水收集处理率100%雨污水管网无混错接	约束性	
			面源污染控制	≥50%	≥70%		
水安全	6	城市内涝防治标准		50年一遇(303mm)	50年一遇(303mm)	约束性	
	7	汉江防洪标准		100年一遇	100年一遇	约束性	
	8	雨水管网设计标准		雷诺整车厂区域20年一遇其他片区3~5年一遇	雷诺整车厂区域20年一遇其他片区3~5年一遇	约束性	
水资源	9	雨水资源利用率		≥5%	≥5%	鼓励性	
	10	污水再生利用率		≥10%	≥30%	约束性	

10.2.2.3　自然生态空间格局构建

以全域生态格局为基础,通过斑块—廊道—基质模型,构建海绵城市自然生态格局,形成"生态绿网"和"水域蓝网"两网交融的廊道系统(图10-6)。

保护规划区内什湖、小什湖等湖泊及马鞍山山体高度敏感地带、山体保护区、林地等中度敏感区,维护城市生物多样性。

图 10-6　自然生态空间格局

结合生态廊道体系建设,推进滨水绿廊、道路廊道、城市绿道网络建设。积极保护生态廊道,推进重要节点和滨河走廊的林地建设,构建具有休闲游憩功能的绿道网络。

划定什湖水域控制范围 4.72km²,小什湖水域控制范围 0.22km²;同步划定什湖绿化缓冲区控制范围 9.91km²,小什湖绿化缓冲区控制范围 0.30km²,保留部分鱼塘、藕塘作为湿地绿色农业区。开展什湖、小什湖生态整治工程,修复湖泊生态系统,重点加强保护和管理(图 10-7)。

图 10-7　非建设用地管控

10.2.2.4 海绵城市建设体系构建

构建从源头到末端的雨水控制管理系统,随地块开发、城市道路建设、公园绿地建设同步实施源头低影响开发系统建设,规划末期完成全部区域低影响开发系统的建设。

以什湖为核心,梳理、整治现有河道,与外围水系联系成网,从整体上提升区域排水能力,净化水环境,形成健康的水生态系统。

构建由低影响开发雨水系统、排水管渠系统、排涝港渠系统、湖泊调蓄系统及外排泵站系统组成的"源头减排、过程控制、系统治理"排水系统,子系统承担各自功能要求,相互协调、相互补充。

优化规划区水网布局,提高规划区内整个水系的排水功能,保证港渠畅通,有效地将规划区内雨水顺利排入什湖、后官湖等调蓄水体,将超出调蓄能力的水量顺利外排出江或输送至泵站抽排出江。

什湖常水位控制在 18.65 m,最高调蓄水位控制在 19.65 m,什湖及小什湖调蓄容积控制在 490 万 m³,提高区域年径流总量控制标准,削减峰值雨量,缓解什湖泵站的排涝压力。扩建现状什湖泵站抽排规模至流量 35 m³/s。

加强区域防洪协调、建立健全超标洪水应急预案,预警、蓄滞、调峰、抗洪相结合,减轻洪水造成的损失(图 10-8)。

图 10-8 超标内涝行泄通道布局

随规划区开发道路建设同步修建雨污管网。

控制各径流分区内面源污染排放量,使全年污染物排放的浓度低于对应受纳水体水质管理目标所要求的年污染物浓度。

规划区范围内所有畜禽养殖场(户)全面退出养殖。

建立完善人工湿地等生物处理型措施的管护机制。

充分利用什湖及小什湖的蓄水容量和核心地势,开展雨水资源化利用。

将知音文化渗入到水系建设中,提升规划区景观品质。

10.2.2.5　海绵城市建设分区管控

根据水系和地块汇水情况,规划区划分为 10 个海绵城市建设分区,其中凤凰山片区、新农片区、知音湖片区、集贤片区及雷诺片区为近期开发建设区域;什湖片区及马鞍山片区基本为管控区域。

依据各建设管控分区土壤类型、现状建设情况、规划用地性质等条件,确定各分区指标要求(表 10-6)。

表 10-6　　　　　　　　　　　各分区指标要求

编号	片区	片区年径流总量控制率/%	片区面源污染削减率/%
1	凤凰山片区	65	50
2	新农片区	75	50
3	知音湖片区	75	50
4	集贤片区	75	50
5	新天片区	75	50
6	夏家咀片区	80	50
7	快活岭片区	75	50
8	雷诺片区	65	70
9	什湖片区	85	50(沿湖湿地区承担汇水范围内规划建设区 20%面源污染削减要求)
10	马鞍山片区	85	50(沿湖湿地区承担汇水范围内规划建设区 20%面源污染削减要求)

根据汇水区流向,充分利用什湖及小什湖的蓄水容量和核心地势,在常水位基础上提高 0.05m 控制区域径流总量,同时达到整体区域 85%年径流总量控制率要求(图 10-9)。

10.2.2.6　近期建设规划

城市开发与海绵城市建设同步推进,近期重点建设高罗河以西、汉蔡高速以南,以及东风雷诺厂区周边区域,面积 10.70km² ,涉及海绵城市建设的管控分区为凤凰山片区、新农片区、知音湖片区、集贤片区及雷诺片区。

将什湖绿化缓冲区范围(10.84km²)划入近期什湖综合整治区,开展什湖湿地及水域生态修复工程及高罗河综合整治工程、香河综合整治工程、琴断口小河综合整治工程。

采用"灰绿"结合排水系统,依照雨水管网系统、污水管网系统,随道路、河道建设同步实施排水管渠建设工程及地表行泄通道建设工程。

扩建现状什湖泵站抽排规模至流量 $35\text{m}^3/\text{s}$,改扩建现状高罗闸、什湖闸(图 10-10)。

图 10-9　片区海绵城市建设管控

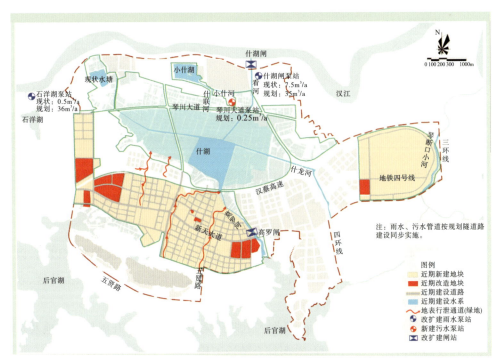

图 10-10　近期重点建设项目分布

10.3　海绵城市实施规划示例

海绵城市实施规划指为满足海绵城市管理和建设跨部门、跨专业统筹的需求,基于城市现状自然条件和建设情况,在国民经济和社会发展规划、国土空间规划、各类专项规划、城市建设计划的指导下,建成区以问题为导向,新建区以目标为导向,制定海绵城市建设系统方案,达到建设目标和指标要求,从时序和空间上统筹各类建设活动的规划。以下为《武汉东湖新技术开发区"十四五"海绵城市建设规划》示例。

10.3.1　总则

本规划的规划区为东湖新技术开发区全区行政管辖范围,总面积 518km^2。

本规划的期限为 2021—2025 年。

在本规划期限内,凡在本规划区范围内地块以及城市基础设施的新改扩建规划及建设活动,均应同步落实海绵城市建设要求。与城市土地利用和基础设施建设相关的各项政策和计划,应与本规划协调。

10.3.2　建设目标

至 2025 年,不少于 50％全区建成区面积达到海绵城市建设要求,重点区域年径流总量控制水平达标。

至 2025 年,发挥海绵城市建设功效,完善排涝体系,消除易渍水点,不影响居民生活及工业生产;有效遏制区域污染输出,水环境质量稳中有升,水质水文条件大幅改善,实现城市水生态环境质量明显好转、城市内涝防治能力明显提升。

海绵城市实施规划建设指标体系由水生态、水环境、水资源及水安全系统指标构成(表 10-7)。

表 10-7　海绵城市实施规划建设指标体系

类别	项	指标		近期目标取值	性质	备注
水生态	1	年径流总量控制率		近期重点建设范围达到分区目标值	约束性	
	2	水体	水面率	河湖水面保持率 100％	约束性	
			生态岸线率	≥80％		
水环境	3	水环境质量		水质明显改善,出口断面水质不劣于下游水体水质,主要指标达到水体功能目标	约束性	
	4	城市污染控制	污水控制	旱天无污水废水直排	约束性	
			初雨污染控制	不低于 15mm 降雨量		

续表

类别	项	指标	近期目标取值	性质	备注
水资源	5	雨水资源利用率	≥3%	鼓励性	
	6	中水回用率	≥2%	鼓励性	
水安全	7	城市内涝防治标准	近期重点建设范围有效应对50年一遇降雨	约束性	

10.3.3 "十四五"重点片区建设规划

"十四五"期间重点进行汤逊湖汇水区的海绵城市建设,对南湖汇水区海绵城市建设进行补充完善,同步推进光谷中心城片区海绵城市建设及管控。

推进源头地块海绵城市改造,落实源头管控。通过灰色与绿色相结合的全系统建设,提高径流控制水平,保障汤逊湖汇水区年径流总量控制率达标。近期因地制宜进行海绵改造,结合社区雨污分流、老旧小区改造及渍水小区改造,对重点建设区域23个地块实施源头改造,总面积约284.2hm²,随地块开发、城市道路建设、公园绿地建设同步实施源头低影响开发系统建设。

消除区域渍水风险。按照源头—中途—末端系统思路,通过排涝港渠疏通整治、市政雨水管道完善、超标内涝通道建设,结合源头径流控制措施,提高排水防涝能力。

构建源头雨水径流控制系统。近期结合源头海绵城市建设及雨污分流改造,建设下凹式绿地、透水铺装及植草沟系统等低影响开发设施,增加源头可渗透地面面积比例,进行源头海绵改造建设的地块共计23个,控制降雨初期地表径流总量。

完善汤逊湖汇水区雨水管道系统。优化排水布局,提高排水能力。汤逊湖汇水区雨水管网工程共计11项。

提升南湖片区排涝能力。新增主干排水通道,分担既有排水干管压力;随道路新建雨水干管。南湖汇水区雨水管网工程共计5项。

排查规划区管网混错接及缺陷情况,结合调查情况制定整改及清淤方案,保证排水防涝及污水收集管网系统畅通可靠。

充分发挥金融港泵站抽排作用。完成金融港泵站二期设备安装工程,远期结合红旗渠通道扩建,保证金融港泵站出路。

远期推进汤逊湖退垸还湖、汤逊湖低排泵站建设,控制南湖、汤逊湖汛期水位,防止水位顶托风险。

内涝防治计划规划见图10-11。

提升水环境质量。大力推进雨污分流改造、市政污水管道完善建设,消除污水直排混排现象,实施雨水截流处理工程,结合雨污分流改造同步融合低影响开发设施,降低入湖面源污染负荷。

图 10-11　内涝防治系统规划

近期结合社区海绵化改造及调蓄池建设,截流净化初期雨水。建设秀湖初雨调蓄池调蓄规模 8.4 万 m³,初雨提升泵站 4.1 万 t/d;黄龙山初雨调蓄池调蓄规模 3 万 m³,初雨提升泵站 2.8 万 t/d。远期结合汤逊湖流域治理二期工程,推进汤逊湖初雨厂 12 万 m³/d 规模建设。

完善污水收集处理系统。推进雨污分流、空白区污水管网建设,加大污水收集效率。对高新四路污水主干管进行改造,随道路新建周店三路、关中路、凌华路污水管道,保证污水收集管网的系统性。

扩建天际路污水泵站流量至 0.3 m³/s 规模,新建绣球山污水泵站,规模 0.7 m³/s,缓解财大污水泵站、天际路污水泵站转输压力,提高污水转输能力。

扩建汤逊湖污水处理厂,其流量近期 15 万 m³/d,远期流量 20 万 m³/d,提高区域污水处理能力。

实施汤逊湖污水处理厂尾水出江工程,保证汤逊湖污水厂一期流量 5 万 m³/d,尾水不入湖,并留有远期扩建余地;实施汤逊湖(高新段)排水口截污工程,对现状 10 处污水直排、混流排水口进行末端截污,杜绝点源污染。

其水质提升系统见图 10-12。

图 10-12　水质提升系统规划

保持流域水生态平衡。结合水系连通、水生态修复、生态岸线建设,逐步恢复水生态系统的稳定性,引导各水系生态保持长期良性平衡。近期实施南湖绿道建设、岸线生态化改造工程,提高南湖生态岸线率;远期统筹推进汤逊湖流域的退养、清淤、生态岸线及生态缓冲区建设等生态整治工作。

完善水管理系统。充分应用信息化手段加强水务管理,建立支撑排水防涝、水环境治理等业务需要的各类专业应用体系,全面提升业务协同能力、运行管理能力。

10.3.4 近期建设项目及实施计划

近期建设项目共计 34 项,涉及排水管涵完善、排水泵站建设、污水厂改扩建及尾水出江、水系综合整治、公园绿地建设、排水管网修复及渍水点改造、源头地块雨污分流及海绵化改造等 7 个方面。远期重点建设项目共计 4 项。

2021 年建设项目 23 项(含"十三五"续建项目),主要包括三湖三河水环境治理工程(汤逊湖流域综合治理一期),南湖、东湖、汤逊湖水环境治理提升工程(一期),汤逊湖污水处理厂尾水排江工程等。

2022 年计划开工项目 8 项,主要包括黄龙山路(高新二路—关南园四路)排水廊道、东湖新技术开发区水环境综合治理工程、东湖新技术开发区汤逊湖流域综合治理工程等。

2023 年计划开工项目 2 项,主要包括东湖新技术开发区排水管网排查修复(一期)工程、新月溪南区排水走廊工程。

远期开工项目 4 项,主要包括汤逊湖流域治理二期工程、两湖污水泵站工程、汤逊湖低排泵站工程、东湖新技术开发区管网修复(二期)及渍水点整治工程。

10.3.5 规划实施机制与保障措施

建立机制,强化协调。由规划部门牵头,统筹协调建设、水务、国土、城管、道路、交通、园林等职能部门,落实海绵城市建设要求。

源头项目应按照《市国土资源和规划局关于加强海绵城市规划管理的通知》(武土资规发〔2016〕113 号)进行管理,对三图两表(下垫面分类及布局图、海绵设施分部总图、场地竖向及径流路径设计图、海绵性城市指标计算表、海绵城市专项设计自评表)等文件进行核查。

重视海绵设施运维。建立完整的海绵城市基础设施验收移交及维护机制。

海绵城市建设成效监测平台宜与智慧水务平台及其他区级平台充分衔接,构建监测体系。

10.4 海绵城市规划编制常见误区

海绵城市规划作为城市规划体系的重要内容得到广泛认可,同时,海绵城市规划也在实践中不断得到完善,规划先行是在推进海绵城市建设中常态化、规范化,避免碎片化和简单化的关键一环。海绵城市规划涵盖城市水生态保护、水环境改善、水安全保障及水资源承载力提高等领域的内容,规划系统性强,涉及专业多,加之海绵城市建设标准体系尚未完全建

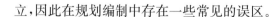

立,因此在规划编制中存在一些常见的误区。

(1)将海绵城市规划等同于源头低影响开发规划

传统的排水规划是将径流快速收集、转输后排放至水体,有较为成熟的建设模式。我国排水行业经过多年的发展,绝大多数城市都编制了城市排水工程规划,排水规划在城乡规划技术标准体系中也有相关规范标准,对编制内容及编制深度等有明确的要求。2014年10月,住房城乡建设部发布《海绵城市建设技术指南——低影响开发雨水系统构建》,重点对低影响开发雨水系统这一重要组成部分予以技术指导,推广海绵城市建设。部分规划编制单位或人员将海绵城市规划等同于源头低影响开发规划。即在沿用现有排水工程规划的基础上,另行编制源头低影响开发规划,简单进行叠加。《海绵城市建设技术指南——低影响开发雨水系统构建》明确指出海绵城市建设应统筹源头低影响开发雨水系统、城市雨水管渠系统及超标雨水径流排放系统。低影响开发雨水系统可以通过对雨水的渗透、储存、调节、转输与截污净化等功能,有效控制径流总量、径流峰值和径流污染;城市雨水管渠系统即传统排水系统,应与低影响开发雨水系统共同组织径流雨水的收集、转输与排放。超标雨水径流排放系统,用来应对超过雨水管渠系统设计标准的雨水径流,一般通过综合选择自然水体、多功能调蓄水体、行泄通道、调蓄池、深层隧道等自然途径或人工设施构建。因此,低影响开发雨水系统并不是孤立的,也没有严格的界限,应与城市雨水管渠系统及超标雨水径流排放系统相互补充、相互依存,共同组成海绵城市建设的重要基础元素。

低影响开发是西方国家自20世纪八九十年代开始逐渐运用于城市雨洪管理开发中的一项新技术。通过分散的、小规模的源头控制技术,控制暴雨径流造成的面源污染,使受过度开发和硬化影响的区域尽量还原到被开发前的自然水文状态,并且尽可能降低人类活动对环境造成的影响。就当前的大部分城市水问题来说,我国的海绵城市所包含的内容远不止低影响开发这一组分。

在海绵城市规划中,关键指标之一的年径流总量控制率的确定主要基于以下考虑:

1)按照保护生态、顺应自然的原则,尽可能保持自然生态本底的径流特征,主要针对城市新开发建设区域;

2)考虑对环境质量改善的作用,一方面从源头吸纳雨水、减少面源污染,另一方面降低合流制管网溢流频次、减少溢流污染;

3)考虑对降雨削峰错峰的作用,不增加对现有排水管网的负担,综合提升现有排水的能力,减少管网改造建设的投资。因此,径流总量控制是通过控制径流实现水质和水量控制的目的,是源头低影响开发中提到的源头低影响开发系统和雨水管渠系统及超标排放、调蓄系统共同构建的,简单用源头低影响开发规划代替海绵城市规划难以指导海绵城市的建设。

(2)将海绵城市规划等同于排水防涝规划与绿地系统规划的组合

城市排水防涝规划,也称城市排水(雨水)防涝综合规划。受全球气候变化影响,暴雨等极端天气对社会管理、城市运行和人民群众生产生活造成了巨大影响,加之部分城市排水防涝等基础设施建设滞后、调蓄雨洪和应急管理能力不足，出现了严重的暴雨内涝灾害。为保障人民群众的生命财产安全，提高城市防灾减灾能力和安全保障水平，加强城市排水防涝设施建设，《国务院办公厅关于做好城市排水防涝设施建设工作的通知》(国办发〔2013〕23 号)要求各地区制定城市排水防涝规划，将此项规划纳入城乡规划体系内。排水防涝规划的主要内容一般包括：城市排水防涝现状及问题分析、城市排水防涝能力与内涝风险评估、明确排水防涝规划目标与内涝防治标准、城市排水管网系统规划、城市防涝系统规划、城市雨水径流控制与资源化利用规划、非工程管理规划以及保障措施等。城市排水防涝规划的编制是将过去传统的排水规划向前推进了一步，不止关注排水管网的收集和转输，还将城市排水管网和超标排涝系统予以统筹衔接。在降雨量上，关注强降雨和超长历时总降雨量对城市造成的影响。

绿地系统规划是城乡规划体系的专业规划，主要为发挥城市绿地系统的生态环境效益、社会经济效益和景观文化功能。规划编制的主要任务是在深入调查研究的基础上，根据城市性质、发展目标、用地布局等规定，科学制定各类城市绿地的发展指标，合理安排城市各类园林绿地建设和市域大环境绿化的空间布局，达到保护和改善城市生态环境、优化人居环境、促进城市可持续发展的目的。绿地系统规划主要关注绿地系统的布局和分区、生物多样性保护与建设、古树名木保护等内容。

从上述两个规划的编制内容和编制目的来看，虽然绿地空间是海绵城市基础设施的重要载体，排水防涝也是海绵城市建设关注的核心内容之一，但将两个规划拼凑，难以覆盖海绵城市规划所包含的内容。同时，海绵城市规划以水为纽带，与城市水资源规划、供水与节水规划、污水处理与再生利用规划、排水与防涝规划、城市防洪规划、生态环境保护规划、城市竖向规划、道路交通规划、园林绿地规划等专项规划对空间、用地竖向、规模、数量等指标进行有效协调衔接，实现不同专项规划在同一城市空间的"多规合一"。因此，海绵城市规划是一种新型的规划，其实践本身就体现了系统性。海绵城市规划同专项规划体系中的基础设施综合规划(管线综合)和防灾专项规划相类似，是统筹其他专项规划的综合规划。

(3)采用国土空间总体规划或片区系统方案代替海绵城市专项规划

有观点认为，海绵规划的内容可以用国土空间总体规划和控制性规划的内容来代替，其实由于海绵城市规划是一个系统性强、内容相对复杂的新生事物，在目前的总体规划和控制性规划专题研究中难以完成。在总体规划和控制性规划中体现海绵城市内容的前提是，只有编制好宏观、中观和微观海绵城市专项规划，才能为城市和地区的总体规划和控制性详细规划提供技术依据，然后将海绵城市的内容纳入总体规划和控制性规划。

在规划层级上，为了更好地融入现有城市规划管理体系，更好地指导海绵城市建设，海绵城市专项规划分为 3 个编制层级：

1)城市总体规划确定的城市规划区范围；

2)城市总体规划确定的中心城区范围；

3)近期海绵城市重点实施区域。

海绵城市专项规划的编制内容在城市规划区尺度上,侧重于天然海绵体的保护和修复,作为城市总体规划空间管制的支撑;在中心城区尺度上,侧重于整个城市在建设需求、目标、策略和总体方案方面进行编制,并将海绵城市建设纳入既有城市规划管理体系;在近期重点实施区的尺度上,侧重于海绵城市近期建设项目的落地,也就是常说的片区海绵城市系统方案。

海绵城市系统方案的编制内容主要包括本底条件分析、现状问题评估、目标和指标、工程方案、保障措施等。片区海绵城市系统方案编制范围一般为近期重点建设区域,往往选择城市建成区范围内的某个排水分区,此类排水分区大多内涝或水环境污染问题严重且成因复杂。为保证规划的落地性,系统方案往往立足于当前实际,制定可行性强的工程体系,以解决核心涉水问题为重点,突出海绵城市建设的系统性,在分析方法上,侧重于借助数学模型等进行定量分析。由于系统方案编制的尺度及重点不同,难以代替海绵城市专项规划对全市域以径流为路径的山水林田湖草空间格局的保护以及生态修复做出全面分析与规划,也无法明确全市海绵城市建设目标与指标体系,因此,片区的系统方案应在海绵城市对全市系统全面的专项规划基础上,针对近期重点建设片区制定实施性的规划设计,而不能以偏概全地代替专项规划。

第11章　海绵城市规划实施

11.1　海绵城市规划实施的概念与意义

11.1.1　海绵城市规划实施的基本概念

编制城市规划是为了通过依法行政和有效的管理手段逐步实现规划内容,其管控方式涵盖了城市发展和建设过程中所有的建设性行为。

实施海绵城市规划,是按照经法定程序编制和批准的海绵城市规划指引,依据国家和各级人民政府颁布的城市规划管理有关法规和具体规定,采用法制、社会、经济、行政和科学的管理方法,在城市开发过程中,对城市的各项用地和建设活动进行约束和管控,在各类建设项目中严格落实规划中确定的海绵城市建设目标、指标和技术要求,充分发挥地块、道路、绿地、水系等生态系统对雨水的吸纳、蓄渗和缓释作用,有效控制雨水径流,实现自然积存、自然渗透、自然净化的城市发展方式。

海绵城市规划实施管理对象具体包括建筑小区、城市道路、公园绿地、城市水系等各类实际建设项目,将海绵城市建设的理念、目标、指标和重大设施布局融入每个项目的立项审批、规划审查、征询意见、协调平衡、审查批准、办理手续及批后管理等过程,关键环节和重要标志是核发"一书两证",即建设项目选址意见书和建设用地规划许可证、建设工程规划许可证,在其中明确规定海绵城市相关目标与指标。

11.1.2　海绵城市规划实施的目的与意义

11.1.2.1　海绵城市规划实施的目的

海绵城市规划实施的目的是将通过法定程序批准的海绵城市规划全面实施,从而实现海绵城市规划对城市建设和发展的引导和控制作用,协调水系、绿地、排水防涝和道路交通等与低影响开发的关系,落实海绵城市规划制定的建设目标,满足国家发展战略及相关文件要求,实现城市自然水文的可持续性发展。

11.1.2.2　海绵城市规划有效实施的意义

城市洪涝积水、水污染加剧、河流水系生态恶化等问题严重阻碍了城市生态文明的

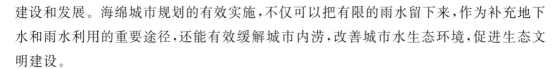

建设和发展。海绵城市规划的有效实施，不仅可以把有限的雨水留下来，作为补充地下水和雨水利用的重要途径，还能有效缓解城市内涝，改善城市水生态环境，促进生态文明建设。

（1）对内涝洪水等灾害起到有效预防作用

内涝灾害对城市居民会造成很大影响，传统的城市排水体系往往难以适应强降雨形成的径流量洪峰，因此容易产生城市内涝。海绵城市规划以践行绿色优先、源头减排理念编制系统方案，严格实施海绵城市规划，落实新建城区的海绵城市建设管控，结合旧城改造推进建成区内地块的海绵改造，加强海绵公园和绿地建设，将绿色源头设施与城市骨干排涝系统有机结合，可以构建蓄水、滞水、排水、用水等各环节完整的城市内涝防治体系，达到降低地表径流量、控制城市内涝的目的。

（2）控制初雨面源污染，改善城市水环境

降雨形成的初期雨水径流携带了大量来自城市地面累积的氮、磷、有机物等污染物，是对城市水体水质很大的污染威胁。传统的排水方法是让雨水尽快排入水体，短时间内大量面源污染通过管渠进入水体，导致雨后水体水质恶化，而严格按照海绵城市理念建设的城市，通过海绵设施（透水路面、下凹式绿地、雨水花园等），让更多雨水就地滞蓄和渗透，雨水面源污染可大幅减轻，利于受纳水体水环境保护。

（3）有助于城市自然生态本底保护及恢复

传统的城市开发过程中，大量的硬质铺装改变了原有的生态本底和水文特征，海绵城市规划对新城区以目标为导向，以保护好城市自然生态本底为基础，明确规划建设管控的目标及指标体系，在城市的开发过程中，如能严格落实海绵城市规划相关要求，可以充分保护城市原始河流、湖泊、湿地、坑塘、沟渠等生态敏感区，最大限度地减少城市开发建设行为对原有生态环境造成的破坏。通过海绵城市建设，能够对城市水生态进行有效的治理，促进其不断地改善，最终达到平衡、恢复的目的。

（4）缓解缺水城市的水资源困境

地表水过度开发容易造成河流断流与湖泊萎缩现象，而路面硬化又导致雨水不能及时补给地下水资源，导致地下水位下降，甚至造成地面沉降。海绵城市建设增强了城市开发过程中对水资源的保护和重复利用，通过透水路面、下凹式绿地过滤实现雨水净化、补充地下水、调节水循环。同时，在小区、道路、公园等各类新改扩建源头项目中，通过使用雨水调蓄池、雨水花园、雨水罐等蓄水设施，雨季蓄水后用于绿化景观等，让丰富的雨水资源能够得到有效利用，对缓解我国北方城市等缺水区域水资源不足的局面也有着积极的作用。

11.2　海绵城市规划实施管理机制

11.2.1　海绵城市规划实施的责任主体

海绵城市规划实施是一个综合性的概念,既要靠政府主导,也涉及公民、法人和社会团体的行为。

11.2.1.1　政府行为

《国务院办公厅关于推进海绵城市建设的指导意见》(国办发〔2015〕75 号)明确政府是海绵城市建设的责任主体,要把海绵城市建设提上重要日程,应当统筹推进本行政区域内海绵城市建设和管理工作,将海绵城市建设和管理工作纳入国民经济和社会发展规划,协调解决海绵城市建设管理工作中的重大问题,制定相应的激励和支持政策,细化工作目标和考核指标。

我国宪法赋予了县级以上地方各级人民政府依法管理本行政区的城乡建设的权力,《中华人民共和国城市规划法》更是明确授予了城市人民政府及其城市规划行政主管部门在组织编制、审批、实施城市规划方面的种种权力。城市规划实施的行政机制,就是城市人民政府及其城市规划行政主管部门依据宪法、法律和法规的授权,运用权威性的行政手段,采取命令、指示、规定、计划、标准、通知许可等行政方式来实施城市规划。城市人民政府依法律授权负责组织海绵城市规划编制和实施,因此,政府在实施海绵城市规划方面居于主导地位。

过去,政府主要承担经济、社会管理职能,然而随着社会的进步和时代的变迁,政府的角色定位和作用行为也发生了变化,逐渐成为市场经济的调控者、公共服务的供给者、社会管理的监督者和法规制度的执行者。特别是党的十六届六中全会上,强调建设服务型政府,侧重于公共管理和社会服务方面职能的发挥,在海绵城市建设中,政府既是组织者、建设者,又是监督者、服务者,在工程实施的各个阶段均发挥着重要作用,政府实施海绵城市规划主要表现在 3 个方面:

1)政府根据海绵城市规划,制定其他相关的建设计划,以使海绵城市规划所确定的目标得以具体落实,促进海绵城市规划进一步深化和具体化,从而可以付诸实际。

2)政府直接投资于某些城市规划所确定的海绵城市建设项目,如道路交通设施和排水设施等市政公用工程设施,以便实现规划的目标,对于非政府投资类项目,政府规划主管部门的工作主要是对建设项目的申请实施控制和引导,如完善当前法律法规,制定相应的海绵城市建设规划政策、资金政策、管理政策,拓宽多种渠道,吸引社会资本。

3)政府根据海绵城市规划制定的目标,制定有关规划建设管控政策来引导新城区海绵城市目标实现。

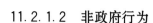

11.2.1.2 非政府行为

海绵城市建设可以有效解决城市水问题、改善人居环境,其建设内容大部分是市政设施和公共服务设施的建设,关系到城市的长远发展和整体利益,也关系到公民、企业等切身利益和福祉,因此,实施海绵城市规划既是政府的职责,也是全社会的事情。公民、法人和社会团体实施城市规划的作用体现在以下几个方面:

(1)社会资本投资

在当今社会主义市场经济环境下,企业在实施城市规划中起到越来越重要的作用。目前,我国各级人民政府相关部门建设市政设施和公共服务设施的压力较大,当社会资本具有一定的经济实力和工程建设资质时,能通过参与市政设施和公共服务设施的建设来实施海绵城市规划和获取合理收益,实现公共利益和社会资本的双赢目的。社会资本一般采用PPP(公私合作制)、EOD(生态环境导向开发)投融资模式参与海绵城市建设。

(2)遵守规定、配合管理

公民和企业在海绵城市规划过程中严格遵循政府部门制定的海绵城市政策及相关规定,积极配合城市规划建设管理,贯彻好海绵城市建设理念,客观上有助于城市规划目标的实现,也就可视为是对海绵城市规划的实施。

(3)监督

海绵城市规划实施工作应建立公众监督机制,公众有了解情况、反映意见的正常渠道,让群众监督海绵城市规划的实施,而政府部门则应承担好核查、处理和答复的义务。

11.2.2 海绵城市规划实施组织架构及分工

海绵城市涉及城市开发建设的诸多方面,其建设项目包括建筑与小区、道路与广场、公园与绿地、自然水系保护与生态修复、污水治理、排水防涝等,是一个庞大的系统工程和社会工程,其复杂性和广泛性决定了其涉及部门的多样性。海绵城市规划实施涉及规划、住建、市政、园林、水务、交通、财政、发改、国土、环保、水文等部门,需要从城市层面整体谋划,统筹实施,需要各个行政部门和专业机构互相协调、相互配合,因此在海绵城市建设过程中,需要建立高效的组织协调体系。

11.2.2.1 城市人民政府

城市人民政府作为全市海绵城市建设的责任主体,负责完善全市各部门协调与联动平台,建立规划、住建、市政、交通、园林、水务、防洪等部门协调联动、密切配合的机制,统筹海绵城市规划与建设管理。

城市人民政府涉及海绵城市建设的职能分工一般包括以下几条:

1)负责海绵城市建设工作重大事项的决策、协调和督办。

2）负责审批海绵城市总体规划。

3）负责审批海绵城市建设 PPP 项目总体实施方案。

各辖区人民政府（管委会）作为本辖区海绵城市建设主体,按照属地原则,负责统筹协调、部署本辖区内海绵城市建设工作,涉及海绵城市建设的职能分工一般包括以下几条:

1）负责筹措和落实区级海绵城市建设资金,并列入年度预算。

2）根据市级海绵城市建设计划,编制本辖区内近、远期的建设计划。

3）负责审批辖区内的海绵城市规划;负责辖区内海绵城市建设项目的设计、施工、验收、移交和运维等管理工作;负责辖区内海绵城市建设的监督和检查工作。

4）负责审批辖区内海绵城市建设 PPP 项目总体实施方案,组织建设项目实施、绩效评价和考核付费。

5）负责辖区内海绵城市建设的宣传和科普工作。

11.2.2.2　发改部门

发改部门常见的职责一般包括:负责研究提出辖区国民经济和社会发展战略规划;负责辖区内基本建设项目的审批、申报;安排年度基本建设计划和重点建设计划,组织协调重点建设项目的前期论证、立项、设计审查、建设进度、工程质量、资金使用、概算控制、竣工验收等;会同有关部门确定和指导辖区内自筹建设资金、各类专项建设基金等资金的投向等。

发改部门涉及海绵城市建设的职能分工一般包括以下几条:

1）负责将海绵城市建设相关工作纳入国民经济和社会发展计划。

2）对建设项目海绵城市相关内容在立项审查时予以把关,根据政府性投资项目管理规定,负责组织可研和初步设计评审,并在评审环节中增设"海绵城市建设"章节审查。

3）会同财政部门开展海绵城市建设项目 PPP 运作模式研究与实施。

4）负责研究和梳理投资渠道、投入机制分析,整合资金,优先支持重点海绵城市项目建设;指导项目参建各方按照国家和地方的相关要求做好项目前期论证工作,并负责项目前期工作的协调推进。

5）负责出台支持海绵城市建设的政策文件,会同相关部门研究和拓宽海绵城市建设的投融资渠道。

11.2.2.3　财政部门

财政部门常见的职责一般包括:负责承办和监督辖区内财政的经济发展支出、政府性投资项目的制政覆款;参与拟订建设投资的有关政策,制定基本建设财务制度,负责有关政策性补贴和专项储备资金财政管理工作;承担财政投资评审管理工作等。

财政部门涉及海绵城市建设的职能分工一般包括以下几条:

1）积极拓宽投资渠道,研究、制定海绵城市的财政支付措施和投入机制;负责出台海绵城市建设财政补贴制度（鼓励性和支持性政策）,负责建立中长期预算机制,确保海绵城市建设的激励资金落实到位。

2)负责筹措和拨付政府投资海绵城市建设项目的资金,负责海绵城市财政专项资金的管理和监督,指导各区级财政的海绵城市资金管理工作,指导、协助项目单位做好海绵城市建设资金筹措、管理等工作。

3)会同海绵城市牵头主管部门(一般为建设部门)建立海绵PPP项目库,负责PPP项目物有所值评估和财政承受能力评估的审批工作。

4)负责海绵城市建设项目PPP运作模式研究。做好PPP项目建设投资、收益等财务收支预测,落实政府购买服务付费方案。

5)负责海绵城市建设项目投融资机制研究,包括财政补贴制度、绩效考评资金需求总额及分年度预算、资金筹措情况、长效投入机制及资金来源、奖励机制等。

6)会同其他相关部门考核PPP公司海绵城市设施运营、管理和维护,依据考核结果,核发政府购买服务资金。

7)会同税务局、水务局进行水资源税试点省份情况调研跟踪,为制定有关政策提供依据。

11.2.2.4　国土规划部门

国土规划部门常见的职责一般包括:组织编制、修订辖区土地利用总体规划、近期建设规划、相关专项规划、年度计划等,贯彻执行国家有关方针政策、技术规范、标准,并组织实施;拟订土地供应政策,组织编制土地供应计划,并监督实施;负责建设项目的规划选址、建设用地的预审和规划管理工作;负责建设项目规划、建筑设计方案初步设计审查工作等。

国土规划部门涉及海绵城市建设的职能分工一般包括以下几条:

1)负责划定城市蓝线、绿线和黄线,并出台相关政策,负责管控具有涵养水源功能的城市林地、草地、湿地等地块的保护、出让和使用。

2)根据海绵城市建设要求及部门职责编制相关规范、技术标准和政策文件。

3)根据海绵城市建设要求编制相关规划、导则和其他政策文件,组织编制并发布海绵城市专项规划。

4)负责将海绵城市理念及要求纳入总体规划、详细规划、道路绿地等相关专项规划,保证海绵城市建设项目土地需求。

5)负责制定海绵城市规划管控办法,负责海绵城市建设项目的规划方案审查工作,将海绵城市的建设要求落实到控规和开发地块的规划管控中。将年径流总量控制率等指标作为城市规划许可"两证一书"的管控条件。

6)负责建设工程海绵城市规划验收和规划批准后的执法管理工作,会同水务、城建部门对海绵城市建设不达标项目进行查处。

11.2.2.5　水务(水利)部门

水务(水利)部门常见的职责一般包括:起草有关法规、规章,拟定相关政策,经批准后组织实施；承担水务工程的建设管理及其质量和安全的监督管理责任；贯彻执行国家、省、市有关水行政工作的法律、法规、规章和政策；承担辖区防汛抗旱指挥部的日常工作，组织、协调、监督、指导辖区防洪抗旱工作等。

水务(水利)部门涉及海绵城市建设的职能分工一般包括以下几条：

1)负责统筹全市"防洪、排涝、治污、保供"的工程治水和海绵城市建设的生态治水工作，促进市政建设小环境与河网大环境相协调。

2)负责排水防涝、污水等涉水规划，负责将海绵化指标要求落实到城市防洪规划、城市水系规划、"三线一路"规划等涉水规划中。

3)负责落实城市"蓝线"管理规定，按照海绵城市建设要求，加强城市水环境综合整治。统筹考虑排水系统与河湖水系的关系，负责将城市水系建设、水资源管理、水务工程管理及防汛调度等工作与海绵城市建设有机结合。

4)负责指导全市水务项目的海绵城市建设工作；组织开展上述海绵项目的质量监督、竣工验收和运营维护管理工作。

5)负责全市水务项目涉及海绵城市建设部分的规划协调、建设管理、质量监督、竣工验收和运营维护管理工作，在水库、湖泊、河流等涉水项目以及雨污分流管网改造、排水防洪设施建设、再生水和雨洪利用等相关城市排水项目中，全面落实海绵城市建设理念。

6)组织研究建立海绵城市雨水排放管理制度，在项目的排水施工方案审查和排水许可证等方面落实海绵城市建设要点审查。

7)负责开展城市内涝灾害风险预警，加快易涝片区改造；负责完善城市排水管网、排涝泵站等基础设施，加强排水管网养护和城市内涝灾害风险排查，全面提升城市整体排水防涝能力。

8)负责组织开展黑臭水体整治工作。

11.2.2.6　城市建设部门

城市建设部门常见的职责一般包括：贯彻执行国家、省、市城市建设、管理和环境保护各项方针、政策、法规，并组织实施和监督检查执行情况；拟定城市建设的政策、规章实施办法并指导实施；指导辖区城市建设，负责建设项目监察和管理工作；贯彻执行工程勘察设计、施工、工程质量监督检测的法规，并负责监督管理。全面负责工程建设实施阶段的管理工作，监督工程建设程序的执行，抓好施工许可、开工报告、质量监督、竣工验收等工作；负责全市建设行业执业资格和科技人才队伍建设的管理工作，指导行业教育培训工作等。

建设部门涉及海绵城市建设的职能分工一般包括以下几条：

1)贯彻执行国家、省有关海绵城市建设管理的法律法规、方针政策及技术标准。

2)参与起草海绵城市建设重大政策和法规草案。

3)组织编制和修订海绵城市建设的地方性标准并指导实施。

4)会同规划主管部门编制全市和城乡建设重点区域范围内的海绵城市专项规划。

5)组织开展海绵城市重点项目前期工作,负责建立项目储备库,据此拟定海绵城市建设近期计划,并纳入年度城建计划。

6)负责海绵城市建设项目推进情况的检查和考核工作;负责对市级海绵城市 PPP 项目进行绩效评价和考核付费。

7)负责"海绵城市建设"内容的审查,将海绵城市建设要求纳入开工许可、竣工验收等城市建设管控环节,加强对项目建设的管理。

8)督促施工图审单位加强对项目海绵设施的审查。

9)会同相关部门对竣工项目进行海绵城市设施验收。

10)负责对海绵城市建设项目监管人员和设计、施工、监理等从业人员进行专业培训。

11)负责海绵城市建设项目的监测、考核与评估工作,指导监督项目设计、施工、验收、移交和运维等管理工作。

12)会同财政部门组织落实海绵城市专项资金,用于海绵城市重点项目的建设和运营维护。

11.2.2.7 园林部门

园林部门常见的职责一般包括:起草辖区相关地方性园林法规草案、政府规章草案;制定园林绿化发展中长期规划和年度计划,同有关部门编制城市园林专业规划和绿地系统详细规划;负责公共绿地管理,包括各类公园、动物园、植物园、其他公共绿地及城市道路绿化管理等。

园林部门涉及海绵城市建设的职能分工一般包括以下几条:

1)根据海绵城市建设规划,负责制定和完善本市园林绿化中、长期发展规划,确保满足海绵城市规划指标的落实并监督实施。

2)负责制定公园和绿地等的海绵设施建设、运营维护标准和实施细则。

3)负责开展海绵城市绿地雨水设施的植物配置研究。

4)负责公园绿地海绵设施的规划设计、质量监督、竣工验收和运营维护等的管理工作,并制定相应维护管理规范。

11.2.2.8 交通部门

交通部门常见的职责一般包括:贯彻执行国家、省、市有关交通的政策、法规,制定有关交通的政策和规定,并监督实施;负责辖区公路桥梁、交通重点工程的建设、维护、造价控制和质量监督的管理工作等。

交通部门涉及海绵城市建设的职能分工一般包括以下几条:

1)负责编制道路交通设施的相关海绵城市技术指南或政策措施。

2)负责道路交通设施中的海绵城市相关设施的建设和管理工作。

11.2.2.9　环保部门

环保部门常见的职责一般包括：负责权限内规划和建设项目的环评审批工作；对各类环境违法行为依法进行查处；调查处理辖区内的重大环境污染事故和生态破坏事件；负责环境监测、统计环境信息工作；负责提出环境保护领域固定资产投资规模和方向、国家财政性资金安排的意见，参与指导和推动循环经济和环保产业发展，参与应对气候变化工作等。

环保部门涉及海绵城市建设的职能分工一般包括以下几条：

1）加强对海绵城市建设中具体建设项目或相关规划环境影响报告书（或规划的环境影响篇章、说明）的组织审查。

2）严格环境执法，加强对企业污染源的监管。

3）负责开展相关河湖水质的环境监测工作。

4）探索城市面源污染监控、评估、削减等机制、标准和方法。

11.2.2.10　城管部门

城管部门常见的职责一般包括：治理和维护城市管理秩序；研究提出完善本区域城市管理执法体制的意见和措施；负责城市管理执法的指导、统筹协调和组织调度工作；负责城市管理执法队伍的监督和考核工作；负责市政设施、城市公用、城市节水和停车场管理中的专业性行政执法工作；负责城市管理执法中跨区域和领导交办的重大案件的查处工作；负责城市管理执法系统的组织建设、作风建设、队伍建设以及廉政勤政建设工作等。

城管部门涉及海绵城市建设的职能分工一般包括以下几条：

1）城管部门主要负责相应市政道路、桥隧等海绵设施管理与维修养护工作。

2）出台职责范围内的海绵城市运维管理办法细则。

11.2.2.11　住房保障和管理部门

住房保障和管理部门常见的职责一般包括：贯彻落实国家、省、市关于房地产开发、房屋交易、房屋租赁、住房保障、物业管理、房屋安全等房产行业管理的方针政策和决策部署；制定房地产综合开发发展规划和住房保障专项规划，制定房地产开发建设计划、保障性住房建设计划并监督实施；推进住房行业技术标准和行业规范的实施、综合协调等。

住房保障和管理部门涉及海绵城市建设的职能分工一般包括以下几条：

1）负责协调、监督和指导物业管理单位维护管理住宅小区内的海绵设施，协助开展海绵城市建设工作。

2）负责协调小区内海绵项目的设施移交工作。

11.2.2.12　气象部门

气象部门常见的职责一般包括：制定地方气象事业发展规划，负责对本行政区域内的气象活动进行指导、监督和行业管理；组织管理气象探测资料的汇总、分发；强化气象灾害应急管理,完善联动机制,为组织防御气象灾害提供决策依据等;加强信息网络等方面的技术支持工作,加快气象信息共享平台建设等。

气象部门涉及海绵城市建设的职能分工一般包括以下几条:

1)负责编制暴雨强度公式,开展长历时设计暴雨雨型分析,开展本地降水气候特征分析评估。

2)负责建立暴雨监测预警平台,共享降水、气温、蒸发、湿度等相关的气象监测数据资料,服务海绵城市建设。

3)参与和指导开展海绵城市建设的热岛评估工作。

11.2.2.13　建设单位

建设单位涉及海绵城市建设的职能分工一般包括以下几条:

1)平台公司应当按照市、区海绵城市年度建设计划要求,积极组织实施,完成年度目标。

2)建设单位在进行新建、改建、扩建建设项目时,应当按照海绵城市专项规划、规划条件及相关技术标准,配套建设海绵设施。海绵设施应当与主体工程同步设计、同步建设、同步投入使用,建设费用纳入建设项目概算。

3)建设单位在组织建设工程竣工验收时,应当将海绵设施配套建设纳入竣工验收内容,并将验收结果提交备案机关。验收不合格的,不得竣工验收备案,不得交付使用。

4)建设单位自运营的项目,应当按照海绵设施维护管理技术规范的要求,做好海绵设施的维护管理工作,保证海绵设施的完好和正常运行。

5)建设单位应确保项目排水口的设置和水质、水量符合海绵城市建设要求,并向水务部门申请排水许可。

6)建设单位应该按照规划设计条件建设,并按照相关规定运营维护。

11.3　海绵城市规划实施推进机制

各地在推进海绵城市规划落地的过程中,可结合地区特点,考虑通过成立领导小组或常设机构专职推进海绵城市建设,建立联系会议制度形成协调机制,结合制定任务分解表、信息报送等工作任务,构建海绵城市规划实施长效推进机制。

11.3.1　成立领导小组

城市人民政府是落实海绵城市建设的责任主体,应统筹协调财政、发改、国土、规划、水务(水利)、住建、园林、交通、城管、环保、气象等职能部门及下级人民政府,建立部门联动机制,统筹规划建设,增强海绵城市建设的整体性和系统性,做到"规划一张图、建设一盘棋、管理一张网"。

为了切实加强海绵城市建设的领导和管理,城市人民政府可成立海绵城市建设工作领导小组,明确成员单位及各单位责任分工,健全工作机制。领导小组的主要职能包括统筹推进海绵城市建设,决策建设工作的重要事项,研究制定相关政策,协调解决工作中的重大问题等。领导小组组长一般由城市人民政府的主要领导担任,领导小组成员由海绵城市建设相关的职能部门及下级人民政府的主要领导构成。

海绵城市建设工作领导小组可设置办公室(指挥部)作为日常办公机构,并落实经费预算和人员编制。根据各地实际情况,领导小组办公室(指挥部)可依托建设、水务、规划等部门设置,也可从领导小组成员单位抽调,实行集中办公。办公室肩负着海绵城市规划建设综合协调的责任,需要积极调动各成员单位乃至社会的积极性,做好内外衔接,组织好全市的海绵城市建设工作。

除了在市级层面建立海绵城市建设工作领导小组,在下辖区(县)级、镇(街)等级人民政府也可仿照建立相应的领导机构、办公机构,并充分与市级相关部门对接,进一步加强海绵城市建设工作的组织管理。一般而言,市级层面主要解决统一标准、研究机制、探索社会化融资等问题,区(县)级、镇(街)级则应该着力统筹实施工作,抓重点区域和重点项目,纵向间相互协调,共同推进海绵城市建设。

海绵城市建设工作领导小组涉及的部门众多,应根据各地人民政府架构及职能划分,制定各成员单位职责,做到分工明确,各司其职。

11.3.2　成立常设机构

海绵城市建设工作领导小组的设置具有阶段性、临时性的特点,在推进海绵城市建设工作的初期阶段,有助于加大系统推进的力度。当海绵城市建设的理念已经彻底融入政府日常工作并成为常态工作之后,海绵城市建设工作领导小组可逐步弱化机构职能、融入其他常设机构,直至撤销。

以武汉市为例,武汉市编办批准(武编〔2017〕76号)在武汉市城乡建设局下成立专职的海绵城市和综合管廊建设办公室(增加行政机关编制8名),以及海绵城市和综合管廊建设管理站(核定事业编制50名)。海绵城市和综合管廊建设办公室隶属于市城建委,履行武汉市推进全市海绵城市建设管理和统筹工作职能,具体的工作职能包括:

1)贯彻落实中央、省、市有关海绵城市建设管理方面的方针政策和标准规范,参与制定地方性政策及标准规范。

2)负责编制海绵城市建设年度计划具体工作;参与编制海绵城市专项规划并推进落实;负责市管市政基础设施及房屋建筑项目海绵化推进工作,对区管项目进行指导;承担海绵城市建设项目考评管理、运维监测等工作。

3)组织指导海绵城市等数据信息收集、处理、利用等工作;指导各区开展海绵城市等信息化应用工作。

4)受市城建委委托,对海绵城市建设管理有关违法违规行为进行查处。

通过成立海绵城市建设常态管理专职部门,便于管理职能和行政职责的协调统一,为推进海绵城市建设工作提供长效推进保障。

11.3.3 制定任务分解表

依托海绵城市建设工作领导小组,可逐年制定海绵城市建设任务分解表(年度城建计划),将本年度的机制建立、规划编制、标准制定、建设项目推进、重点区域推进等各项任务分配到各成员单位,并明确完成时限。各单位根据任务分解表的任务清单,结合本单位职责分工,制定具体的工作方案和计划,将每一项工作和每个项目分解落实到责任人。各成员单位形成合力,共同推进海绵城市建设任务。同时,可通过设立市海绵城市建设领导小组或专职机构对各单位落实任务分解表的情况进行跟踪检查,分阶段对各单位履行职责和工作完成情况进行考核。

11.3.4 建立联席会议制度

为充分协调相关单位,协调推动工作,海绵城市建设工作领导小组办公室应建立联席会议制度或其他制度,定期召开全体会议和工作会议。全体会议由海绵城市建设领导小组组长及所有成员单位相关负责人参加,工作会议由领导小组办公室通知各相关单位和部门负责人参加。

各成员单位需指定落实一名联络员,定期参加工作会议,沟通和交流各部门及各区海绵城市建设的工作进度与动态。

11.3.5 建立信息报送制度

为及时了解和掌握下级各辖区的海绵城市建设推进情况,海绵城市建设工作领导小组办公室可建立工作报送制度。下级各辖区人民政府定时(每月、每季、半年)向海绵城市建设工作领导小组办公室报送海绵城市建设推进情况;并要求在每年年底前,编制年度海绵城市项目建设计划(包括各辖区各年度海绵城市建设项目数量、建设内容、建设规模所处区域、建设周期、投融资方式等内容),报领导小组办公室备案。

领导小组办公室可根据全市推进情况,定期编制工作简报,向各部门通报,以便及时总结全市海绵城市建设工作经验教训,反映海绵城市建设的进展与问题,促进各相关部门和机构共同协作努力提升;也可将工作简报向社会发布,向公众传播海绵城市建设的理念与成效。

11.4 海绵城市规划实施资金筹措机制

11.4.1 海绵城市投资模式

海绵城市建设资金来源主要包括财政资金(含中央财政专项补贴、地方财政直接投入、地方政府债等)和社会资本(PPP 模式融资、开发商配建、平台融资等)。按照资金来源、投资主体与运营方式不同,建设模式主要可分为政府投资类项目、非政府投资类项目和 PPP 项目 3 种类型:

1)政府投资类项目主要采用施工总承包模式,一般由平台公司代建,主要资金来源为财政资金。

2)非政府投资类项目采用"＋海绵"模式,主要资金来源为市场主体商业开发配套建设投入资金,政府部门可采用以政府奖补、管控约束、创新带动等形式,由政府引进、引导和带动社会资本在商业工程项目中贯彻海绵理念、建设海绵元素。

3)PPP 项目采用政府与社会资本合作模式,资本金主要由 PPP 项目发起人入股资金、政府相关事业单位投资、财政补贴以及 PPP 基金的股权投资等多元构成,一般通过成立项目公司开展以片区成效为目标的海绵城市建设,并探索与推进按效付费机制的科学化实施与管理。按照水环境质量与内涝防治效果,以监测数据和模型评估结果为准,实施严格的按效付费机制。

11.4.1.1 施工总承包建设模式

施工总承包建设模式是指建设公司受政府委托,按照合同约定对工程建设项目的采购、施工、验收等实行全过程或若干阶段的承包。市、区平台公司作为建设单位,代替市、区人民政府及主管部门行使业主权利和职能,包括确保设计方案落实海绵城市规划要求;负责工程项目建设过程管理,业主以委托监理形式,对项目采购与施工环节实施监督;负责工程项目竣工验收工作,通过严格竣工验收机制对项目质量进行约束与把控。

施工总承包建设模式是目前我国海绵城市建设项目的主要建设模式,平台公司是所承包海绵城市工程项目的责任主体,负责项目的质量、安全、费用和进度;工程建设全过程严格履行项目合同,执行招投标、项目实施、竣工验收等环节的管理制度文件。政府部门以过程控制模式和事中事后监管模式,有效地保障建设项目的进度、成本和质量控制符合建设工程承包合同约定。

11.4.1.2 "＋海绵"模式

"＋海绵"模式是指商业建设项目以设计变更或重新设计的形式,在项目建设方案中增加海绵城市建设内容。根据建设项目的工程进度,"＋海绵"模式分为增加海绵理念和增加海绵元素两种,如针对待建未开工项目,宜鼓励业主单位重新按照海绵城市理念调整设计方案,针对已开工项目,宜在设计方案当中增加海绵城市基础设施,实现项目局部或节点处的海绵功能打造。

"＋海绵"模式主要应用于房地产开发的非政府投资类项目。在海绵城市建设初期,为了促进海绵城市建设,政府建立奖补机制,对非政府投资类项目采用"＋海绵"模式实施的,进行约束引导和资金鼓励。

11.4.1.3 PPP 项目模式

PPP(Public-Private-Partnerships),即公私伙伴关系,又称为"公私合作制",是指政府、营利性企业和非营利性企业基于某个项目而形成的相互合作关系的形式,PPP 模式以参与合作各方的多赢或双赢为合作理念,通过合作,各方能够达到比预期单独行动更有利的结果,PPP 模式能够使政府部门与民营企业充分利用各自的优势,即把政府部门的社会责任、远景规划、协调能力与民营企业的创业精神、民间资金和管理效率结合到一起,具有较大的优势。

以 2014 年财政部发布的《关于推广运用政府和社会资本合作模式有关问题的通知》为标志,国内 PPP 进入了大规模推广阶段,聚焦引导和鼓励社会资本通过 PPP 模式参与相关领域的公共产品和服务供给,PPP 模式也在海绵城市建设领域推广,适用于以流域治理、片区打造为核心打包的海绵城市建设项目,通过对海绵化改造过程中无法产生收入的项目搭配经营性资源,使公益性海绵城市项目与相关经营性产业开发项目一体化融合实施,实现项目资金平衡,构建市场化融资路径。

国内 PPP 快速发展的同时,PPP 项目质量参差不齐、异化为新的政府融资平台等问题逐步暴露。2023 年 11 月 3 日国务院办公厅发布通知,转发了国家发展改革委和财政部联合制定的《关于规范实施政府和社会资本合作新机制的指导意见》;随后,2023 年 12 月 13 日发布《财政部关于废止政府和社会资本合作(PPP)有关文件的通知》(财金〔2023〕98 号),包括海绵城市建设在内的 PPP 模式被叫停。

11.4.2 海绵城市财政机制

财政机制是国家为实现其职能,在参与社会产品分配和再分配过程中与各方面发生的经济关系,这种分配关系与一般的经济活动所体现的关系不同,它是以社会和国家为主体,凭借政治、行政权力而进行的一种强制性分配。因此,也可以说,财政是关于利益分配和资源配置的行政。

海绵城市财政资金支持包括中央补贴和地方财政预算资金,财政机制在海绵城市规划实施中有着重要地位,表现为:

1)政府可以按海绵城市规划的要求,通过公共财政的预算拨款,直接投资兴建某些重要的海绵城市设施,特别是海绵城市重大基础工程设施和大型公共建筑设施。

　　2)在债务风险可控的前提下,对符合条件的海绵城市建设项目,政府经必要的程序可发行财政债券来筹集海绵城市建设资金,满足海绵城市项目建设需求。

　　3)政府可以通过制定相关政策,引导海绵城市投资和建设活动,以实现海绵城市规划的目标。如资金直接奖补或免征房产开发项目的营业税和交易契税等。

　　中央在出台海绵城市试点及示范的同时,都会根据城市地区级别给予一定的配套补贴。2015 年,财政部发布了《关于开展中央财政支持海绵城市建设试点工作的通知》(财建〔2014〕838 号),具体补助数额将按城市规模分档确定,直辖市每年 6 亿元,省会城市每年 5 亿元,其他城市每年 4 亿元。对采用 PPP 模式达到一定比例的,将按上述补助基数奖励 10％,并对试点工作开展绩效评价,财政部、住房城乡建设部、水利部定期组织绩效评价,根据绩效评价结果进行奖罚。评价结果好的,按中央财政补助资金基数 10％给予奖励;评价结果差的,扣回中央财政补助资金。

　　2021 年,财政部、住房城乡建设部、水利部三部门联合印发《于开展"十四五"第二批系统化全域推进海绵城市建设示范工作的通知》(财办建〔2022〕28 号)。中央财政按区域对示范城市给予定额补助。其中,地级及以上城市:东部地区每个城市补助总额 9 亿元,中部地区每个城市补助总额 10 亿元,西部地区每个城市补助总额 11 亿元;县级市:东部地区每个城市补助总额 7 亿元,中部地区每个城市补助总额 8 亿元,西部地区每个城市补助总额 9 亿元,补助资金根据工作推进情况分 3 年拨付到位。

　　除中央财政资金补助外,还有设立省级资金专项补助的。以湖北省为例,2022 年,湖北省住房和城乡建设厅、财政厅、水利厅印发《关于开展系统化全域推进海绵城市建设省级示范工作的通知》(〔2022〕318 号),2022—2024 年省级财政每年安排 2000 万元的省级示范补助资金,对 5 个省级示范城市给予定额支持,补助资金根据年度绩效考核情况,分 3 年拨付到位。

　　对于纯公益性项目,政府一般直接安排财政资金及专项资金用于支持项目建设。可在财政规划和年度建设计划中优先安排海绵城市建设项目,并通过加强财政资金预算管理,增强财政保障能力,也可在债务风险可控的前提下,通过发行项目专项债券筹集资金,满足项目资金需求。

　　除财政资金直接投入外,还可通过设立海绵城市建设运维引导基金,采取投资奖补的方式,吸引社会资本投资海绵城市建设,即"＋海绵"模式。以随州市为例,设立海绵城市建设运维引导基金,采取投资奖补的方式,吸引社会资本投资海绵城市建设。奖补标准如下:社会投资的新建、扩建、改建项目,其海绵城市建设项目经验收合格后,对于年径流总量控制率不小于 80％,且年径流污染物(SS)去除率不低于 60％的项目,按占地面积(有效用地面积,下同)分 3 个等次给予奖励:占地面积在 10 万(含 10 万)m² 以上项目,给予 50 万元奖励;占地面积在 5 万(含 5 万)m² 至 10 万 m² 之间项目,给予 30 万元奖励;占地面积在 5 万 m² 以下项目,给予 10 万元奖励。

11.4.3 海绵城市 PPP 融资优势及案例

11.4.3.1 海绵城市 PPP 融资优势

PPP 模式在海绵城市建设中的优势包括：

（1）PPP 模式有利于减轻政府的财政压力

海绵城市建设的前期投资巨大，这也是制约其发展的非常重要的因素，未来解决这一难题，必须寻求第三方投资人参与到海绵城市的建设中来。PPP 模式有利于减轻政府的财政压力，提高公共物品的供给。随着经济的发展，财政支出在急剧上升的公共物品需求上显得越来越不足，有效地引入民间资本参与，为公用事业的发展提供新财源，可以缓解政府的财政压力，有效突破公用事业发展的资金瓶颈。政府可以由过去的基础设施建设的提供者转变为监管者，既节省了政府开支，又监督了基础设施的建设，推动了公共物品的再发展。由于海绵城市项目一般情况下是由政府发起的，有政府的信用作为投资保证，只要确定合适的投融资模式，在融资过程中采取相应的行政措施，并以其财政资金保证海绵城市的稳定运营收益。有长期投资市政基础设施意愿的投资者就会积极参与。

（2）PPP 模式有利于提高项目建设的运营效率和服务质量

过去由于政府对公用事业的垄断经营和供给，公用事业领域普遍缺乏竞争压力，没有引入市场竞争机制和监管机制。政府出于部门利益往往扩大对公用事业的供给，结果是公众承担了相当大的额外成本，损害了公众利益。海绵城市作为城市基础设施建设的重头戏，只有积极吸引第三方投资人参与海绵城市的投资建设，才能更好地推动海绵城市的发展，改善目前融资困难的现状。吸引民营企业参与海绵城市建设公用事业的投资、建设和经营，并开展多种形式的竞争，可以改善公用事业的供给质量和效率。社会资本在市场化运营中有着多种灵活的经营管理体制，能够对公众的需求有较强的回应力，同时民营企业具有较好的创新动力和激励机制，能以较高的效率提供优质的服务，有利于提高公众的生活质量。

（3）PPP 模式有利于弥补政府自身的缺陷

政府在市场失灵的情况下，能够调配社会资源、分配劳动成果以及稳定社会。政府对经济的干预主要是由于市场缺陷，但是政府自身也存在缺陷。在传统的公共基础设施建设中，政府通过财政来提供公共物品，是公共物品的所有者和管理者，时间久了便会出现信息陈旧、反应迟钝、效率低下等问题。正是由于两者的缺陷，经济学家便建议将两者结合起来以取长补短。政府和民间的合作可能是最为有效的一种方式，两者之间的结合可以得到比单独行动要大得多的收益，可以实现双赢或是多赢。海绵城市建设将极大程度改善城市居民的生活，因此社会公众是海绵城市的主要受益者，同时也是海绵城市的最终用户。海绵城市的建设会带来的地价增值，促进周围相关产业发展，从一定程度上促使政府部门成为海绵城市的最终受益者,不仅获得了社会的经济发展、纳税额的增加收益,而且在社会公众面前树立了良好的政府形象。

11.4.3.2　海绵城市 PPP 融资案例

以武汉市为例,武汉市海绵城市 PPP 项目模式以片区打包、系统达标为整体思路,通过选择武钢建工集团联合体公开招标形式遴选 PPP 项目社会投资方,PPP 项目中标联合体包含施工、物业管理、园林景观等相关企业,PPP 项目的打包原则包括项目集中、汇水范围边界清晰、排水可监测、效果易评估考核,基于此武汉市选择两个相邻汇水片区,以汇水片区整体形式打造 PPP 项目包——青山示范区海绵城市(南干渠片区)PPP 项目工程。该项目于 2016 年落地,是武汉市首个,也是唯一一个海绵城市建设 PPP 项目。

南干渠片区共有海绵改造项目 78 个,项目类型涵盖小区公建、道路、公园绿地以及管渠等。按照合同约定,武汉市 PPP 项目公司承担片区海绵城市建设的建设计划、深化设计、投资预算、项目实施、竣工验收和项目运营等工作内容,同时负责工程项目的施工进度、质量、成本按合同要求推进落实。武汉市人民政府赋予 PPP 项目公司一定权限的项目深化设计职能,制定了《青山示范区海绵城市(南干渠片区)PPP 项目运营绩效考评细则》,对工程变更的可能性与可行性做了详细规定;PPP 项目公司结合住房城乡建设部要求,编制了 PPP 片区系统方案,通过更加深入的问题识别、本底分析,构建了完善的内涝防治和面源污染控制系统方案体系;基于系统方案,项目公司在项目设计与施工过程中合理发挥主动性,对工程项目进行优化调整与深化设计,保障片区海绵城市建设成效达标。

武汉市城建部门和 PPP 项目公司严格落实《武汉市海绵城市建设试点项目验收和移交工作指导意见(试行)》和《青山示范区海绵城市(南干渠片区)PPP 项目分批次验收、运营方案》对 PPP 项目的竣工验收、运营、移交的权责划分和工作规定。结合国家出台的《关于规范政府和社会资本合作(PPP)综合信息平台项目库管理的通知》(财办金〔2017〕92 号)要求,武汉市人民政府和 PPP 项目公司经协商制定了《青山示范区海绵城市(南干渠片区)PPP 项目运营绩效考评细则》(以下简称《考核细则》),出台并开始执行一套完整的按效付费机制。《考核细则》要求 PPP 片区建设以整体水环境与内涝防治效果为导向,以详细的过程数据为支撑,建立可评估、可追溯的海绵城市全过程的考核评估体系,支撑海绵城市从建设到运营的全过程监管、考核评估与综合管理,将建设效果聚焦到实施效果;绩效考核付费机制要求海绵城市服务费与项目绩效考核结果紧密挂钩,当年可用性服务费与运营维护绩效服务费按照考核得分,由市财政局依据 PPP 项目合同或补充合同中相关条款约定分别进行支付。

11.5　海绵城市规划的实施项目管控

11.5.1　海绵城市规划实施管理的法律依据

根据《国务院办公厅关于推进海绵城市建设的指导意见》(国办发〔2015〕75 号)要求,将建筑与小区雨水收集利用、可渗透面积、蓝线划定与保护等海绵城市建设要求作为城市规划许可和项目建设的前置条件,保持雨水径流特征在城市开发建设前后大体一致。在建设工程施工图审查、施工许可等环节,要将海绵城市相关工程措施作为重点审查内容;工程竣工验收报告中,应当写明海绵城市相关工程措施的落实情况,提交备案机关。

11.5.2 海绵城市规划实施管理的总流程

11.5.2.1 政府投资类新建项目管控流程

政府投资类海绵城市新建项目规划建设管控流程,适用于市、区人民政府采用直接投资或者以资本金注入等方式投资建设的海绵城市新建、改建、扩建工程项目的审批工作。

管控流程涵盖规划土地审批、立项可研与初步设计、建设管理等 3 个审批阶段,具体包括建设用地规划许可、工程建设规划许可、可行性研究/立项、初步设计审查、施工图审查/施工许可、竣工验收、移交与运维等 7 个审批环节(图 11-1)。

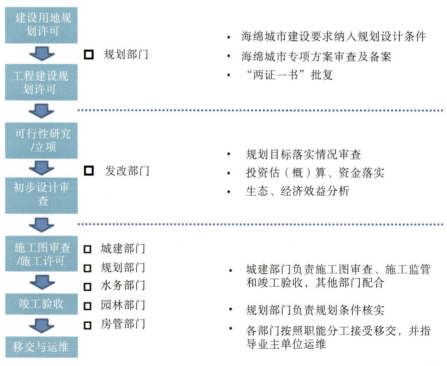

图 11-1 政府投资类新建项目管控流程

(1)规划土地审批

规划土地审批管理的基本制度是规划许可制度,即城市规划行政主管部门根据依法审批的城市规划和有关法律法规,通过核发建设项目选址意见书、建设用地规划许可证和建设工程规划许可证(通称"一书两证"),对各项建设项目进行组织、控制、引导协调,落实海绵城市建设要求。

建设项目选址意见书是建设项目的规划选址管理的法定文件,规划部门根据城市规划及有关法律、法规对建设项目地址进行确认或选择,并核发建设项目选址意见书。

建设用地规划许可证是建设用地的规划管理的法定文件。规划部门根据城市规划法律规范及依法制定的城市规划,确定建设用地位置和范围,审核建设工程总平面图,提供土地使用规划设计条件,并核发建设用地规划许可证。

建设工程规划许可证建设工程的规划管理的法定文件。规划部门根据依法制定的城市规划及有关法律、法规和技术规范,对各类建设工程进行组织、控制、引导和协调,并核发建设工程规划许可证。

规划土地审批阶段海绵城市管控目标是将海绵城市建设要求纳入土地供应阶段各审批环节,并通过行政法规、管理办法以及规章等形式进行强制落实。规划土地审批职能主要由市国土规划部门承担,相应的行政管理要求、规章条例等也由国土规划部门制定。

以武汉市为例,按照《武汉市海绵城市建设管理办法》(武政规〔2016〕6 号)要求,武汉市国土规划局在《关于加强我市海绵城市规划管理的通知》(武土资规发〔2016〕113 号)中明确提出将海绵城市建设要求纳入全市规划体系和规划设计条件,并作为规划审批主要抓手"一书两证"核发与批复的正式要求予以落实。

(2)立项可研与初步设计

海绵城市工程项目可行性研究是结合海绵城市相关规划目标,通过调研分析,对项目的技术可行性、经济合理性、生态环境保护可行性等方案进行的综合评价,是政府投资类海绵城市工程项目投资决策的重要依据之一。

可行性研究阶段的主要任务是完成对海绵工程建设内容、投资估算、经济效益、生态效益等完整性、可行性、合理性的评估,初步核定规划确定的海绵城市控制目标是否能够实现。同时本阶段还需要针对工程项目的工期安排和项目组织方式(建设模式)做出合理性分析。海绵城市工程项目可行性研究审批由市发改部门承担。

可行性研究报告批复后,由业主单位组织编制海绵城市工程项目初步设计文件,可行性研究审批和初步设计审批职能均由市发改部门承担。在初步设计审批阶段,市发改部门负责对初步设计文件的技术方案合理性、规划条件落实情况、工程概算准确性、生态与环境保护达标情况等进行综合审查。针对技术方案,发改部门可联合市直单位、行业主管部门及有关单位召开联席审查会议或者评审会,完成对设计文件和方案进行多行业的综合审查;主管部门可采用抽查方式对工程项目规划要求落实情况进行审查。审查单位应联合出具书面审查意见,要求业主和设计单位按照审查结果调整设计文件。

(3)建设管理

建设管理阶段包括工程项目施工图审查及施工许可、竣工验收、移交与运维 3 个环节,

行政审批、工程验收、监督等职能由市城建部门牵头承担。

1）施工图审查及施工许可。

海绵城市工程项目施工图审查及施工许可是针对规划设计条件在设计方案中的具体工程指标进行的技术核查。城建部门负责委托施工图审查机构对海绵城市建设工程进行指标达标审查，城管、水务、园林和林业、交通、民防等部门应结合部门职责进行同步审查，并出具审查意见，要求业主和设计单位按照审查结果调整设计文件，审查通过后允许发放《施工图审查合格书》。

以武汉市为例，2017 年 9 月 6 日，武汉市人民政府出台《武汉市建设工程施工图设计文件审查管理办法》(武政规〔2017〕44 号)，将海绵城市纳入施工图审查，作为核发工程许可的技术审查条件。2019 年，武汉市城建局结合试点经验，修订了《武汉市海绵城市设计文件编制规定及技术审查要点》，对建筑与小区、城市绿地与广场、城市道路、城市水系四大类建设项目的海绵城市设计文件的编制及技术审查要点作出了规定和指引。

2）竣工验收。

海绵城市工程项目竣工验收的核心任务是工程建设质量检查与规划条件核实。城建部门会同规划等相关部门组织工程综合验收和备案时（规划验收同时进行的），对于未按审查通过的施工图设计文件施工的，竣工验收应当定为不合格。城乡规划行政主管部门组织规划专项验收时，对于未按审查通过的施工图设计文件竣工的，规划验收应当定为不合格。竣工验收定为不合格的项目，应限期整改到位。主管部门针对验收结果，除要求未满足验收要求工程项目整改之外，还应对项目业主和设计单位执行具有奖惩效应的诚信黑名单制度，确保在海绵城市建设推进过程中，形成对业主和设计单位具有诚信约束的管理机制，构建海绵城市管控制度健康运行的闭环工作流程。

以武汉市为例，2017 年 9 月，武汉市海绵城市建设领导小组印发《武汉市海绵城市建设试点项目验收和移交工作指导意见》，明确了试点项目海绵城市专项验收的流程与验收内容。2019 年 1 月武汉市城建局印发《武汉海绵城市建设施工及验收规定》，在技术层面指导海绵城市建设施工与验收工作。2019 年 11 月，武汉市城建局印发《关于规范工程竣工验收备案环节海绵城市建设管理工作的通知》，规范了工程竣工验收报告有关海绵城市建设内容的编写，加强海绵城市闭合管理。

3）移交与运维。

当前国内海绵城市移交与运维模式尚在探索中，一般将海绵城市设施纳入传统设施内分类落实项目养护职责，对海绵设施进行维护管理。

政府投资的源头减排类海绵城市建设项目竣工验收后，由建设单位负责将项目移交给辖区人民政府，区人民政府负责按照职能分工指定辖区城管、园林、水务、房管、相关街道办事处（乡镇人民政府）等部门和单位进行接收，并负责指导、督促业主单位和管理服务单位做好管理维护工作。非政府投资的源头减排类海绵城市建设项目,待项目竣工验收后,由建设单位负责将项目连同相关设施一并移交给业主单位或者其委托方进行维护管理。

以武汉市为例,武汉市在试点建设期间发布了《武汉市海绵城市建设试点项目验收和移交工作指导意见》,将海绵城市工程项目移交与运维纳入管控流程:一是通过行政强制手段,明确工程设施接收单位和运维管理职责,避免无人维护造成海绵城市"烂尾设施";二是动员社会资本进入海绵城市运维市场,发展多种模式的海绵城市运维长效机制(资金保障、收费标准或收费机制),如武汉市青山示范区(南干渠片区)PPP项目社会资本方为武钢集团、武钢绿色城建公司、武钢现代城市服务(武汉)集团有限公司联合体,该联合体具备资金、资源整合等多项优势,其中武钢现代城市服务(武汉)集团有限公司产业范围涵盖房产经营、物业经营管理、自来水生产、输配和销售、燃气输配经营、市政工程设计与施工园林设计、绿化工程、绿化养护、道路工程等城市服务领域,在城市道路、小区、绿化等运营维护管理方面有丰富的经验。

11.5.2.2　政府投资类改造项目管控流程

政府投资类海绵城市改造项目规划建设管控流程适用于市、区人民政府采用直接投资或者以资本金注入等方式投资建设的海绵城市改造工程项目(不改变用地权属、用地性质、不增加地上建构筑物)的审批工作。

与政府投资海绵城市新建项目不同,海绵城市改造项目管控流程因不涉及土地供应,去掉了规划土地审批阶段的审批工作。管控流程由立项可研与初步设计和建设管理等 2 个审批阶段组成,具体审批环节也相应缩减到可行性研究、初步设计审查、施工图审查、竣工验收、移交与运维等 5 个。

政府投资类海绵城市改造项目与新建项目规划建设管控流程在初步设计审查和施工图审查 2 个环节,因规划设计文件不同,技术审查要点有些调整。以下针对初步设计审查和施工图审查 2 个环节的审查要点进行介绍。

(1)初步设计审查

政府投资类海绵改造项目不需要开展规划审批,一般在初步设计批准文件中核发海绵城市建设要求批准意见,因此在管控流程的初步设计审批环节要求将上位规划或相关标准中确定的海绵城市建设要求纳入初步设计文件批复工作,增加发放工程项目规划设计条件。

(2)施工图审查

施工图审查与初步设计审查对应,海绵城市改造项目施工图审查针对上位规划或相关标准中确定的规划设计条件,相应指标由专项规划分片区确定,由城建部门进行技术核查。

11.5.2.3　非政府投资类项目管控流程

非政府投资类海绵城市改造项目规划建设管控流程适用于企业业主单位投资海绵城市新建、改建、扩建工程项目审批工作。不同于政府投资类海绵城市工程项目,非政府投资类

项目一般不需要开展立项可研与初步设计的审批工作。管控流程由规划土地审批和建设管理等2个审批阶段组成,具体审批环节也相应缩减到建设用地规划许可、工程建设规划许可、施工图审查、竣工验收、移交与运维等5个。

非政府投资类海绵城市新建项目与政府投资类工程项目管控流程相关的技术审查与审查要求基本相似。具体审批环节的审查事宜和相关要求不做赘述。非政府投资类改造项目如不改变用地权属、用地性质和不增加地上建(构)筑物,工程项目管控流程可从施工图审查/施工许可环节开始执行。

11.5.3 海绵城市项目管控审查要点

项目不同阶段的设计深度不同,海绵城市审查要求和侧重点也不相同,根据项目不同设计阶段,有针对性地提出相应的审查材料,以便更快地提高审查效率。

11.5.3.1 规划许可审查要点

(1)方案设计阶段

方案设计阶段海绵城市专项审查主要是提供指导性审查,若方案设计阶段未落实海绵城市相关要求,则不予受理审查。根据方案设计阶段深度和海绵城市建设要求,从目标复核、设施选用、设施布局和下阶段建议等方面重点阐述了该阶段的审查要点和方法:

1)目标复核。根据项目所在位置和所属区域,复核该项目的海绵城市建设目标,如年径流总量控制率等。选用相关规划和规范的指标值,根据指标分解和复核的方法,复核设计方案能否满足建设目标。

2)设施选用。根据项目基本情况,评判项目选用的海绵设施是否合理可行。

3)设施布局。根据项目场地竖向分析海绵设施布局是否合理。

4)下阶段建议。针对本阶段存在的问题,根据相关规范提出解决意见,并对下一阶段(施工图阶段)的编制提出要求。

(2)土地出让和用地规划许可阶段

土地出让和用地规划许可阶段要求工程建设项目对接海绵城市规划要求,如武汉市为将海绵城市建设要求纳入规划设计条件,增设一条通则性要求"按《武汉市海绵城市规划技术导则》和《武汉市海绵城市专项规划》要求进行海绵城市建设",作为选址意见书和用地规划许可证批复的主要依据。

(3)工程建设规划许可阶段

工程建设规划许可阶段督促与确保业主和设计单位严格落实海绵城市规划设计要求,以武汉市为例,在工程建设规划许可阶段建立3套制度予以保障:

1)建立专项设计制度。要求海绵城市建设项目增加海绵专项设计内容,专项内容应以工程量的形式提交。

2)建立专项方案的自审查制度。项目建设和设计单位需要对报建方案中的海绵城市专项设计内容进行自评,提交自评结论供项目备案。

3)建立项目设计单位征信制度。以抽查的形式对专项设计方案和自评成果进行校验评估,针对海绵方案设计造假设置诚信黑名单制度和惩罚措施,如针对设计方案严重造假或多次造假的设计责任方,应限制或禁止设计单位后续参与武汉市海绵城市设计方案申请报建。

上述 3 套制度有助于在工程建设规划许可批复阶段形成"技术可行、分工明确、职责清晰、追责严谨"的闭环式管控体系,同时具有不增加审批程序和管理经费的优势。

为便于开展海绵城市专项设计文件审查工作,武汉市在国内首创"三图两表"专项设计备案制度,在建项目的土地出让、划拨阶段和建设用地规划许可时,将海绵城市建设要求纳入规划设计条件。

"三图两表"文件包括下垫面分类布局图、海绵设施分布总图、场地竖向及径流路径设计图、建设项目海绵城市目标取值计算表和建设项目海绵城市专项设计方案自评表。"三图两表"文件明确了规划报建过程中需要提供的海绵城市工程类别与工程量、专项控制指标等内容,格式统一、内容规范,有利于设计单位开展工作,也利于规划部门开展技术审查(图 11-2)。

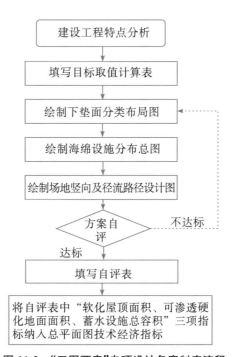

图 11-2 "三图两表"专项设计备案制度流程

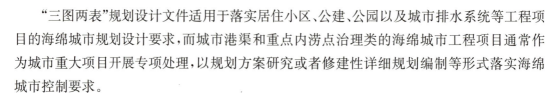

"三图两表"规划设计文件适用于落实居住小区、公建、公园以及城市排水系统等工程项目的海绵城市规划设计要求,而城市港渠和重点内涝点治理类的海绵城市工程项目通常作为城市重大项目开展专项处理,以规划方案研究或者修建性详细规划编制等形式落实海绵城市控制要求。

1)建设项目海绵城市目标取值计算表。

建设项目海绵城市目标取值计算表是项目业主和设计单位对照《武汉市海绵城市规划技术导则》和《武汉市海绵城市专项规划》,综合考虑项目场地用地性质、汇水分区、排水分区、内涝风险、面源污染以及区域海绵城市指标等因素,通过核算确定的建设项目海绵城市控制目标取值结果(图 11-3)。

项目名称:＿＿＿＿＿＿＿＿＿＿＿

指标类型	序号	指标名称	影响因素			目标值
强制性	1	年径流总量控制率	排水分区管控基准值	用地性质	建设阶段	
					新建□	
					改造□	
	2	峰值径流系数	—			
	3	面源污染削减率	—			
	4	可渗透硬化地面占比	≥40%			
	5	雨水管网设计暴雨重现期(年)	—			
引导性	6	新建项目下凹式绿地(含水体)率	≥25%			
	7	新建项目景观水体利用雨水的补水量占水体蒸发量的比例	≥60%			
	8	新建项目中高度不超过30m的平屋面软化屋面率	100%			

设计单位签章:　　　　　　　　　　　　建设单位签章:

图 11-3　建设项目海绵城市目标取值计算表样表

《建设工程海绵城市目标取值计算表》中指标包括强制性和引导性两类,按照国家、省、市相关文件要求,强制性指标对应必须实现的约束性目标,引导性指标对应建议实现的鼓励性目标。

强制性指标包括:

①源头控制类指标:年径流总量控制率、峰值径流系数、面源污染削减率、可渗透硬化地面占比。

②过程控制类指标：雨水管网设计暴雨重现期（城市排水工程标准）。

引导性指标包括：下凹式绿地率、生态用水总量比、绿色屋顶率。

建设项目海绵城市目标取值计算表涵盖了项目场地的水量与水质控制目标、常用源头设施工程目标。指标体系相对完整，兼顾海绵城市约束与鼓励目标，可操作性和实用性较强。

2）下垫面分类及布局图。

下垫面分类及布局图要求设计单位将现状下垫面分为屋面、路面及铺装、绿地、水面等4种类型，每类下垫面按照建设方式和结构特征再做细化分类。如按照基质层厚度对绿化屋面进行分类，按照铺装材料不同对路面和广场进行分类（图11-4）。

建设方正下垫面分类统一览表

下垫面类别		图例	面积/m²	
			硬化面积	非硬化面积
屋面(W)	绿地屋面（绿色屋顶，基质层厚度≥300mm）	WM-1	0	0
	绿地屋面（绿色屋顶，基质层厚度<300mm）	WM-2	0	3989
	硬屋面、未铺石子的平屋面	WM-3	4428	0
	铺石子的平屋面	WM-4	0	0
路面及铺装	混凝土或沥青路面及广场	LP-7	3322	0
	大块石等铺砌路面及广场	LP-8	0	0
	沥青表面处理的碎石路面及广场	LP-9	0	0
	级配碎石路面及广场	LP-10	0	0
	平砌砖或碎石路面及广场	LP-5	0	0
	非铺砌的土路面	LP-6	0	0
	非植草类透水铺装（工程透水层厚度≥300mm）	LP-7	0	8890
	非植草类透水铺装（工程透水层厚度<300mm）	LP-8	0	0
	植草类透水铺装（工程透水层厚度≥300mm）	LP-9	0	0
	植草类透水铺装（工程透水层厚度<300mm）	LP-10	0	0
绿地(G)	无地下建筑绿地	LD-1	—	3347
	有地下建筑绿地（地下建筑覆土厚度≥500mm）	LD-2	—	5542
	有地下建筑绿地（地下建筑覆土厚度<500mm）	LD-3	—	0
水面(ST)	水面	ST	—	0
合计			7750	21768

图11-4　下垫面分类布局图样图

下垫面分类及布局图结合城市用地现状或者用地规划特征，明确了场地内可开展海绵设施建设的下垫面空间，为建设项目海绵城市目标取值计算表的工程设计与工程量核算提供了依据。

3）海绵设施分布总图。

综合建设项目海绵城市目标取值计算表与下垫面分类及布局图的设计成果，设计单位需要进一步细化海绵设施的平面布局和详细设计参数，编制海绵设施分布总图（图11-5）。

海绵设施分布总图中应明确海绵设施的分布位置、建设面积、雨水调蓄深度和容积等内容。

4）场地竖向及径流路径设计图。

场地竖向及径流路径设计图要求设计单位按照海绵设施的布局特征，合理控制场地竖向，确保雨水按照最合理的路径汇入海绵设施做滞蓄和排泄处理，设计单位应对场地做充分踏勘,按照工程最优和因地制宜的原则,设计场地竖向和雨水径流路径(图11-6)。

海绵设施蓄水容积汇总表	
海绵设施编号	蓄水容积/m³
01	80
02	75
03	40
04	40
05	50
06	25
07	25
08	25
合计	360

编号	01
绿化面积/m²	797
海绵设施面积/m²	533
平均有效深度/m	0.15
有效容积/m³	80

编号	08
绿化面积/m²	383
海绵设施面积/m²	167
平均有效深度/m	0.15
有效容积/m³	25

编号	07
绿化面积/m²	207
海绵设施面积/m²	167
平均有效深度/m	0.15
有效容积/m³	25

编号	06
绿化面积/m²	293
海绵设施面积/m²	167
平均有效深度/m	0.15
有效容积/m³	25

编号	02
绿化面积/m²	676
海绵设施面积/m²	175
平均有效深度/m	0.2
有效容积/m³	15

编号	03
绿化面积/m²	346
海绵设施面积/m²	267
平均有效深度/m	0.15
有效容积/m³	40

编号	04
绿化面积/m²	346
海绵设施面积/m²	267
平均有效深度/m	0.15
有效容积/m³	40

编号	05
绿化面积/m²	276
海绵设施面积/m²	200
平均有效深度/m	0.25
有效容积/m³	50

图11-5 海绵设施分布总图样图

图例

➡ 雨水径流流向

注意事项:
1.小区内部道路设置为单面坡,坡向邻近绿化带;
2.地下车库出入口位置注意设置反坡,防止雨水进入车库;
3.雨水应按径直方向所示,经海绵设置处理后外撑;
4.内部道路径流优先经由两侧绿化后汇入排水管网。

图11-6 场地竖向及径流路径设计图样图

至此,海绵城市工程项目从规划要求落地到控制指标核算,再到工程设计等工作已全部完成。

5)建设项目海绵城市专项设计方案自评表。

建设项目海绵城市专项设计方案自评表是海绵城市工程项目方案审查和规划备案的重要依据,分为单项指标自评和综合指标自评,项目自评制度是规划管控的重要环节,建设项目海绵城市专项设计方案自评表作为该环节的重要依据,应确保自评结果真实可信,应按照《武汉市海绵城市规划技术导则》规定的评价方法和参数取值进行评价,不得弄虚作假。宜采用数学模型进行模拟评价,应在专项设计文件中增加模型模拟的相关说明。建设项目海绵城市专项设计方案自评表样表见图11-7。

项目名称：_____

				指标		备注
下垫面解析				项目用地总面积/m²		
	屋面			总面积/m²		
		软化屋面		屋面绿化面积/m²		
				其他软化屋面面积/m²		
	硬化地面			总面积/m²		
		可渗透硬化地面		可渗透机动车道路面积/m²		
				植草砖铺装面积/m²		
				其他渗透铺装面积/m²		
	绿化地面及水体			总面积/m²		
		下凹式绿地		水体面积/m²		
				生物滞留设施面积/m²		
				雨水花园面积/m²		
				其他下凹式绿地面积/m²		
专门设施核算	蓄水设施			总容积/m³		
				地下蓄水设施蓄水容积/m³		
				雨水桶蓄水容积/m³		
				下凹式绿地可蓄水容积/m³		
	排水设施			雨水管网设计重现期/年		
				有无独立污水管网	有□　无□	
用地竖向控制	地下建筑			户外出入口挡水设施高度/m		
	内部场平			高于相临城市道路的高度/m		
	地面建筑			室内外正负零高差/m		

		评价指标	目标值	完成值
综合评价	控制性	年径流总量控制率/%		
		峰值径流系数		
		硬化地面中可透水地面面积占比/%		
		污染物削减率(以 TSS 计)/%		
	引导性	下凹式绿地率/%		
		雨水资源化利用量占其绿化浇洒、道路冲洗和其他生态用水总量比/%		
		软化屋面率/%		

设计单位签章：　　　　　　　　　　　　建设单位签章：

图 11-7　建设项目海绵城市专项设计方案自评表样表

11.5.3.2 立项可研及初步设计审查要点

海绵城市工程项目在可研与初步设计审批阶段,发改部门应要求项目方案中增加针对海绵工程的经济技术论证和工程概算,并对方案的生态经济效益、工程概算完整性与准确性进行审查,审查要求如下:

(1)可行性研究审批

海绵城市工程项目可行性研究报告审查主要内容包括:

1)项目建设规模、主要建设内容是否合理;

2)项目总投资估算和资金来源落实情况;

3)社会效益和经济效益分析;

4)项目招投标方式与组织形式;

5)项目建设周期及工程进度安排。

重大项目还需要根据项目情况组织开展可行性研究报告专家评审,通过可行性研究报告审批,发改部门主要从经济和技术两个方面落实海绵城市建设要求。

(2)初步设计审批

海绵城市工程项目初步设计文件审查主要内容包括:

1)是否符合城市规划的要求,抽查规划设计文件;

2)技术方案合理性是否达到国家和地方行业标准要求的深度,组织行业专家进行审查或评审,形成书面意见;

3)工程概算准确性。

11.5.3.3 施工图审查要点

施工图设计阶段海绵城市专项审查主要是审查项目中海绵城市相关的内容是否满足相关规范和标准的要求,本阶段的海绵城市审查主要从落实方案阶段意见情况、项目径流组织、海绵设施合规性和目标复核等方面进行,本阶段审查直至满足要求时才予以出具海绵城市专项审查意见单。具体的审查要点和方法如下:

1)落实方案阶段意见情况。主要复核施工图阶段是否落实方案设计阶段的审查意见以及修改情况。

2)径流组织是否合理。根据场地布局、竖向、排水管网等判断径流组织是否合理。

3)设施合规性审查。参照海绵城市相关规范和标准,复查选用海绵设施的大样、基础参数等是否满足规范和标准的要求。

4)目标复核。根据本次方案和设施结构,具体核算项目的建设目标。

11.5.3.4 竣工验收要点

海绵城市竣工验收阶段由建设单位组织设计、施工、监理等单位对工程范围内海绵设施进行专项验收,对海绵城市工程施工质量进行约束和把控,验收要点如下:

1) 工程是否已完成设计及合同约定的全部施工内容；

2) 施工过程的各个环节，是否根据设计方案进行检验，确保施工的质量；

3) 工程质量符合工程建设强制性标准和设计文件要求；

4) 工程竣工验收报告中是否写明海绵城市相关工程措施的落实情况。

11.5.4　海绵城市规划实施管控问题及建议

全国海绵城市建设虽然已经开展多年，但是目前仍存在认识不足、相关人才缺乏、各专业配合度不高等问题，从近年来的审查经验中认识到，目前相关规划设计行业对其相关专业融入海绵理念的理解不到位，导致出现一些典型的不符合海绵城市理念的设计方案。

（1）竖向设计不合理

例如：绿地竖向高于道路和广场地面高程，雨水径流路径受阻，溢流口齐平甚至低于周边绿化带，多余绿地没有客水接入、处理雨水的设施较为狭隘，等等。为此建议，绿地尽可能采用下凹式绿地，周边雨水通过调整竖向尽量坡向绿地，雨水溢流口设置应使得雨水先滞蓄后溢流。

（2）海绵设施选用不适宜

例如：地质灾害、重污染区域选用渗透设施，水源保护区未设雨水径流拦截措施，地块项目海绵设施选用较为单一，等等。为此建议，属于地质灾害易发区、重污染源区、地下水位较高区域，严禁采用渗透设施；通过经济性和适宜性分析，尽量选择多类型的海绵设施。

（3）海绵设施设计不符合规范

例如：与硬化下垫面相邻的渗透设施未做防渗处理，过滤型生物滞留设施底部未设置收集管，等等。

由于不同的城市建设发展水平不同，因此在建设海绵城市的过程中，必须因地制宜、有的放矢，深入了解当地的自然环境、地形地貌特征、城市建设规划等相关信息，深入贯彻海绵城市建设理念，并将其与当地实际进行有机结合，采取相应的措施予以落实：老城区以问题为导向，重点解决城市内涝、雨水收集利用、黑臭水体治理等现状问题，合理确定海绵城市建设方式和规划指标，结合城镇棚户区改造、老旧小区有机更新等推进海绵城市建设；城市新区、各类园区、成片开发区要以目标为导向，优先保护自然生态本底，合理控制开发强度，全面落实海绵城市建设要求；海绵城市设施的设计必须参照相关规范和图集的要求。针对审查中出现的上述问题，建议审查人员应先与设计单位沟通，令其修改后再次报审。

11.6　海绵城市规划实施评估

《中华人民共和国城乡规划法》明确要求将规划实施情况的评估作为总规层面城乡规划修改的基本步骤，随后又进一步制定了规划评估工作的具体操作办法。我国的国土空间规划体制改革也进一步强调了规划实施评估的重要作用，并将国土空间规划实施评估作为国土空间规划编制的例行任务之一。

当前我国开展的规划实施评估工作主要在总规层面进行，对规划实施评估工作发展的研究也集中在空间规划层面。自 2013 年以来，全国掀起了研究海绵城市的浪潮，部分城市也结合实际工作进行了创新性探索。2016 年，国家印发《海绵城市专项规划编制暂行规定》，指导各地的规划编制工作，随后全国各地开展了大量的海绵城市建设专项规划编制，在我国空间规划体系重构的大背景下，关于海绵城市专项规划实施评估体系构建的研究，目前处于起步阶段，主要通过绩效考核、成效评估等工作形式开展探索。

11.6.1 规划实施评估的目的及意义

目前我国的规划实施评估工作，主要作为规划修编的必要程序而组织开展，在规划体系改革前，对总规的实施情况进行分析、评价、检讨，一直是过去开展城市总体规划修编的基础性支撑工作。而在国务院发布的指导意见中早已明确了海绵城市建设的 2020 年和 2030 年两个近远期时间节点，要求 2030 年 80% 以上的城市建成区实现海绵城市目标。因而对海绵城市建设专项规划的实施评估应聚焦于指导实施层面的工作不断提升完善，而并非仅着眼于支撑规划成果版本的迭代修订。

对海绵城市建设专项规划开展实施情况评估的主要意义体现在以下 3 个方面：

1）及时发现规划实施中存在的问题与难点，并提出解决建议，进一步提高相关规划管理工作与政府决策的科学性，为海绵城市由试点建设迈入常态化建设的新时期提供工作思路。

2）了解规划在空间管控上的成效，可以为国土空间规划中涉水、涉绿空间相关内容的编制提供支撑。

3）随着国家对海绵城市建设的要求与评价标准更明确，既有海绵城市建设专项规划的适应性急需科学评估，从而促进规划目标的实现。

11.6.2 海绵城市绩效评价与考核

在目前海绵城市专项规划实施评估体系尚未有统一标准的前提下，国家印发了用于海绵城市绩效评价与考核工作的相关指导性文件：

2015 年 7 月，住房城乡建设部印发《海绵城市建设绩效评价与考核办法（试行）》（建办城函〔2015〕635 号）（以下简称《办法》），要求各省市结合实际，在推进海绵城市建设中参照执行。

《办法》将海绵城市建设绩效评价与考核分为 3 个阶段：

（1）城市自查

海绵城市建设过程中，各城市应做好降雨及排水过程监测资料、相关说明材料和佐证材料的整理、汇总和归档，按照海绵城市建设绩效评价与考核指标做好自评，配合做好省级评价与部级抽查。

（2）省级评价

省级住房城乡建设主管部门定期组织对本省内实施海绵城市建设的城市进行绩效评价与考核，可委托第三方依据海绵城市建设评价考核指标及方法进行。绩效评价与考核结束后，将结果报送住房城乡建设部。

（3）部级抽查

住房城乡建设部根据各省上报的绩效评价与考核情况，对部分城市进行抽查。

《办法》规定的海绵城市建设绩效评价与考核指标分为水生态、水环境、水资源、水安全、制度建设及执行情况、显示度 6 个类别共 18 项指标，具体内容见表 11-1。

表 11-1　　　　　　　　海绵城市建设绩效评价与考核指标（试行）

类别	项	指标	要求	方法	性质
一、水生态	1	年径流总量控制率	当地降雨形成的径流总量，达到《海绵城市建设技术指南》规定的年径流总量控制要求。在低于年径流总量控制率所对应的降雨量时，海绵城市建设区域不得出现雨水外排现象	根据实际情况，在地块雨水排放口、关键管网节点安装观测计量装置及雨量监测装置，连续（不少于一年、监测频率不低于 15 分钟/次）进行监测；结合气象部门提供的降雨数据、相关设计图纸、现场勘测情况、设施规模及衔接关系等进行分析，必要时通过模型模拟分析计算	定量（约束性）
	2	生态岸线恢复	在不影响防洪安全的前提下，对城市河湖水系岸线、加装盖板的天然河渠等进行生态修复，达到蓝线控制要求，恢复其生态功能	查看相关设计图纸，规划，现场检查等	定量（约束性）
	3	地下水位	年均地下水潜水位保持稳定，或下降趋势得到明显遏制，平均降幅低于历史同期。年均降雨量超过 1000mm 的地区不评价此项指标	查看地下水、潜水水位监测数据	定量（约束性，分类指导）
	4	城市热岛效应	热岛强度得到缓解。海绵城市建设区域夏季（按 6—9 月）日平均气温不高于同期其他区域的日均气温，或与同区域历史同期（扣除自然气温变化影响）相比呈现下降趋势	查阅气象资料，可通过红外遥感监测评价	定量（鼓励性）

续表

类别	项	指标	要求	方法	性质
二、水环境	5	水环境质量	不得出现黑臭现象。海绵城市建设区域内的河湖水系水质不低于《地表水环境质量标准》Ⅳ类标准,且优于海绵城市建设前的水质。当城市内河水系存在上游来水时,下游断面主要指标不得低于来水指标	委托具有计量认证资质的检测机构开展水质检测	定量(约束性)
			地下水监测点位水质不低于《地下水质量标准》Ⅲ类标准,或不劣于海绵城市建设前	委托具有计量认证资质的检测机构开展水质检测	定量(鼓励性)
	6	城市面源污染控制	雨水径流污染、合流制管渠溢流污染得到有效控制。雨水管网不得有污水直接排入水体;非降雨时段,合流制管渠不得有污水直排水体;雨水直排或合流制管渠溢流进入城市内河水系的,应采取生态治理后入河,确保海绵城市建设区域内的河湖水系水质不低于地表Ⅳ类	查看管网排放口,辅助以必要的流量监测手段,并委托具有计量认证资质的检测机构开展水质检测	定量(约束性)
三、水资源	7	污水再生利用率	人均水资源量低于500m³和城区内水体水环境质量低于Ⅳ类标准的城市,污水再生利用率不低于20%。再生水包括污水经处理后,通过管道及输配设施、水车等输送用于市政杂用、工业农业、园林绿地灌溉等用水,以及经过人工湿地、生态处理等方式,主要指标达到或优于地表Ⅳ类要求的污水厂尾水	统计污水处理厂(再生水厂、中水站等)的污水再生利用量和污水处理量	定量(约束性,分类指导)
	8	雨水资源利用率	雨水收集并用于道路浇洒、园林绿地灌溉、市政杂用、工农业生产、冷却等的雨水总量(按年计算,不包括汇入景观、水体的雨水量和自然渗透的雨水量),与年均降雨量(折算成毫米数)的比值;或雨水利用量替代的自来水比例等。达到各地根据实际确定的目标	查看相应计量装置、计量统计数据和计算报告等	定量(约束性,分类指导)

续表

类别	项	指标	要求	方法	性质
三、水资源	9	管网漏损控制	供水管网漏损率不高于12%	查看相关统计数据	定量（鼓励性）
四、水安全	10	城市暴雨内涝灾害防治	历史积水点彻底消除或明显减少，或者在同等降雨条件下积水程度显著减轻。城市内涝得到有效防范，达到《室外排水设计规范》规定的标准	查看降雨记录、监测记录等，必要时通过模型辅助判断	定量（约束性）
	11	饮用水安全	饮用水水源地水质达到国家标准要求：以地表水为水源的，一级保护区水质达到《地表水环境质量标准》Ⅱ类标准和饮用水水源补充、特定项目的要求，二级保护区水质达到《地表水环境质量标准》Ⅲ类标准和饮用水水源补充、特定项目的要求。以地下水为水源的，水质达到《地下水质量标准》Ⅲ类标准的要求。自来水厂出厂水、管网水和龙头水达到《生活饮用水卫生标准》的要求	查看水源地水质检测报告和自来水厂出厂水、管网水、龙头水水质检测报告。检测报告须由有资质的检测单位出具	定量（鼓励性）
五、制度建设及执行情况	12	规划建设管控制度	建立海绵城市建设的规划（土地出让、两证一书）、建设（施工图审查、竣工验收等）方面的管理制度和机制	查看出台的城市控详规、相关法规、政策文件等	定性（约束性）
	13	蓝线、绿线划定与保护	在城市规划中划定蓝线、绿线并制定相应管理规定	查看当地相关城市规划及出台的法规、政策文件	定性（约束性）
	14	技术规范与标准建设	制定较为健全、规范的技术文件，能够保障当地海绵城市建设的顺利实施	查看地方出台的海绵城市工程技术、设计施工相关标准、技术规范、图集、导则、指南等	定性（约束性）
	15	投融资机制建设	制定海绵城市建设投融资、PPP管理方面的制度机制	查看出台的政策文件等	定性（约束性）

类别	项	指标	要求	方法	性质
五、制度建设及执行情况	16	绩效考核与奖励机制	1. 对于吸引社会资本参与的海绵城市建设项目，须建立按效果付费的绩效考评机制，与海绵城市建设成效相关的奖励机制等； 2. 对于政府投资建设、运行、维护的海绵城市建设项目，须建立与海绵城市建设成效相关的责任落实与考核机制等	查看出台的政策文件等	定性（约束性）
	17	产业化	制定促进相关企业发展的优惠政策等	查看出台的政策文件、研发与产业基地建设等情况	定性（鼓励性）
六、显示度	18	连片示范效应	60%以上的海绵城市建设区域达到海绵城市建设要求，形成整体效应	查看规划设计文件、相关工程的竣工验收资料。现场查看	定性（约束性）

根据考核对象、考核目的和考核内容的不同，可将绩效考核分为绩效评价与工作考核两种类型：

绩效评价的主要考核对象为海绵城市建设的区域成效，适用于城市人民政府自评。考核目的是明晰海绵城市各类、各项指标的实现程度，考核内容主要是《办法》中规定的水生态、水环境、水资源、水安全、制度建设及执行情况、显示度6个方面，整体以定量评估为主、定性评估为辅；工作考核的对象主要为辖区内各级人民政府，主要针对海绵城市组织规划协调、公众和建设推进情况展开，作为城市人民政府评价下级海绵城市建设工作开展情况的依据。

2016年5月，住房城乡建设部、水利部、财政部印发《关于开展中央财政支持海绵越市建设试点年度绩效评价工作的通知》（建办城函〔2016〕449号），要求对第一批16个海绵城市试点工作年度落实情况进行评价。

在各试点城市自查基础上，有关省（自治州、直辖市）住房城乡建设部门会同水利、财政部门组织对试点城市开展省级绩效自评工作，而住房城乡建设部会同有关部门负责具体实施年度绩效评价工作，年度绩效评价指标主要包括海绵城市建设专项规划、海绵城市建设试点做法及成效、财政资金使用和管理、创新模式4个方面，具体内容见表11-2。

表 11-2　　　　　　　　　　　　　　海绵城市 2016 年度绩效评价指标

类别	评价指标	分值	要点
一	海绵城市建设专项规划	20	按照国办发〔2015〕75 号文件要求,在摸清现状(老城区现状问题清晰,易涝点、黑臭水体等分布位置明晰,定性与定量分析准确;新城区生态本底状况清楚)基础上,完成《海绵城市建设专项规划》,明确"2020 年城市建成区 20% 以上的面积达到海绵城市目标要求"(8 分) 水生态、水环境、水资源、水灾害治理等各项具体指标明确、清晰,充分体现"小雨不积水、大雨不内涝、水体不黑臭、热岛有缓解"的要求(4 分) 坚持问题导向和目标导向,技术路线因地制宜、思路清晰;总体布局合理,系统谋划,各类海绵城市建设措施统筹协调,综合施策;自然生态功能和人工工程措施并重,各类海绵城市建设措施统筹协调,体现"源头削减、过程控制系统治理",具有系统性、整体性、完整性(8 分)
二	海绵城市建设试点做法及成效	20	项目的设计和建设符合海绵城市建设的理念、专项规划和技术标准,任务安排充分体现轻重缓急、近远结合,针对性强,能解决问题,防止避重就轻;避免出现 LID 措施打补丁、为海绵而海绵、过度工程化、过度依赖末端治理措施等(15 分) 建立保障海绵城市建设的规划建设管控、区域雨水排放管理、蓝线和绿线管理、河湖水系保护与管理制度、财务管理、标准规范及图集、城市防洪和排水防涝应急管理等方面的制度(5 分)
		10	国办发〔2015〕75 号文件确定的各类措施协调推进,已完成海绵化改造与建设的项目区域具有连片效应,《关于批复 2015 年中央财政支持海绵城市建设试点实施计划的通知》(财建〔2015〕896 号)确定的试点区域内各项目标易涝点及水体黑臭现象得到明显改善(4 分) 海绵城市建设工程形象进度满足试点三年实施计划的进度要求,并按已实施区域面积占试点区域总面积比例得分(6 分)
三	财政资金使用和管理	15	资金下达及时,使用安全,管理规范(得 15 分); 资金下达不及时,执行率在 70%～90%,管理和使用情况符合规范且未对试点工作造成严重影响(得 7 分) 资金下达不及时,执行率低于 70%,管理和使用情况不规范,影响试点工作推进,不得分并按有关规定处理

续表

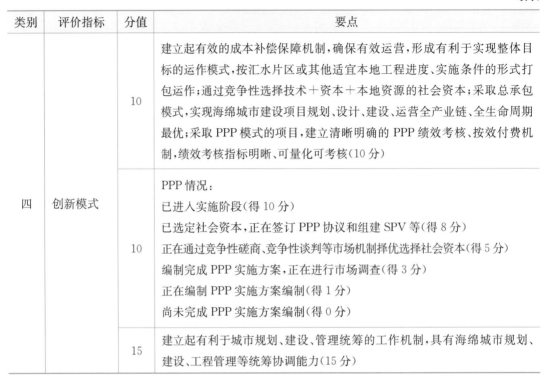

类别	评价指标	分值	要点
四	创新模式	10	建立起有效的成本补偿保障机制,确保有效运营,形成有利于实现整体目标的运作模式,按汇水片区或其他适宜本地工程进度、实施条件的形式打包运作;通过竞争性选择技术＋资本＋本地资源的社会资本;采取总承包模式,实现海绵市建设项目规划、设计、建设、运营全产业链、全生命周期最优;采取PPP模式的项目,建立清晰明确的PPP绩效考核、按效付费机制,绩效考核指标明晰、可量化可考核(10分)
		10	PPP情况: 已进入实施阶段(得10分) 已选定社会资本,正在签订PPP协议和组建SPV等(得8分) 正在通过竞争性磋商、竞争性谈判等市场机制择优选择社会资本(得5分) 编制完成PPP实施方案,正在进行市场调查(得3分) 正在编制PPP实施方案编制(得1分) 尚未完成PPP实施方案编制(得0分)
		15	建立起有利于城市规划、建设、管理统筹的工作机制,具有海绵城市规划、建设、工程管理等统筹协调能力(15分)

11.6.3 海绵城市建设评价标准

随着第一批海绵城市试点城市陆续迎来终期考核评估,2018年12月,住房城乡建设部公布《海绵城市建设评价标准》(GB/T 51345—2018)(以下简称《评价标准》),该标准自2019年8月1日起实施。

《评价标准》分为总则、术语、基本规定、评价内容、评价方法及附录5部分内容,对海绵城市建设的评价内容、评价方法等作了规定。《评价标准》适用于海绵城市建设效果评价,评价对象为城市。

《评价标准》进一步明确了海绵城市建设的宗旨:保护山水林田湖草等自然生态格局,维系生态本底的渗透、滞蓄、蒸发(腾)、径流等水文特征的原真性,保护和恢复降雨径流的自然积存、自然渗透、自然净化。《评价标准》同时规定了海绵城市建设的技术路线与方法:应按照源头减排、过程控制、系统治理理念系统谋划,因地制宜、灰绿结合,采用渗、滞、蓄、净、用、排等方法综合施策。

《评价标准》明确提出海绵城市建设的评价应以城市建成区为评价对象,对建成区范围内的源头减排项目、排水分区及建成区整体的海绵效应进行评价,按排水分区为单元进行统计评价结果(达标的城市建成区面积占城市建成区总面积比例),明确应从项目建设与实施的有效性、能否实现海绵效应等方面来评价海绵城市建设效果。

　　《评价标准》中海绵城市建设的评价内容包括 7 项,由考核内容和考查内容组成,达到标准要求的城市建成区应满足所有考核内容的要求,考查内容应进行评价但结论不影响评价结果的判定,其中评价内容与要求中的年径流总量控制率及径流体积控制、源头减排项目实施有效性、路面积水控制与内涝防治、城市水体环境质量、自然生态格局管控与水体生态性岸线保护应为考核内容,地下水埋深变化趋势、城市热岛效应缓解应为考查内容,各项指标具体评价内容及要求见表 11-3。

表 11-3　　　　　　　　　　　　　《评价标准》内容与要求

评价内容		评价要求
一、年径流总量控制率及径流体积控制		1. 新建区:不得低于"我国年径流总量控制率分区图"所在区域规定下限值,及所对应的计算的径流体积。 2. 改建区:经技术经济比较,不宜低于"我国年径流总量控制率分区图"所在区域规定下限值,及所对应的计算的径流体积
二、源头减排项目实施有效性	建筑小区	1. 年径流总量控制率及径流体积控制:新建项目不应低于"我国年径流总量控制率分区图"所在区域规定下限值及所对应的计算的径流体积;改建项目经技术经济比较,不宜低于"我国年径流总量控制率分区图"所在区域规定下限值及所对应的计算的径流体积;或达到相关规划的管控要求。 2. 径流污染控制:新建项目年径流污染物总量(以 SS 计)削减率不宜小于 70%,改扩建项目年径流污染物总量(以 SS 计)削减率不宜小于 40%;或达到相关规划的管控要求。 3. 径流峰值控制:雨水管渠及内涝防治设计重现期下,新建项目外排径流峰值流量不宜超过开发建设前原有径流峰值流量,改扩建项目外排径流峰值流量不得超过更新改造前原有径流峰值流量。 4. 新项目硬化地面率不宜大于 40%;改扩建项目不应大于改造前原有硬化地面率,且不宜大于 70%
二、源头减排项目实施有效性	道路、停车场及广场	1. 道路:应按照规划设计要求进行径流污染控制,对具有防捞行泄通道功能的道路。 2. 停车场与广场: 1)年径流总量控制率及径流体积控制:新建项目不应低于"我国年径流总量控制率分区图"所在区域规定下限值及所对应的计算的径流体积;改建项目经技术经济比较,不宜低于"我国年径流总量控制率分区图"所在区域规定下限值及所对应的计算的径流体积。 2)径流污染控制:新建项目年径流污染物总量(以 SS 计)削减率不宜小于 70%,改扩建项目年径流污染物总量(以 SS 计)削减率不宜小于 40%。 3)径流峰值控制:雨水管渠及内涝防治设计重现期下,新建项目外排径流峰值流量不宜超过开发建设前原有径流峰值流量,改扩建项目外排径流峰值流量不得超过更新改造前原有径流峰值流量

续表

评价内容		评价要求
二、源头减排项目实施有效性	公园与防控绿地	1. 新建控制的径流体积不得低于年径流总量控制率90%对应计算的径流体积,改建项目经技术经济比较,控制的径流体积不宜低于年径流总量控制率90%对应计算的径流体积。 2. 应按照规划设计要求接纳周边区域降雨径流
三、路面积水控制与内涝防治		1. 灰色设施与绿色设施应合理衔接,应发挥绿色设施滞峰、错峰、削峰的作用。 2. 雨水管渠设计重现期对应的降雨情况下,不应有积水现象。 3. 内涝防治设计重现期对应的降雨情况下,不得出现内涝
四、城市水体环境质量		1. 灰色设施与绿色设施应合理衔接,应发挥绿色设施控制径流污染与合流制溢流污染及水质净化等作用。 2. 旱天无污水、废水直排。 3. 控制雨天分流制雨污混接污染和合流制溢流污染,并不得使所对应的收纳水体出现黑臭,或雨天分流制雨污混接排放口和合流制溢流排放口的年溢流体积控制率不应小于50%,且处理设施SS排放浓度的月平均值不应大于50mg/L。 4. 水体不黑臭:透明度应大于25cm(水深小于25cm时,该指标按水深的40%取值),溶解氧应大于2.0mg/L,氧化还原电位应大于50mV,氨氮应小于8.0mg/L。 5. 不应劣于海绵城市建设前的水质;河流水系存在上游来水时,旱天下游断面水质不宜劣于上游来水水质
五、自然生态格局管控与水体生态性岸线保护		1. 城市开发建设前后天然水域总面积不宜减少,保护并最大程度恢复自然地形地貌和山水格局,不得侵占天然行洪通道、洪泛区和湿地、林地、草地等生态敏感区;或应达到相关规划的蓝线绿线等管控要求。 2. 城市规划区内除码头等生产性岸线及必要的防洪岸线外,新建、改建、扩建城市水体的生态性岸线率不宜小于70%
六、地下水埋深变化趋势		年均地下水(潜水)水位下降趋势应达到遏制
七、城市热岛效应缓解		夏季按6—9月的城郊日平均温差与历史同期(扣除自然气温变化影响)相比应呈下降趋势

11.6.4 海绵城市年度评估工作

国家完成海绵城市试点建设后,已连续3年(2019—2021年)开展年度海绵城市建设评估工作,并形成评估成果——海绵城市建设自评估报告。

以2020年为例,2020年4月,住房城乡建设部办公厅印发了《关于开展2020年度海绵城市建设评估工作的通知》(建办城函〔2020〕179 号)要求,为落实系统化全域推进海绵城市建设的工作部署,要求各省所有设市城市,以排水分区为单元,对照《海绵城市建设评价标准》(GB/T 51345—2018),从自然生态格局管控、水资源利用、水环境治理、水安全保障等 4 类 10 项指标对海绵城市建设成效进行自评估,具体评估内容见表 11-4。

表 11-4 **2020 年海绵城市建设年度评估内容**

评估内容	评估指标	评估要求	适用范围
自然生态格局管控	天然水域面积变化率	海绵城市建设前后天然水域面积不宜减少或应达到相关规划的蓝线、绿线等管控要求,保护并最大程度恢复自然地形地貌和山水格局,不得侵占天然行洪通道、洪泛区和湿地、林地、草地等生态敏感区	所有城市
	年径流总量控制率	新建区的雨水年径流总量控制率不得低于所在区域规定下限值。其中,新建建筑、小区项目的雨水年径流总量控制率不得低于所在区域规定下限值,改扩建建筑、小区项目外排径流峰值流量不得超过更新改造前原有径流峰值流量;新建停车场与广场项目的雨水年径流总量控制率不得低于所在区域规定下限值;新建公园与防护绿地项目的雨水年径流总量控制率不得低于所在区域规定下限值,应按照规划设计要求接纳周边区域降雨径流	所有城市
	可透水地面面积比例	新建项目硬化地面率不宜大于 40%;改扩建项目硬化地面率不应大于改造前原有硬化地面率,且不宜大于 70%	各地可结合实际选用
水资源利用	雨水资源化利用率	提高建筑与小区的雨水积存和蓄滞能力,推行道路与广场雨水的收集、净化和利用,鼓励将收集和处理后的雨水用于河道生态补水	缺水城市
	污水再生利用率	推动污水再生利用,鼓励将城市污水处理厂再生水、分散污水处理设施尾水用于河道生态补水	缺水城市
	地下水埋深变化量	年均地下水(潜水)水位下降趋势得到遏制。海绵城市建设后地下水(潜水)水位的年平均降幅,应小于海绵城市建设前的地下水(潜水)水位年平均降幅,或者海绵城市建设后地下水(潜水)水位上升	北方缺水城市
水环境治理	黑臭水体消除比例	水体不得出现黑臭现象,且水质不应劣于海绵城市建设前的水质。水体不黑臭要求:透明度应大于 25cm(水深小于 25cm 时,该指标按水深的 40% 取值),溶解氧应大于 2.0mg/L,氧化还原电位应大于 50mV,氨氮应小于 8.0mg/L	所有城市
	合流制溢流污染年均溢流频次	雨天分流制雨污混接污染和合流制溢流污染,不得使所对应的受纳水体出现黑臭;或者雨天分流制雨污混接排放口和合流制溢流排放口的年溢流体积控制率均不小于 50%,且处理设施 SS 排放浓度的月平均值不大于 50mg/L	具备监测条件的城市

评估内容	评估指标	评估要求	适用范围
水安全保障	内涝积水点消除比例	采用摄像监测资料查阅、现场观测与模型模拟相结合的方法进行评价	所有城市
	内涝防治标准达标率	在《室外排水设计规范》规定的内涝防治设计重现期对应的暴雨情况下,区域内的建筑底层不进水,道路交通不断行(道路中一条车道的积水深度不超过 15cm)	所有城市

各城市按照《海绵城市建设自评估报告要点》编制自评估报告编制自评估报告,评估报告由各省审核、汇总后报送住房城乡建设部,《海绵城市建设自评估报告要点》由正文及附件两部分组成,正文包括已开展工作和效果评估情况,附件主要是提供支撑海绵城市建设和评估工作的有关材料,具体内容如下:

(1)已开展工作(正文)

1)基本情况。

城市主要特点,在城市水系统方面面临的主要问题,海绵城市建设确定的目标。

2)工作进展。

①海绵城市建设专项规划编制情况和实施进展;

②出台的海绵城市建设相关地方法规、行政规范性文件,海绵城市规划建设管控制度的制定和落实情况;

③划分的排水分区边界、范围、面积等情况;

④海绵城市建设的项目安排、建设进展和投资完成情况;

⑤存在的问题和建议。

(2)效果评估情况(正文)

1)达到标准的排水分区情况。

已达到海绵城市建设要求的排水分区范围、面积,实施的建设项目,按照《海绵城市建设评价标准》(GB/T 51345—2018)中的评价方法,对照附件 2 评估海绵城市建设效果。

2)正在实施海绵城市建设的排水分区情况。

正在实施海绵城市建设的排水分区范围、面积,实施的建设项目,预计完成时间、可达到的指标等。

(3)附件(提供支撑海绵城市建设和评估工作的有关材料)

1)图纸资料。

①城市建成区范围图,开展海绵城市建设效果评估的排水分区范围图,须标明边界和面积;

②达到海绵城市建设要求的排水分区图及其项目分布图；

③正在实施海绵城市建设的排水分区及其项目分布图，并标明项目建设内容、服务区域范围和面积、设计标准、监测数据等；

④海绵城市建设前的易涝点位置图；

⑤城市黑臭水体位置图及最近 1 年的水质监测数据。

2）监测数据。

①开展监测的排水分区范围图、监测点位图，须标明海绵城市建设项目、管网关键节点、受纳水体安装监测设备的位置，或监测分析的采样点位及监测指标；

②各监测点位的水质水量等原始监测数据（支撑各排水分区海绵城市建设评估要求的监测数据应单独列出或标明），数据分析计算方法和必要的说明材料等；

③监测数据分析报告。若有独立的第三方监测报告，也需要提供。

3）文件资料。

①海绵城市建设专项规划；

②海绵城市建设系统化实施方案（如有则提供）；

③海绵城市建设行政规范性文件（包括能够体现将海绵城市建设要求纳入规划管控条件、工程建设审批环节的相关政策制度文件等）；

④海绵城市建设的地方标准；

⑤其他必要的支撑材料。

11.7　海绵城市规划实施与其他规划的衔接

海绵城市建设过程中会涉及城市规划、水系规划、绿地规划、排水防涝规划、道路交通规划、老旧小区改造规划、城市更新规划等多种规划体系，政府作为城市建设的直接责任人，需要统筹协调各类相关规划计划，建立有效的组织管理体系及衔接机制，共同推进海绵城市建设。

《国务院办公厅关于推进海绵城市建设的指导意见》（国办发〔2015〕75 号）明确要求编制城市总体规划、控制性详细规划以及道路、绿地、水等相关专项规划时，要将雨水年径流总量控制率作为其刚性控制指标。

《住房城乡建设部关于印发〈海绵城市专项规划编制暂行规定〉的通知》（建规〔2016〕50号）明确在海绵城市专项规划批准基础上要求出现：

1）编制或修改城市总体规划时，应将雨水年径流总量控制率纳入城市总体规划，将海绵城市专项规划中提出的自然生态空间格局作为城市总体规划空间开发管制要素之一；

2）编制或修改控制性详细规划时，应参考海绵城市专项规划中确定的雨水年径流总量控制率等要求，并根据实际情况，落实雨水年径流总量控制率等指标；

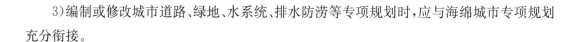

3)编制或修改城市道路、绿地、水系统、排水防涝等专项规划时,应与海绵城市专项规划充分衔接。

11.7.1 海绵城市规划实施与城市规划实施的衔接

11.7.1.1 城市总体规划和分区规划

城市总体规划是指城市人民政府依据国民经济和社会发展规划以及当地的自然环境、资源条件、历史情况、现状特点,统筹兼顾、综合部署,为确定城市的规模和发展方向,实现城市的经济和社会发展目标,合理利用城市土地,协调城市空间布局等所作的一定期限内的综合部署和具体安排,城市总体规划是城市规划编制工作的第一阶段,也是城市建设和管理的依据。城市总体规划涉及海绵城市内容应因地制宜地确定城市年径流总量控制率及其对应的设计降雨量目标,制定城市低影响开发雨水系统的实施策略、原则和重点实施区域,并将有关要求和内容纳入城市水系、排水防涝、绿地系统、道路交通等相关专项(专业)规划。

城市分区规划是指在城市总体规划的基础上,对局部地区的土地利用、人口分布、公共设施、城市基础设施的配置等方面所作的进一步安排,在海绵城市方面,分区规划涉及海绵城市内容应在总体规划的基础上,按低影响开发的总体要求和控制目标,将低影响开发雨水系统的相关内容纳入其分区规划。

城市总体规划和分区规划海绵内容一般是描绘整体性、框架性、长远性的蓝图,侧重于宏观层面的规划目标与指标的确定,从战略的高度明确海绵城市建设的目标和方向,为下层级规划提供规划策略、标准、指标以及重大设施布局等的重要依据与条件,一般不涉及具体内容的实施。

11.7.1.2 城市详细规划

城市详细规划是以总体规划或分区规划为依据,详细安排建设用地的各项控制指标和其他规划管理要求,或者直接对建设项目做出具体的安排和规划设计。

城市详细规划分为控制性详细规划和修建性详细规划两个阶段:

1)控制性详细规划以城市总体规划或分区规划为依据,确定建设地区的土地使用性质和使用强度的控制指标、道路和工程管线控制性位置以及空间环境控制的规划要求。

2)修建性详细规划是以城市总体规划、分区规划或控制性详细规划为依据,用以指导各项建筑和工程设施的设计和施工的规划设计。

城市详细规划海绵城市内容主要是以总规和海绵城市专项规划为依据,划定相关空间控制线,落实低影响开发控制目标与指标,落实涉及雨水渗、滞、蓄、净、用、排等用途的低影响开发设施用地,并结合用地功能和布局,分解和明确各地块单位面积控制容积、下凹式绿地率及其下沉深度、透水铺装率、绿色屋顶率等低影响开发主要控制指标,指导下层级规划设计或地块出让与开发。

海绵城市规划实施过程中,控规主要以表格的形式,为项目建设工作人员提供各类地块的各种海绵控制要求,修规更加详细,一般以具体的建设项目为依据,通过图纸将规划范围内的道路、广场、绿地、建筑物等要素表现出来。

11.7.2　海绵城市规划实施与各类规划计划实施的衔接

11.7.2.1　海绵城市规划实施与城市道路的衔接

城市道路是城市中人流、物流的交通通道,是人们社会生活的主要开放空间,同时也是排水等市政管线的主要敷设载体。传统城市道路面积一般占城市建设用地的 20% 左右,且硬化程度高。城市道路具有产流快、面源污染重的特征,因此城市道路是落实海绵城市的重要组成部分和载体。

道路交通规划在落实海绵城市方面要提出各等级道路海绵城市控制目标,协调道路红线内外用地布局与竖向,在满足道路交通安全等基本功能的基础上,合理安排防护绿带等空间落实海绵城市设施等。

城市道路工程设计时,应按照道路修建性详细规划提出的海绵城市建设控制指标要求,在满足道路、排水、绿化等各专业相关设计规范要求的基础上,充分体现海绵城市设计理念,有序开展路面径流组织设计,协调径流的蓄滞及排放关系。人行道和非机动车道宜采用透水铺装,非机动车道的透水铺装路面除应具有较好的透水、透气性外,还应考虑其抗拉抗压强度,在人行道绿化带、分车带以及红线外绿地内宜设置生物滞留设施,使路面径流先汇入各生物滞留设施。城市道路地表径流(含红线外地表漫流)宜通过有组织地汇流与转输,组织一定量的路面径流从不透水面流向透水面(包括透水路面及绿地),继而进入海绵设施进行蓄滞,同时设置满足相关排水规范要求的雨水管道,并与海绵设施衔接,确保超过海绵设施调蓄容积的径流顺利排放,不影响交通出行需求。上跨式立交区域雨水径流宜通过有组织地汇流与转输,经截流沉淀等预处理后引入绿地内的蓄滞、调节等海绵设施,并与区域内的雨水管渠系统和超标雨水径流排放系统或与雨水回用系统衔接。

城市道路工程施工时,应严格按照规划总图、施工图进行建设,以达到低影响开发控制目标与指标要求;城市道路海绵设施进水口(如开孔路缘石)、溢流口等应按照径流流向控制标高;施工中海绵设施内排水盲管等应按先深后浅的原则与道路工程配合施工,施工中应保护好既有及新建地上杆线、地下管线等建(构)筑物;城市道路海绵设施应采取相应的防渗措施,防止径流雨水下渗对道路路基造成损坏;海绵设施规模、竖向、进水口、溢流式雨水口、绿化种植等关键环节应满足相关施工与质量验收规范要求,验收合格后方能交付使用。

11.7.2.2　海绵城市规划实施与城市绿地的衔接

城市绿地是指以自然植被和人工植被为主要存在形态的城市用地,包含城市建设用地范围内用于绿化的土地和城市建设用地之外对城市生态、景观和居民休闲生活具有积极作用、绿化环境较好的区域。城市绿地是建设海绵城市、构建低影响开发雨水系统的重要场地,可通过识别城市低洼、潜在湿地区域,结合公园布局,综合城市竖向、排水分区等统筹考虑绿地系统自身及周边雨水径流的整体控制,发挥利用大型绿地公园雨水调蓄控制功能。

绿地系统规划应提出不同类型绿地的海绵城市控制目标和指标,确定城市绿地系统低影响开发设施的规模和布局,确保绿地与周边汇水区域有效衔接,应符合园林植物种植及园林绿化养护管理技术要求,合理设置预处理设施,充分利用多功能调蓄调控排放径流雨水等。

城市绿地工程设计时,应在满足相关公园、绿地规范要求基础上,有效发挥其"海绵体"功能,对自身及周边雨水径流进行滞蓄、净化、利用和安全排放。遵循生态优先的基本原则,采用绿色雨水基础设施与灰色基础设施合理衔接,共同实现海绵城市建设目标,可使区域内的径流雨水通过海绵设施有组织地汇流与传输,经截污等预处理后引入绿地。并衔接区域内的雨水管渠系统和超标雨水径流排放系统,但是不应降低城市绿地范围内的雨水排放系统设计降雨重现期标准。绿地公园宜建设为下凹式绿地,防护绿地应根据港渠、道路、高压走廊等不同防护类型,确定是否采用下凹式绿地;公园绿地内的道路、人行道、林荫小道、广场、停车场、庭院应采用透水铺装地面;公园绿地的广场、停车场、地面超渗水应引入周边绿地入渗;公园绿地雨水可采用浅草沟排水;结合公园绿地景观设计,可选择采用雨水花园、景观湖等;公园绿地的雨水宜收集利用;改造项目应根据防护类型、现有植物品种等因素确定具体下凹深度和溢流口顶部与绿地的高差。

城市道路工程施工时,应严格按照规划总图、施工图进行建设,以达到低影响开发控制目标与指标要求;城市绿地与广场中湿塘、雨水湿地等大型海绵设施应建设警示标识和预警系统,保证暴雨期间人员的安全撤离,避免事故的发生;城市园林绿地系统低影响开发雨水系统建设及竣工验收应满足相关绿化工程施工及验收规范要求;对于改扩建的绿化项目,应查明地下原有的水、暖、电气、通信、燃气等配套设施,严禁未经设计确认和有关部门批准擅自拆改。

11.7.2.3 海绵城市规划实施与城市水系的衔接

城市中所具有的河流、湖泊、坑塘都是天然处理雨水滞纳的场地,水系规划应明确水系保护范围,划定水生态敏感区范围并加强保护,确保开发建设后的水域面积应不小于开发前,已破坏的水系应逐步恢复原有的水系。保持城市水系结构的完整性,优化城市河湖水系布局。优化水域、岸线、滨水区及周边绿地布局,明确低影响开发控制指标。规划建设新的水体或扩大现有水体的水域面积,应与低影响开发雨水系统的控制目标相协调,增加的水域宜具有雨水调蓄功能。

城市水系工程设计及实施时,须综合考虑防洪排涝、水资源利用、通航、景观、生态等综合功能。城市水系海绵设计的重点是实现汇水区的排序平衡及水环境质量达标,在满足过流(调蓄)能力、水系形态、水位控制、水质控制等功能性需求的基础上,应重视海绵景观效果,对植物进行合理选型配置;岸线宜建设为生态驳岸,并根据调蓄水位变化选择适应的水生及湿生植物;应充分利用现状自然水体建设湿塘、雨水湿地等具有雨水调蓄功能的海绵设施,湿塘、雨水湿地的布局、调蓄水位、水深等应与城市上游雨水管渠系统和超标雨水径流排放系统及下游水系相衔接;应充分利用城市水系滨水绿化控制线范围内的城市公共绿地,在绿地内建设湿塘、雨水湿地等设施调蓄、净化径流雨水,并与城市雨水管渠的水系入口、经过或穿越水系的城市道路的路面排水口相衔接;滨水绿化控制线范围内的绿化带接纳相邻城市道路等不透水汇水面径流雨水时,应建设为植被缓冲带,以削减径流速和污染负荷。城市水系工程施工时,应严格按照规划总图、施工图进行建设,以达到低影响开发控制目标与指标要求,城市水系工程建设及竣工验收应满足相关绿化工程施工及验收规范要求。对于改扩建的绿化项目,应查明地下原有的水、暖、电气、通信、燃气等配套设施,严禁未经设计确认和有关部门批准擅自拆改。

在城市开发过程中,一定要实施科学有效的手段加强对这些场地的保护,不可对其进行填埋以作他用,对填埋过的水系要予以修复。

11.7.2.4 海绵城市规划实施与建筑小区的衔接

建筑小区作为城市的重要组成部分,将海绵城市建设理念融入建筑小区的建设或改造,对缓解城市内涝、控制雨水径流污染、打造"自由呼吸"的美丽城市有着重要作用。

新建小区海绵设计时应体现源头"自然渗透、自然蓄存、自然净化"的理念,结合小区景观设计、建筑布局、市政设施及雨水景观水体、雨水湿地/雨水塘、广场等调蓄设施,充分利用既有条件。通过合理的竖向设计,让雨水径流尽可能地进入小区绿地等调蓄设施,充分发挥场地内滞留、渗透、拦截、蓄存净化的作用;新建小区海绵化建设应优先考虑雨落管断接方式,将建筑屋面、硬化地面雨水引入周边绿地(如雨水花园、植草沟、雨水下凹式绿地等)进行滞留、净化、下渗回补地下水;新建小区海绵化建设及现状建成小区海绵化改造,在条件允许的情况下,应布置雨水收集设施,对雨水进行收集利用;新建小区海绵化建设及现状建成小区海绵化改造应对无大容量汽车通过的路面、停车场、步行及自行车道改造为渗透性铺装,增加地表透水性能。

老旧小区改造设计时应遵循因地制宜的原则,在尽量利用现有设施条件下进行必要、合理和高效改造。可采取的措施包括雨水管断接、雨水口封堵引流、透水铺装、生物滞留设施建设等。在既有建筑区域改造时,结合不同下垫面类型雨水径流的特点分别对待,对场地雨水实施有效控制;对于屋面雨水径流,采取雨水管断接措施,防止屋面雨水径流直接进入雨水管道,利用建筑物周围的绿带,改造成下凹式绿地或雨水花园、树池、花坛等,雨水经绿化滞、蓄、净后再进入雨水系统;对于路面雨水,采取雨水口封堵引流方式,将雨水口封堵,路缘石开口,路面雨水引入绿地,将绿地进行适量改造,建设植草沟和雨水花园等生物滞留设施,雨水经渗、滞、蓄、净后再进入雨水口;对于建筑屋面,平屋顶或坡度较缓的屋顶,以及绿化率较低的老旧居住区可结合各小区实际情况考虑采用绿色屋顶。

建筑与小区海绵设施施工时应严格按照规划总图、施工图进行建设,以达到低影响开发控制目标与指标要求。建筑与小区海绵设施应按照先地下后地上的顺序进行施工,防渗、水土保持、土壤介质回填等分项工程的施工应符合设计文件及相关规范的规定。建筑与小区海绵设施建设工程的竣工验收应严格按照相关施工验收规范执行,并重点对设施规模、竖向、进水设施、溢流排放口、防渗、水土保持等关键设施和环节做好验收记录,验收合格后方能交付使用。

11.7.2.5 海绵城市规划实施与排水防涝设施的衔接

城市排水防涝设施包括排涝通道、泵站、排水管网等,海绵城市的建设可以对传统的城市排水系统进行补偿,但在降雨量较大的情况下,低影响开发项目的建设,虽然能对初期雨水进行有效的控制并延缓城市径流峰值到来的时间,但要从根本上遏制地表径流的出现,就要充分发挥城市排水系统的作用,绿色与灰色、地上与地下、源头与末端,将低影响开发和城市排水防涝设施以系统互补的方式结合。

排水防涝规划应明确内涝防治设计重现期及管渠设计重现期要求,提出低影响开发径流总量控制目标与指标,确定径流污染控制目标及防治方式,明确雨水资源化利用目标及方式;城市雨水管渠系统及超标雨水径流排放系统有效衔接,优化低影响开发设施的竖向与平面布局,提出河湖水系的开挖规模等。

排水防涝是综合性的措施,在工程设计时,应对现状条件进行全面分析,以相关设计规范和排涝规划为依据进行设计,排水防涝系统主要包括源头减排、排水管渠、排涝除险等设施,主要应满足以下要求:

1)源头减排设计应有利于雨水就近入渗、调蓄或收集利用,源头减排设施的设计水量应根据年径流总量控制率确定。

2)排水管渠设计流量应根据雨水管渠设计重现期确定,确保设计重现期下雨水的转输、调蓄和排放,并考虑受纳水体水位的影响;排水管渠应结合现状条件(地形、建筑、现状管网、施工条件等)和规划要求(排水出路、设计标准、设施布局)等因素综合考虑布置,并与源头减排、排涝除险设施充分衔接,应以重力流为主,有条件的应充分利用水体调蓄雨水或设置雨水调蓄设施。

3)排涝除险的设计水量应根据内涝防治设计重现期及对应的最大允许退水时间确定,并将源头减排设施、排水管渠设施、排涝除险设施作为整体系统,校核是否满足内涝防治设计重现期的设计要求,排水泵站根据规划要求合理布局,泵站宜按远期规模设计,水泵机组可按近期规模配置。

排水防涝设施施工时应严格按照规划总图、施工图进行建设,以达到排水防涝目标与指标要求,施工质量应符合《给水排水管道工程施工及验收规范》(GB 50268—2008)和相关专业验收规范的规定,验收合格后方能交付使用。

主要参考文献

[1] 米文敏.海绵城市建设中的政府作用研究[D].济南:山东大学,2017.

[2] 马文军,王磊.城市规划实施保障体系研究[J].规划师,2010,26(6):65-68.

[3] 贾倩,徐君.海绵城市建设中政府、企业与公众的囚徒困境博弈分析[J].生产力研究,2019(7):29-34.

[4] 孙静,李炳锋.区级海绵城市建设考核制度体系构建研究[A].中国城市规划学会.共享与品质——2018中国城市规划年会论文集[C].北京:中国建筑工业出版社,2018.

[5] 张秋玲.公共管廊PPP投融资模式研究[D].北京:北京建筑工程学院,2012.

[6] 汤伟真,吴亚男,任心欣.海绵城市专项审查要点与方法研究[J].中国给水排水,2018,34(17):123-127.

[7] 姜勇,陈雄志,洪月菊.武汉市建设项目的海绵城市规划管控方法与技术探索[J].中国给水排水,2018,34(2):1-6.

[8] 王文倩,任心欣,李柯佳.海绵城市建设专项规划实施评估体系构建思路[A].中国城市规划学会.面向高质量发展的空间治理——2021中国城市规划年会论文集[C].北京:中国建筑工业出版社,2021.